高职高专系列教材

化学实验技术（下册）

（第二版）

高兰玲　白小春　主编

U0264458

中国石化出版社

内 容 提 要

　　本书主要以物质定量分析为主,对分析实验室的基本知识、分析天平的基本操作、质量分析的基本操作及滴定分析的基本操作等作了详细说明,并对分光光度法和气相色谱法等仪器分析方法作了简要介绍。本书可使读者具备基本的分析化验能力,并能从中了解和掌握物理化学实验技术,能够对实验数据进行处理。为了使读者较好地掌握分析实验的基本操作,书中还精选了大量经典实验。

　　本书可作为石油及化工类大专院校相关专业教材,亦可供从事石油及化工生产、科研工作的人员参考。

图书在版编目(CIP)数据

化学实验技术.下册/高兰玲,白小春主编.—2版.
—北京:中国石化出版社,2013.2(2021.1重印)
高职高专系列教材
ISBN 978-7-5114-1801-2

Ⅰ.①化… Ⅱ.①高… ②白… Ⅲ.①化学实验-高
等职业教育-教材 Ⅳ.①06-3

中国版本图书馆 CIP 数据核字(2012)第 275295 号

中国石化出版社出版发行

地址:北京市东城区安定门外大街 58 号
邮编:100011　电话:(010)57512500
发行部电话:(010)57512575
http://www.sinopec-press.com
E-mail:press@sinopec.com
北京科信印刷有限公司印刷
全国各地新华书店经销

＊

787×1092 毫米 16 开本 12.5 印张 301 千字
2021 年 1 月第 2 版第 4 次印刷
定价:30.00 元

前　言

　　为了适应我国经济和社会的发展，培养祖国的建设人才，教育战线也发生了深刻的变化，从过去的学科体系为中心向职业技术培养为中心转变。职业技术教育更加强调人的整体素质和动手能力。为此，兰州石化职业技术学院着手成立《化学实验技术》编写委员会，修订了教学计划，优化组合了无机化学、有机化学、分析化学、物理化学等四门课的实验，综合形成一门具有更加重视实践技能的《化学实验技术》课。

　　化学历来具有理论与实验并重的好传统。过去"四大化学"在讲课的同时，都开设相应的实验课，大多为印证性实验，以增加学生的感性认识，这是很必要的，但由于实验课不是独立设置，学生对实验课不够重视，往往只注意照方抓药，忽视了科学思维与动手能力的培养，学生在化学实验室的独立工作能力不强。为了加强学生在实验室的动手能力，培养学生掌握较全面的化学实验知识和具备较强的独立工作能力，为学习后续课程及将来从事化工生产小试、质量检验、环境检测等工作打下基础，教学编写委员会决定将"四大化学"的实验课综合成独立设置的《化学实验技术》课。这门课程按化学实验基本操作技术、基本测量技术、物质的物理常数测定技术、混合物分离技术、物质的制备技术、定量分析技术、化学和物理变化参数测定技术等分类，删繁就简，避免不必要的重复，由易到难，循序渐进，增添一些新的实验内容，特别重视强调基本操作、基本技能及方法的训练。这样做无疑将使学生更重视化学实验，提高实验兴趣，并接受较系统的训练，将来更加适应化工生产第一线的需要。

　　《化学实验技术》编写委员会以汝宇林为主任委员，以史文权、冯文成为副主任委员，姜璋、高兰玲、索陇宁、白小春、郭薇薇、甘黎明、陈淑芬、乔南宁、孙金禄、郭世华为委员。姜璋、郭薇薇编写《化学实验技术》(上册)无机化学部分，索陇宁、陈淑芬、郭世华编写有机化学部分；高兰玲、甘黎明、乔南宁编写《化学实验技术》(下册)分析化学部分，白小春、孙金禄编写物理化学部分。

　　本书也适应于从事化工企业化验室、化学化工类科研机构、矿产与冶金等行业的人员作为参考书。

　　限于作者水平，书中还有不尽如人意的地方，在教学过程中还会发现一些错误和疏漏之处，希望广大师生在使用这本书的时候，提出宝贵意见。

《化学实验技术》编写委员会

目　　录

分析化学部分

❖❖❖❖ 物理化学部分 ❖❖❖❖

分析化学部分

第一章　分析实验室的基本知识

第一节　实验室的一般知识

一、实验课的任务和要求

分析化学是一门实践性很强的学科。通过分析化学实验课的教学，应使学生加深对分析化学基本理论的理解，掌握分析化学的基本操作技能和分析化学的实验方法，养成严格、认真和实事求是的科学态度，提高观察问题、分析问题和解决问题的能力，为学习后续课程和将来从事化学教学和科研工作打下良好的基础。

分析化学实验作为分析化学课程的重要组成部分，它不仅训练学生正确掌握分析化学实验的基本知识、基本操作和基本技能，树立严格的"量"的概念，而且培养学生实事求是的科学作风，严谨的科学态度，整洁而有秩序的良好实验习惯，使其逐步具备作为高级工程技术应用型人才应有的素质。为了完成上述任务，提出以下要求。

1. 做好预习工作

预习是为做好实验奠定必要基础的，所以学生在实验之前，一定要在听课和复习的基础上，认真阅读有关实验教材，明确实验的目的、任务、有关的原理、操作的主要步骤及注意事项，做到心中有数，打有准备之仗，并写好实验报告中的部分内容，以便实验时及时、准确地进行记录。

2. 实验操作要求

（1）应手脑并用：在进行每一步操作时，都要积极思考这一步操作的目的和作用，会出现什么现象等，并认真细心观察，理论联系实际，不能只是"照方配药"。

（2）每个人都必须备有实验记录本和报告本，随时把必要的数据和现象清楚、正确地记录下来。

（3）应严格地遵守操作程序并注意应注意之处，在使用不熟悉其性能的仪器和药品之前，应查阅有关书籍或请教指导教师和他人。不要随意进行实验，以免损坏仪器、浪费试剂、使实验失败，更重要的是预防发生意外事故。

（4）自觉遵守实验室规则，保持实验室整洁、安静，使实验台整洁、仪器安置有序，注意节约和安全。

3. 报告与总结

在实验完毕后，对实验所得结果和数据按实际情况及时进行整理、计算和分析，重视总结实验中的经验教训，认真写好实验报告，按时交给指导老师。清理仪器，洗涤并妥善放置仪器。切断(或关闭)电源、水阀和气路。

在整个实验过程中，要求学生养成严格、认真、实事求是的科学态度和独立工作能力。

二、在作记录和报告时应注意的几个问题

（1）一个实验报告大体包括下列内容：实验名称、实验日期、实验目的、简要原理、实验步骤的简要描述(可用箭头式表示)、测量所得数据、各种观察与注解、计算和分析结果、

问题和讨论。

这几项内容的取舍、繁简，应视各个实验的具体需要而定，只要能符合实验报告的要求，能简化的应当简化，需保留的必须保留，需要详尽的也必须详尽。其中，前五项应在实验预习时写好。记录表格也应在预习时画好，其他内容则应在实验进行过程中以及实验结束时填写。

（2）记录和计算必须准确、简明（但必要的数据和现象应记全）、清楚，要使别人也容易看懂。

（3）记录本和篇页都应编号，不要随便撕去。切莫用小片纸做实验记录。

（4）记录和计算若有错误，应划掉重写，不得涂改。每次实验结束时，应将所得数据交老师审阅，然后进行计算，绝对不允许私自凑数据。

（5）在记录或处理分析数据时，一切数字的准确度都应做到与分析的准确度相适应，即记录或计算到第一位可疑数字为止。一般滴定分析的准确度是千分之一至千分之几的相对误差，所以，记录或计算到第四位有效数字即可，因此，用计算器或四位对数表进行计算是适宜的。

第二节　分析实验室规则及安全注意事项

一、实验室规则

（1）遵守实验室各项制度，认真操作，保持肃静，尊重教师指导及实验室人员的职权和劳动。

（2）根据仪器清单，领取所需之仪器并清点清楚。实验过程中如有损坏，应及时填写报损单并补领。实验课程结束时要按清单交还仪器。

（3）贵重公用仪器（如天平），使用前要认真检查，如发现部件短缺或性能不正常，应停止使用并及时报告教师。

（4）爱护仪器，节约试剂、水和电。

（5）废纸、废液应倒入废液缸中，严禁倒入水槽，以防止堵塞下水道，污染环境。要随时保持操作台面整齐清洁，实验后要按规定搞好实验室的卫生。

二、实验室安全规则

（1）易燃、易爆物质必须根据需要领取，使用时要远离火源并严格按操作规程操作。

（2）凡涉及有毒、有刺激性气体的操作，一定要在通风橱中进行。取用剧毒物质时，必须有严格审批手续，按量领取，剩余废液或反应产物都必须统一回收，统一处理，决不允许倒入下水道。

（3）加热或浓缩液体，一般都应在通风橱内的电热板上进行。在电炉上加热时，可垫上石棉铁丝网，以防过热或爆沸造成不必要的损失。

（4）浓酸和浓碱具有腐蚀性，使用时应注意，不溅及人身。配制酸溶液时，应将浓酸注入水中，而不得将水注入浓酸中。

（5）自瓶中取用试剂后，应立即盖好试剂瓶盖。绝不可将取出的试剂或试液倒回原试剂或试液储存瓶中。

（6）妥善处理无用的或沾污的试剂，废酸、废碱及固体弃于废物缸内，一般水溶性液体用大量水冲入下水道。

（7）汞盐、砷化物、氰化物等剧毒物品，使用时应特别小心，氰化物不能接触酸，否则产生 HCN 剧毒。氰化物废液应倒入碱性亚铁盐溶液中，使其转化为亚铁氰化铁盐，然后直接倒入下水道中。H_2O_2 能腐蚀皮肤，接触过 H_2O_2 后，应立即洗手。

（8）加热或进行激烈反应时，人不得离开，且加热试管，管口不要指向自己或他人。倾注试剂、开启浓氨水等试剂瓶和加热液体时，不要俯视容器口，以防液体溅出或气体冲出伤人。

（9）使用有机溶剂（乙醇、乙醚、苯、丙酮等）时，一定要远离火焰和热源。用后应将瓶塞盖紧，放在阴凉处保存。

（10）下列实验应在通风橱内进行：

① 制备或反应产生具有刺激性的、恶臭的或有毒的气体（如 H_2S、NO_2、Cl_2、CO、SO_2、Br_2、HF 等）。

② 加热或蒸发 HCl、HNO_3、H_2SO_4 等溶液。

③ 溶解或消化试样。

（11）如受化学灼伤，应立即用大量水冲洗皮肤，同时脱去污染的衣物；眼睛受化学灼伤或异物入眼应立即将眼睁开，用大量水冲洗，至少持续冲洗 15min；如烫伤可在烫伤处抹上黄色的苦味酸溶液或烫伤软膏，严重者应立即送医院治疗。

（12）使用电器设备时，应特别细心，切不可用湿的手去开启电闸和电器开关。凡是漏电的仪器，切勿使用，以免触电。

（13）使用精密仪器时，应严格遵守操作规程。仪器使用完毕后，将仪器各部分旋钮恢复到原来的位置，关闭电源，拔出插头。

（14）发生事故时，要保持冷静，采取应急措施，防止事故扩大。如切断电源、气源等，并报告老师。

（15）实验完毕后，值日生和最后离开实验室的人员都应负责检查水阀、电闸是否关闭，门窗是否关好，处理完毕后方可离开实验室。

第三节　分析化学实验室用的纯水

分析化学实验室用于溶解、稀释和配制溶液的水，都必须先经过纯化。分析要求不同，对水质纯度的要求也不同，故应根据不同要求，采用不同方法制得纯水。

一般实验室用的纯水有蒸馏水、二次蒸馏水、去离子水、电导水等。

一、水纯度的检查

（1）酸度。要求纯水的 pH 值在 6～7。检查方法是在两支试管中各加 10mL 待测的水，一管中加 2 滴 0.1% 甲基红指示剂，不显红色，另一管中加 5 滴 0.1% 溴百里酚蓝指示剂，不显蓝色，即为合格。

（2）硫酸根。取待测水 2～3mL，放入试管中，加 2～3 滴 $2mol \cdot L^{-1}$ 盐酸酸化，再加 1 滴 0.1% 氯化钡溶液，放置 15h，不应有沉淀析出。

（3）氯离子。取 2～3mL 待测水，加 1 滴 $6mol \cdot L^{-1}$ 硝酸酸化，再加 1 滴 0.1% 硝酸银溶液，不应产生混浊。

（4）钙离子。取 2~3mL 待测水，加数滴 $6mol \cdot L^{-1}$ 氨水使之呈碱性，再加饱和草酸铵溶液 2 滴，放置 12h 后应无沉淀析出。

（5）镁离子。取 2~3mL 待测水，加 1 滴 0.1% 鞑靼黄及数滴 $6 mol \cdot L^{-1}$ 氢氧化钠溶液，如有淡红色出现，即有镁离子，如呈橙色则合格。

（6）纯水的电阻率和电导率，见表 1-1。

表 1-1 各种纯水的电阻率、电导率

项 目	蒸馏水	去离子水	电导水
25℃时电阻率/($\Omega \cdot cm$)	10^5	10^6	10^6
25℃时电导率/($\Omega^{-1} \cdot cm^{-1}$)	10^{-5}	10^{-6}	10^{-6}

二、各种纯水的制备

1. 蒸馏水

将自来水在蒸馏装置中加热汽化，然后将蒸汽冷凝即可得到蒸馏水。由于杂质离子一般不挥发，所以蒸馏水中所含杂质比自来水少得多，比较纯净，但还含有少量杂质。

（1）二氧化碳溶在水中生成碳酸，使蒸馏水显弱酸性。

（2）冷凝管和接受器本身的材料可能或多或少地进入蒸馏水，这些装置所用的材料一般是不锈钢、纯铝或玻璃等，所以可能带入金属离子。

（3）蒸馏时少量液体杂质成雾状飞出而进入蒸馏水。

为了获得比较纯净的蒸馏水，可以进行重蒸馏，并在准备重蒸的蒸馏水中加入适当的试剂以抑制某些杂质的挥发。如加入甘露醇能抑制硼的挥发，加入碱性高锰酸钾可破坏有机物并防止二氧化碳蒸出，如要使用更纯净的蒸馏水，可进行第三次蒸馏或用石英蒸馏器进行再蒸馏。

2. 去离子水

去离子水是使自来水通过离子交换树脂柱后所得的水。制备时，一般将水依次通过阳离子交换树脂柱、阴离子交换树脂柱及阴、阳离子树脂混合交换柱，这样得到的水纯度比蒸馏水纯度高。

市售的 70 型离子交换纯水器可用于实验室制备去离子水。

普通水经过离子交换树脂时，水中所含杂质离子（阴离子和阳离子）与离子交换树脂上的 OH^- 和 H^+ 分别交换，交换到水中的 OH^- 和 H^+ 结合成水，从而得到纯净的"去离子水"。

3. 电导水

在第一套硬质玻璃（最好是石英）蒸馏器中装入蒸馏水，加入少量 $KMnO_4$ 晶体，经蒸馏除去水中有机物质，即得重蒸馏水，再将重蒸馏水注入第二套硬质玻璃（最好也是石英）蒸馏器中，加入少许 $BaSO_4$ 和 $KHSO_4$ 固体进行蒸馏，弃去馏头、馏后各 10mL，取中间馏分。用这种方法制得的电导水，应收集在连接碱石灰吸收管的接受器内，以防止空气中的二氧化碳溶于水中。电导水应保存在带有碱石灰吸收管的硬质玻璃瓶内，保存时间不能太长，一般在两周以内。

第四节 试剂的一般知识

一、常用试剂的规格

化学试剂的规格是以其中所含杂质多少来划分的，一般可分为四个等级，其规格和使用范围见表 1-2。

表 1-2　试剂规格和使用范围

等　级	名　称	英 文 名 称	符　号	适 用 范 围	标 签 标 志
一级品	优级纯（保证试剂）	Guaranteed reagent	G. R.	纯度很高，适用于精密分析工作和科学研究工作	绿色
二级品	分 析 纯（分析试剂）	Analytical reagent	A. R.	纯度仅次于一级品，适用于多数分析工作和科学研究工作	红色
三级品	化 学 纯	Chemically pure	C. P.	纯度较二级差些，适用于一般分析工作	蓝色
四级品	实验试剂医　用	Laboratorial reagent	L. R.	纯度较低，适用作实验辅助试剂	棕色或其他颜色
	生物试剂	Biological reagent	B. R. 或 C. R.		黄色或其他颜色

此外，还有光谱试剂、基准试剂、色谱纯试剂等。这类高纯试剂的生产、储存和使用都有一些特殊的要求。

指示剂的纯度往往不太明确，除少数标明"分析纯"、"试剂级"外，经常只写明"化学试剂"、"企业标准"或"部颁暂行标准"等。

基准试剂的纯度相当于或高于保证试剂。基准试剂作为滴定分析中的基准物是非常方便的，也可用于直接配制标准溶液。

在分析工作中，选择试剂的纯度除了要与所用方法相当外，其他如实验用的水、操作器皿也要与之相适应。若试剂都选用 G. R. 级的，则不宜使用普通的蒸馏水或去离子水，而应使用经两次蒸馏制得的重蒸馏水。所用器皿的质地也要求较高，使用过程中不应有物质溶解到溶液中，以免影响测定的准确度。

选用试剂时，要注意节约原则，不要盲目追求纯度高，应根据工作具体要求取用。优级纯和分析纯试剂虽然是市售试剂中的纯品，但有时由于包装不慎而混入杂质，或运输过程中可能发生变化，或储藏日久而变质，所以还应具体情况具体分析。对所用试剂的规格有所怀疑时应该进行鉴定。在有些特殊情况下，市售的试剂纯度不能满足要求时，分析者应自己动手精制。

二、取用试剂应注意事项

（1）取用试剂时应注意保持清洁。瓶塞不许任意放置，取用后应立即盖好密封，以防被其他物质沾污或变质。

（2）固体试剂应用洁净干燥的小勺取用。取用强碱性试剂后的小勺应立即洗净，以免腐蚀。

（3）用吸管取试剂溶液时，决不能用未经洗净的同一吸管插入不同的试剂瓶中取用。

（4）所有盛装试剂的瓶上都应贴有明显的标签，写明试剂的名称、规格。绝对不能在试剂瓶中装入不是标签所写的试剂，因为这样往往会造成差错。没有标签标明名称和规格的试剂，在未查明前不能随便使用。书写标签最好用绘图墨汁，以免日久褪色。

（5）在分析工作中，试剂的浓度及用量应按要求适当使用，过浓或过多，不仅造成浪费，而且还可能产生副反应，甚至得不到正确的结果。

三、试剂的保管和使用

试剂的保管在实验室中也是一项十分重要的工作。有的试剂因保管不好而变质失效，这不仅是一种浪费，而且还会使分析工作失败，甚至会引起事故。一般的化学试剂应保存在通风良好、干燥、干净的房子里，防止水分、灰尘和其他物质沾污。同时，根据试剂性质应有不同的保管方法。

（1）容易侵蚀玻璃而影响试剂纯度的，如氢氟酸、含氟盐（氟化钾、氟化钠、氟化铵）、苛性碱（氢氧化钾、氢氧化钠）等，应保存在塑料瓶或涂有石蜡的玻璃瓶中。

（2）见光会逐渐分解的试剂（如过氧化氢、硝酸银、焦性没食子酸、高锰酸钾、草酸、铋酸钠等），与空气接触易逐步被氧化的试剂（如氯化亚锡、硫酸亚铁、亚硫酸钠等）以及易挥发的试剂（如溴、氨水及乙醇等），应放在棕色瓶内，置于冷暗处。

（3）吸水性强的试剂（如无水碳酸盐、苛性钠、过氧化钠等）应严格密封（应该蜡封）。

（4）相互易作用的试剂（如挥发性的酸与氨、氧化剂与还原剂）应分开存放，易燃的试剂（如乙醇、乙醚、苯、丙酮）与易爆炸的试剂（如高氯酸、过氧化氢、硝基化合物），应分开储存在阴凉通风、不受阳光直接照射的地方。

（5）剧毒试剂［如氰化钾、氰化钠、氢氟酸、二氯化汞、三氧化砷（砒霜）等］应特别妥善保管，经一定手续取用，以免发生事故。

（6）使用前要认清标签，取用时不可将瓶盖随意乱放，应将瓶盖反放在干净的地方。固体试剂应用干净的骨匙取用，用毕立即将骨匙洗净、晾干备用。液体试剂一般用量筒取用，倒试剂时，标签朝上，不要将试剂泼撒在外，多余的试剂不应倒回试剂瓶内，取完试剂随手将瓶盖盖好，切不可"张冠李戴"，以防沾污。

（7）装盛试剂的试剂瓶都应贴上标签，写明试剂的名称、规格、日期等，不可在试剂瓶中装入与标签不符的试剂，以免造成差错。标签脱落的试剂，在未查明前不可使用。标签最好用碳素墨水书写，以保存字迹长久。标签的四周要剪齐，并贴在试剂瓶的 2/3 处，以使其整齐美观。

（8）使用标准溶液前，应把试剂充分摇匀。

第五节　常用玻璃器皿的洗涤

分析化学实验中要求使用洁净的器皿，因此，在使用前必须将器皿充分洗净。常用的洗涤方法：

（1）刷洗。用水和毛刷洗涤，除去器皿上的污渍和其他不溶性和可溶性杂质。

（2）用肥皂、合成洗涤剂洗涤，洗涤时先将器皿用水润湿，再用毛刷蘸少许洗涤剂，将仪器内外洗刷一遍，然后用水边冲边刷洗，直至洗净为止。

（3）用铬酸洗液（简称洗液）洗涤。

洗液的配制：将 8g 重铬酸钾用少量水润湿，慢慢加入 180mL 粗浓硫酸，搅拌以加速溶解，冷却后储存于磨口试剂瓶中。将被洗涤器皿尽量保持干燥，倒少许洗液于器皿中，转动器皿使其内壁被洗液浸润（必要时可用洗液浸泡），然后将洗液倒回原装瓶内以备再用（若洗液的颜色变绿，则另作处理）。再用水冲洗器皿内残留的洗液，直至洗净为止。如用热的洗液洗涤，则去污能力更强。洗液具有很强的腐蚀性，用时必须注意。

　　已洗净的仪器壁上不应附着不溶物、油垢，这样的仪器可以完全被水润湿。把仪器倒转过来，如果水顺着仪器流下，器壁上只留下一层既薄又均匀的水膜，而不挂水珠，则表示仪器已经干净。

　　已洗净的仪器不能再用布或纸抹，因为布或纸的纤维会留在器壁上而弄脏仪器。

　　在实验中洗涤仪器的方法，也一定要根据实验的要求、脏物的性质、弄脏的程度来选择。在定量实验中，对仪器的洗涤要求比较高，除一定要求器壁上不挂水珠外，还要用蒸馏水冲洗二、三次。用蒸馏水冲洗仪器时，采用顺壁冲洗并加摇荡以及每次用水量少而多洗几次的办法，能达到清洗得好、快、省的目的。

第二章 分析天平

分析天平是定量分析中用于称量的精密仪器,分析结果的准确度与称量的准确度有密切关系。因此,在开始进行定量分析实验时,必须了解天平称量的原理和天平的结构,并掌握正确的称量方法。

常用的分析天平有半自动电光天平、全自动电光天平、单盘电光天平和微量天平、电子天平等,国内分析天平的型号与规格见表2-1。

表2-1 国产天平型号与规格表

阻 尼 式 分 析 天 平		型　号	最大载荷/g	分度值/mg
双盘天平	半自动电光天平 (部分机械加码电光天平)	TG-328B	200	0.1
	全自动电光天平 (全机械加码电光天平)	TG-328A	200	0.1
单盘天平	单盘电光天平	TG-729B	100	0.1
	微量天平	TG-332A	20	0.01
	电子天平	MD200-1	200	0.1

这些天平的构造和使用方法虽有不同,但原理是相同的。这里主要介绍应用较广泛的半自动电光天平和电子天平的结构和使用方法。

第一节 半自动电光分析天平称量的原理

天平是根据杠杆原理制成的,如图2-1所示。天平梁是一等臂杠杆 AOB,O 为支点,A 和 B 为力点。

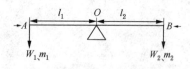

设被称量的物体重量为 W_1,质量为 m_1;砝码的重量为 W_2,质量为 m_2;梁的 OA 臂长为 l_1,OB 臂长为 l_2;重力加速度为 g。将被称量的物体和砝码分别放置在 A、B 两力点上,达到平衡时,支点两边的力矩相等。则:

$$W_1 l_1 = W_2 l_2$$

图2-1 等臂天平原理

等臂天平的 $l_1 = l_2$,所以 $W_1 = W_2$。又因 $W_1 = m_1 g$,$W_2 = m_2 g$,故 $m_1 = m_2$,即被称量物体的质量等于砝码的质量。在定量分析中,通常所说用天平称量物体的重量,实际上是测得该物体的质量。

第二节 双盘电光分析天平的结构

半自动(部分机械加码)电光天平构造如图2-2所示。

天平的结构分为外框部分、立柱部分、横梁部分、悬挂系统、制动系统、光学读数系统和机械加码装置七个部分。

1. 外框部分

外框的作用是保护天平，使其不受灰尘、热源、水蒸气、气流等外界因素影响。外框为木制框架，镶有玻璃。下面是大理石或者玻璃的底板，用于固定立柱。底板下面有三个脚，前面两个可用来调节天平的水平，水平泡安在立柱上端的后面，底板下面还有控制天平开关的制动器座架。天平的前门可以向上开启且不自落，供装配、调整、修理和清扫天平时用，称量时不准打开。侧门供称量时用，一侧门用于取放称量物，另一侧门用于取放砝码。但在读数时，两侧门必须关好。

底板是一天平的基座，用于固定立柱、天平脚和制动器底架，为了稳固，一般用大理石、金属或厚玻璃制成。

底板下装有三只脚，脚下有橡皮制防震脚垫。后面一只固定不动，前面两只是螺丝脚，用于调节天平的水平位置。

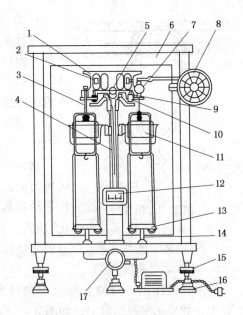

图 2 – 2　TG328 B 型半自动电光天平

1—横梁；2—平衡螺丝；3—吊耳；4—指针；
5—支点力；6—框罩；7—环码；8—指数盘；
9—支柱；10—托叶；11—阻尼筒；12—投影屏；
13—秤盘；14—盘托；15—螺旋脚；
16—垫脚；17—旋钮

2. 立柱部分

立柱是空心柱体，垂直固定于底板上，制动器的升降拉杆穿过立柱的空心孔，带动大小托翼，可以上下运动，立柱上端中央有中刀垫。

3. 横梁部分

横梁部分由横梁、刀子、重心铊、平衡螺丝、指针组成。

横梁是天平最重要的部件，有天平的心脏之称，是用特殊的铝合金制成的。梁上装有 3 个三棱柱形的玛瑙刀子（图 2 –3）。中间有一个支点刀，刀口向下，由固定在支柱上的玛瑙刀承（即玛瑙平板）所支承。左、右两边各有一个承重刀，刀口向上，在刀口上方各悬有一个嵌有玛瑙刀承的吊耳。这三个刀口的棱边应互相平行并在同一水平面上，同时要求两承重刀口到支点刀口的距离（即天平臂长）相等。三个刀口的锋利程度对天平的灵敏度有很大

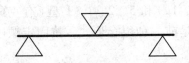

图 2 – 3　三个刀口在同一水平面上

影响，刀口越锋利与刀口相接触的刀承越平滑，它们之间的摩擦越小，天平的灵敏度也就越高。经长期使用后，由于摩擦，刀口逐渐变钝，灵敏度就逐渐降低。因此，要保持天平的灵敏度应注意保护刀口的锋利，尽量减少刀口的磨损。

横梁下部中央有指针，可用来观察天平的倾斜情况，指针的下端装有微分标牌，经光学读数系统放大后可成像于投影屏上。

横梁上还有重心铊，可以上下移动，用于调节天平的灵敏度。横梁左右对称的孔内装有平衡调节螺丝，用以调节天平零点。

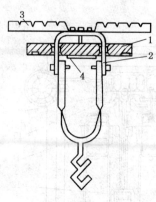

图 2-4　吊耳
1—承重板；2—十字头；
3—加码承重片；4—边刀承

6. 光学读数系统

这部件的作用是对微分标尺上的读数进行光学放大，并显示于投影屏上，如图 2-5 所示。

当天平处于工作状态时，电源接通，灯泡亮，光线经聚光管成平行光束，照到透明微分标牌上，经放大镜放大，再经一次反射、二次反射改变光的方向，最后成像于投影屏上。

微分标牌上有 10 个大格（双向刻度有 20 大格，由 -10 ~ 10），每一大格相当于 1mg。每一大格又分为 10 个小格，每小格相当于 0.1mg。投影屏上可直接读出 10mg 以下的质量，读准至 0.1mg。

4. 悬挂系统

悬挂系统由吊耳、阻尼器、秤盘组成，如图 2-4 所示。吊耳下面挂着阻尼器内筒，它与固定在立柱上的外筒之间保持均匀的间隙，当天平摆动时，空气运动的摩擦阻力能使天平迅速静止下来，便于读数，缩短了称量时间，秤盘挂于吊钩上，盘下装有盘托，不称量时秤盘被微微托起。

5. 制动系统

制动系统的作用是保护天平刀刃，减少磨损。为了保护玛瑙刀刃，不使用天平时，用旋钮（也称升降钮）控制升降拉杆带动托翼向上运动，将横梁和吊耳托起，使天平处于"休止"状态。称量时慢慢旋转升降钮，托翼下降，横梁落下，各刀刃分别与刀承接触，天平处于"工作状态"。

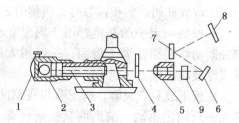

图 2-5　等臂电光天平光学系统示意图
1—光源灯座；2—6 ~ 8 伏灯泡；3—聚光管；
4—微分标牌；5—放大镜；6—第一反射镜；
7—第二反射镜；8—投影屏；9—平行平板玻璃

7. 机械加码装置及砝码

半自动电光天平，1g 以上的砝码用镊子夹取，1g 以下砝码做成环状悬挂在环码架上，转动指数盘可把所需的环码加到吊耳的承受片上。砝码的组合一般有两种形式，即：5、2、2、1 型（有克码 100g、50g、20g、20g、10g、5g、2g、2g、1g）和 5、2、1、1 型（有克码 100g、50g、20g、10g、10g、5g、2g、1g、1g），最常用的是前一种组合形式，按固定顺序放在砝码盒中，如图 2-6 所示。

砝码的质量单位为克。名义值相同的砝码（如两个 20g 砝码，两个 2g 砝码）的质量有微小的差别，在这些砝码上刻有一个"*"作为标记，以示区别。

为了尽量减少称量误差，同一个试样分析中的几次称量，应尽可能使用同一个砝码，常常是先用不带小"*"的砝码。

环码是用一定质量的金属丝做成的，它按照一定顺序放在天平梁右侧的加码钩上（图 2-7），称量时用机械加码器（图 2-8）来加减砝码。当机械加码器上的读数为"000"时［图 2-8(a)］所有的环码都未加到梁上。转动机械加码器内圈或外圈的旋钮，就可以加减环码的质量，外圈为 100 ~ 900mg 的组合，内圈为 10 ~ 90mg 的组合。如图 2-8(b) 所示的读数，表示所加环码的质量为 810mg。

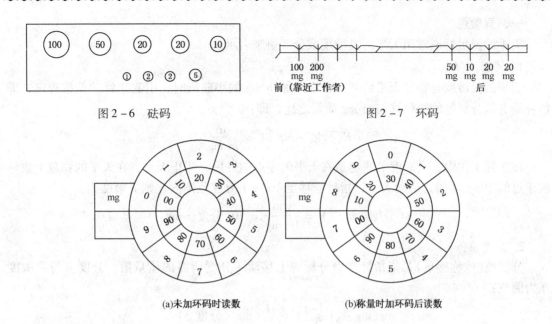

图 2 - 6 砝码   图 2 - 7 环码

(a)未加环码时读数   (b)称量时加环码后读数

图 2 - 8 机械加码器

注意：加减环码时要轻轻地、一档一档地转动机械加码器的旋钮。

第三节 分析天平的主要使用规则

分析天平是贵重而精密的仪器，必须仔细地使用和维护，以保持天平的准确度和灵敏度。使用时应严格遵守下面的规则：

（1）切不可对未休止的天平有任何触动。从秤盘上取放称量物、加减砝码或环码和调整、修理天平时，必须先休止天平，以免损坏刀口；

（2）启动或休止天平时，应轻轻地、缓慢地转动升降旋钮，以便保护刀口；

（3）称量物的温度应与天平的温度一致，不得直接在秤盘上称量潮湿或有腐蚀性的物体；

（4）砝码必须用镊子夹取，不得用手拿取。砝码和天平是配套的，不同盒内的砝码，不应随意调换。砝码只能放在秤盘上或砝码盒内，不可放在其他任何地方，以免沾污和腐蚀；

（5）同一个试样分析中，所有称量应该使用同一台天平和同一盒砝码；

（6）称量完毕后，将砝码放回盒内原位置，机械加码器的旋钮恢复"000"的位置，并检查天平是否休止，关好天平箱的两侧推门，套上防尘罩；

（7）不得任意移动天平的位置，如发现天平有不正常情况或在称量过程中发生故障，不可自行修理，应及时报告教师。

第四节 分析天平的计量性能

任何一种计量仪器都有它特定的计量性能，分析天平的计量性能可用灵敏性、稳定性、正确性及示值变动性来衡量。

一、灵敏性

天平的灵敏性通常用天平的灵敏度或分度值来表示。

1. 灵敏度（E）

天平的灵敏度是指在天平的某一盘中添加 m mg 的小砝码时，引起指针的偏移程度，即指针沿着微分标牌的线位移与 m mg 质量之比，即：

$$E(\text{分度} \cdot \text{mg}^{-1}) = \frac{n}{m \text{ mg}}$$

在实际工作中，灵敏度的测定是在天平的零点调好后，休止天平，在天平的物盘上放一校正过的 10mg 环码，启动天平，指针应移至 100 ± 1 分度范围内，则灵敏度为：

$$E(\text{分度} \cdot \text{mg}^{-1}) = \frac{100}{10 \text{ mg}} = 10(\text{分度} \cdot \text{mg}^{-1})$$

2. 分度值（e）

分度值（或称感量）是指指针在微分标牌上移动一分度所需的质量值。分度值与灵敏度互为倒数：

$$e(\text{mg} \cdot \text{分度}^{-1}) = \frac{1}{E}(\text{mg} \cdot \text{分度}^{-1})$$

分度值的单位为 mg·分度$^{-1}$，习惯上往往将分度略去，用"mg"作为分度值的单位。

天平的灵敏度与横梁的质量和天平臂长成正比，与支点至感量调节螺丝的距离成反比，对一台设计定型的分析天平，只能通过调节感量调节螺丝的高低，改变支点与感量调节螺丝的距离，来改变灵敏度，但不能用提高横梁重心的方法任意提高，因为灵敏度与稳定性是相互矛盾、相互制约的。

另外，天平的灵敏度在很大程度上取决于三把玛瑙刀口接触点的质量。刀口的棱边越锋利，玛瑙刀承表面越光滑；两者接触时摩擦力小，灵敏度高。如果刀口受损伤，则不论怎样移动感量调节螺丝的位置，也不能显著提高天平的灵敏度。因此在使用天平时，应特别注意保护好天平的刀口和刀承。

二、稳定性

天平的稳定性是指天平在空载或负载时的平衡状态被扰动后，经几次摆动，自动恢复原位的能力。

稳定性主要取决于感量调节螺丝的位置，其越下降，稳定性就越好，反之天平的稳定性越差或根本不稳定，不稳定的天平是无法称量的。天平不仅要有一定的灵敏性，而且要有相当的稳定性，才能完成准确的称量。任何一台天平其灵敏度和稳定性的乘积是一常数，应将天平的灵敏度和稳定性均调在最佳值。

三、准确性（正确性）

等臂天平的准确性是指横梁两臂长度相等的程度，习惯用横梁的不等臂性表示。由于横梁的不等臂性引起的称量误差叫不等臂性误差，属于系统误差。

天平的不等臂性误差与两臂长度之差成正比，也与载荷成正比。但此项误差用天平全载时，由于不等臂性表现出来的称量误差，国标（JJG 98—90）规定：半自动电光天平新出厂产品的不等臂误差不大于 3 分度，使用中的天平不大于 9 分度。

横梁臂长受温度影响较大，例如，黄铜横梁两臂温差 0.2℃ 时，对 100g 质量引起的称量误差为 0.5mg。这就是称量样品必须保持和天平盘温度一致的原因。

四、示值变动性

示值变动性是指在不改变天平状态和情况下多次开关天平，其平衡位置的重现性，或者说，在同一载荷下比较多次平衡点的差异，它表示天平称量结果的可靠程度。天平的精确度不仅取决于天平的灵敏度，而且与示值变动性有关，单纯提高灵敏度会使变动性增大，两者在数值上应持一定的比例。国标(JJ G 98—90)规定：天平的灵敏度与示值变动性的比例关系是1:1，即天平的示值变动性不得大于读数标牌1分度。

天平的示值变动性与稳定性有密切关系，但不是同一概念。稳定性主要与横梁的重心位置有关，而变动性除与横梁重心位置有关外，主要取决于天平的装配质量，以及刀口与刀承之间的摩擦大小和刀口的锐钝程度(也与温度、气流、震动及静电有关)。如发现变动性太大，必须由天平修理专业人员进行修理。

第五节　天平的称量程序和方法

一、称量的一般程序

(1) 取下天平罩，折叠整齐放在天平框罩上。

(2) 操作者面对天平端坐，记录本放在胸前台面上，接受称量物的器皿放在天平左侧的台面上，砝码盒放在天平的右侧台面上。

(3) 称量的准备工作：

① 检查天平各个部件是否都处于正常位置(主要查看的部件有横梁、吊耳、秤盘和砝码等)，指数盘是否对准零位，砝码是否齐全。

② 查看天平秤盘和底板是否清洁，若不清洁可用软毛刷轻轻扫净，或用细布擦拭。

③ 检查天平是否处于水平位置，从正上方向下目视水平仪，若气泡不在水准仪的中心，可旋转天平板下面前两个螺丝脚，直至气泡在水准仪中心为止。

(4) 调整天平零点，关闭天平门，接通电源，旋转升降枢旋钮，电光天平的微分标尺上的"0"刻度应与投影屏上的标线重合。若不重合，可拨动升降枢旋钮下面的拨杆使其重合，使用拨杆不能调至零点时，可细心调整位于天平横梁上的平衡螺丝，直至微分标尺上"0"刻度对准投影屏上的标线为止。

(5) 试称与称量。当要求快速称量时，如怀疑被称物品的质量超过天平的最大载荷或对于初学天平者，应用托盘天平进行预称，一般情况不进行预称。称量中应遵循"最少砝码个数"的原则，因为不同面值砝码的允许误差随面值增大而增加，因此，在用递减法称取试样时，应设法避免调换大砝码。将被称物置于物盘中央，关好侧门，估计被称物的大约质量，用镊子夹取大砝码置于砝码盘中央，小砝码置于大砝码周围，开始试称。试称过程中为了尽快达到平衡，选取砝码应遵循"由大到小、中间截取、逐级试验"的原则，试加砝码时应慢慢半开天平进行试验。对于电光天平只要记住"指针总是偏向轻盘，微分标尺的光标总向重盘方向移动"，就能迅速判断左右两盘孰轻孰重。当砝码与被称物质量相差1g以下时，关闭侧门，一档一档慢慢转动环码指数盘至砝码、环码与被称物质量相差10mg以下时，将升降枢旋钮全部打开，观察投影屏上刻度线位置，读出投影屏上的质量，休止天平。

(6) 读数与记录，先按砝码盒里的空位记下砝码的质量，再按大小顺序一次核对秤盘上的砝码，同时将其放回砝码盒空位，然后加上指数盘砝码读数和投影屏上的读数即为被称物的质量。其数据应立即用钢笔或圆珠笔记录在原始记录本上，不允许记录在纸上或其他地方。

（7）检查天平零点变动情况，称量结束后，取出被称量物品将指数盘回零，打开天平检查零点变动情况，如果超过两小格，则需重称。

（8）切断电源，将砝码盒放回天平箱顶部，罩好天平，填好天平使用登记簿，放回坐凳，方可离开天平室。

二、称样方法及操作

称取试样经常采用的方法有直接称样法、递减称样法（俗称差减法或减量法）和固定质量法。

1. 直接称样法

在空气中没有吸湿性、不与空气反应的试样，可以用直接法称样。称样的步骤：用牛角勺取固体试样放在已知质量的洁净的表面皿或硫酸纸上，一次称取一定质量的试样，然后将试样全部转移到接受容器中。

2. 递减称样法（差减称样法）

递减称样法是分析工作中最常用的一种方法，其称取试样的质量由两次称量之差而求得。这种方法称出试样的质量只需在要求的称量范围内，而不要求是固定的数值。

图 2 - 9　捏取称量瓶

在空气中，易吸潮、易氧化、易与 CO_2 反应的样品，多用递减法称样。试样质量由两次称量之差求得。

先在托盘天平上粗称出盛装试剂的称量瓶重，然后放在分析天平上准确称量其质量，再用叠成约 1cm 宽的洁净纸条套在称量瓶上，左手拿住纸条两端（图 2 - 9）。将称量瓶从天平盘上取出，拿到接受器上方，右手打开瓶盖，将瓶身慢慢向下倾斜，用瓶盖轻轻敲击瓶口上方，让试样慢慢落入接受容器中，如图 2 - 10 所示。

当倾出试样接近需要量时，一边继续轻敲瓶口，一边逐渐将瓶身竖直。盖好瓶盖，将称量瓶放回天平盘上，再准确称其质量，两次质量之差即为倒入接受容器里的试样质量。若称取三份试样只要连续称量四次即可。

图 2 - 10　倾出样品

下面是称量三份试样的原始记录，见表 2 - 2。

表 2 - 2　称量记录

试 样 编 号	1#	2#	3#
称量瓶与试样质量/g	18.6896	18.4783	18.2662
倾出试样后称量瓶与试样质量/g	18.4783	18.2662	18.0550
试样质量/g	0.2113	0.2121	0.2112

在记录熟练后可简化如下：

1#	2#	3#
18.6896	18.4783	18.2662
−18.4783	−18.2662	−18.0550
0.2113	0.2121	0.2112

递减称样法比较简单、快捷、准确，常用此法称取基准物质和待测试样。

3. 固定质量称样法

在实际工作中，有时要求准确称取某一指定质量的物质，如用直接法配制指定浓度的标准溶液时，常用此法称取标准物质的质量。此法只能用来称取不易吸湿、且不与空气作用、性质稳定的粉末状物质，不适于块状固体物质的称量。

三、天平的维护及常见故障的排除方法

分析天平是贵重的精密仪器，为了保持它的精度，必须妥善维护。

1. 天平的维护

（1）天平必须安放在坚固的水泥台上，以免震动。天平要避免阳光的直射，以免天平梁变形。

（2）要保持天平的清洁和干燥。天平箱内要放吸湿用的干燥剂，如变色硅胶等，并定期烘干，以保持良好的吸湿性能。

（3）为了保持天平的清洁，使用一段时间后，要清除各部件上的灰尘。玛瑙刀口和刀承用无水乙醇润湿的绸布擦拭干净。其他部件用软毛刷、鹿皮或绸布拂拭。

（4）分析天平使用一段时间后，应由有经验的工作人员作全面检查。检查的项目：

① 天平各部件是否正常，如：升降旋钮是否灵活，盘托高低是否合适，空气阻尼器的缝隙是否均匀，指针摆动是否自如等；

② 检查空载和全载时的示值变动性；

③ 检查空载和全载的灵敏度；

④ 检查不等臂性。

2. 常见故障及其产生的原因和排除方法

称量时若违反操作规程，常常发生故障。产生故障的原因和排除方法见表2-3。

表2-3 故障原因和排除方法

故障	原因	排除方法
吊耳脱落	启动或休止天平时操作太重或太快	将吊耳轻轻地重新挂上
	取称量物或砝码时未休止天平	应轻开轻放，及时休止天平
	吊耳不稳，左右偏侧	将天平梁托末端小支柱下面的螺丝拧松，移动小支柱至正常位置后再拧紧螺丝
	吊耳前后跳动	将拨棍插入天平梁托架末端小支柱上的小孔中转动调节小支柱前后高低
	盘托过高，天平休止时，秤盘往上抬	用拨棍调节盘托螺丝的高低
天平启动后指针不摆动或摆动不自如	空气阻尼器内外圆筒相碰或有轻微摩擦	检查空气阻尼器内外圆筒的隙缝是否均匀。如果不均匀，可能由于天平位置不水平，调整天平的水平位置。若仍然无效，则将筒固定，使内外筒的缝隙均匀后，再拧紧螺丝
	环码和挂钩接触	将挂钩轻轻向前或向后弯一下
	盘托太高	调节盘托螺丝，降低高度
	盘托受阻，不灵活	取下盘托，擦拭油垢，再滴少许机油
	两边边刀的刀缝不一致	调节两刀缝使大小一致，缝宽约为0.3mm
指针跳动（跳针）	刀缝前后不一致	调节中刀刀缝0.5mm，边刀刀缝为0.3mm

故　障	原　因	排除方法
零点、停点变动性大	天平放置不水平 侧门未关 称量物未冷至室温 玛瑙刀口和刀承被沾污或磨损 天平各部件和螺丝发生松动或偏离正确位置	调水平 关好 待冷至室温再操作 擦拭干净 调节
升降枢关不住，天平处于工作状态(自落)刻度盘失灵	翼翅板上弹簧力太大或翼翅板松动，升降枢偏心思位置不正确 (1)刻度盘读数与所加环码的质量不相对应 (2)挂环码的挂钩失灵	加以适当调整 松开偏心轮的螺丝，改变偏心轮的位置后，再将螺丝拧紧 取下刻度盘后面的外罩，滴上少许钟表油，如有螺丝松动，则将螺丝拧紧
电光天平的小灯泡不亮	灯泡损坏 电源接触点接触不良	检查灯泡是否损坏，更换灯泡 检查电源，天平底座下面的电路控制器在天平开启时是否接通，以及其他接触点是否良好
灵敏度太高或太低	重心丝位置不合适 玛瑙刀口磨损	调节重心丝的位置
投影屏光亮不足	聚焦位置不正确	转动灯光或前后移动灯头位置，使光源聚焦
投影屏上满光，但不显影	光线焦点不在刻度线上面，而在它的上端或下端	升降微分标尺，使刻度线对准光线的焦点
微分标尺出现重影	放大物镜发生在摆动两镜片不同心	旋紧内套丝，转动放大镜，或前后移动聚光镜来调整

第六节　电子天平

　　人们把用电磁力平衡称量被称物体质量的天平称为电子天平。其特点是称量准确可靠，全量程不需要砝码，显示快速清晰并且具有自动检测系统、简称的自动校准装置以及超载保护等装置。电子天平是采用高稳定性传感器和单片微机组成的智能天平，适于累计连续称量，现已是称量的常用天平。

一、电子天平分类

　　电子天平是常量电子天平、半微量电子天平、微量电子天平和超微量电子天平的总称，见图2-11所示。

图2-11　电子天平类型

按电子天平的精度可分为以下几类：

1. 超微量电子天平

超微量电子天平的称量一般为 2~5g，其标尺分度值小于（最大）称量的 10^{-6}。

2. 微量电子天平

微量电子天平的称量一般为 3~50g，其标尺分度值小于（最大）称量的 10^{-5}。

3. 半微量电子天平

半微量电子天平的称量一般为 20~100g，其标尺分度值小于（最大）称量的 10^{-5}。

4. 常量电子天平

常量电子天平的最大称量一般为 100~200g，其标尺分度值小于（最大）称量的 10^{-5}。

二、天平的构造

天平的构造见图 2-12 所示。

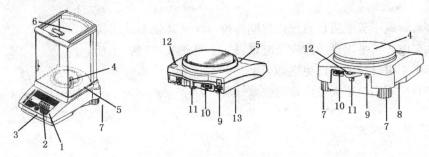

图 2-12　天平的结构

1—操作键；2—显示屏；3—具有以下参数的型号标牌表示，"Max"：最大称量值，"d"：实际分度值；

4—秤盘；5—防风圈（部分天平有）；6—防风罩（对实际分度值为 0.1mg 和 1mg 的天平为标准配置）；

7—水平调节脚；8—用于下挂称量的秤钩孔（在天平底部）；9—交流电源适配器插座；

10—RS232C 接口（选购件）；11—防盗锁（选购件）连接环；12—水平泡；13—电池盒（仅袖珍型天平有）

三、使用方法

1. 一般操作步骤

（1）使用天平前，首先清洁称量盘，检查、调整天平的水平状态。

（2）接通电源。

（3）按下"ON"键，天平显示自检。当天平出现"OFF"时，自检结束。当天平回零时，显示屏上出现"0.0000"。如果空载时有读数，按一下清零键回零。

（4）称量：推开天平右侧门，将干燥的称量瓶或小烧杯轻轻地放在称量盘中心，关上天平门，待显示平衡后按清除键扣除皮重并显示零点。然后推开天平门往容器中缓缓加入被称物体并观察显示屏，显示平衡后即可记录所称取试样的净重。

（5）称量完毕，取下被称物。

（6）如果称量后较长时间内不再使用天平，应拔下电源插头，盖好防尘罩。

2. 注意事项

（1）被称物的温度应与室温相同，不得称量过热或具有挥发性的试剂，尽量消除引起天平示值变动的因素，如空气流动、温度波动、容器潮湿、震动及操作过猛等。

（2）开、关天平的开启或关闭键，开、关侧门，放、取被称物等操作，动作都要轻、缓，不可用力过猛。

（3）调零点和读数时必须关闭两个侧门，并完全开启天平。

（4）使用过程中如发现天平异常，应及时报告指导老师或实验室工作人员，不得自行拆卸修理。

（5）称量完毕应随手关闭天平，并做好天平内外清洁工作。

（6）在电子天平量程范围内称量的，称量值的大小对天平的影响是很小的，不会因长期称量而影响电子天平的准确度。

3. 维护与保养

（1）将天平置于稳定的工作台上，避免振动、气流及阳光照射。

（2）在使用前调整水平仪使气泡至中间位置。

（3）电子天平应按说明书的要求进行预热。

（4）称量易挥发、具有腐蚀性的物品时，要盛放在密闭的容器中，以免腐蚀和损坏天平。

（5）经常对电子天平进行自校或定期外校，保证其处于最佳状态。

（6）如果电子天平出现故障应及时维修，不可使其带"病"工作。

（7）天平不可过载使用以免损坏天平。

（8）若长期不用电子天平应暂时收藏好。

第三章 滴定分析仪器和基本操作

第一节 滴定分析仪器的洗涤

滴定分析中使用的玻璃器皿都必须洗涤洁净，洁净器皿的器壁应能被水均匀润湿而不挂水珠。

对于广口的一般器皿如锥形瓶、烧杯、量筒等，可以用毛刷蘸取洗涤剂或肥皂水擦洗，若无特殊的污染经这样洗涤后，用自来水冲洗干净，再用少量蒸馏水冲洗三次。

对于细口带刻度的量器，如滴定管、移液管及容量瓶等，为了避免容器内壁受机械磨损而影响容积测量的准确度，不能用刷子刷洗，而用洗涤剂或铬酸洗液进行洗涤。

第二节 滴定分析仪器的准备和使用

滴定分析是根据滴定时所消耗的标准溶液的体积及其浓度来计算分析结果的。因此，除了要准确地确定标准溶液的浓度外，还必须准确地测量它的体积。溶液体积测量的误差是滴定分析中误差的主要来源，体积测量如果不准确（如误差大于 0.2%），其他操作步骤即使做得很准确也是徒劳的。为了使分析结果能符合所要求的准确度，就必须准确地测量溶液的体积。要准确测量溶液的体积，一方面决定于所用容量仪器的容积是否准确；另一方面还决定于能否正确使用这些仪器。

在滴定分析中测量溶液准确体积所用的容量仪器有滴定管、移液管、吸量管及容量瓶等。滴定管、移液管、吸量管为"量出"式量器，量器上标有"A"字样，但我国目前统一用"Ex"表示"量出"，用来测定从量器中放出液体的体积；一般容量瓶为"量入"式量器，量器上标有"E"字样，但我国目前统一用"In"字样表示"量入"，用于测定注入量器中测体的体积。另一种是"量出"式容量瓶，瓶上标有"A"或"Ex"字样，它表示在标明温度下，液体充满到标线刻度后，按一定方法倒出液体时，其体积与瓶上标明的体积相同。

一、滴定管

滴定管是用于准确测量滴定时放出的操作溶液体积的量器，它是具有刻度的细长玻璃管，随其容量及刻度值的不同，滴定管分为常量滴定管、半微量滴定管、微量滴定管三种（见表 3–1）。按要求不同，有"蓝带"滴定管、棕色滴定管（用于装高锰酸钾、硝酸银、碘等标准溶液），按构造不同分为普通滴定管和自动滴定管，按其用途不同又分为酸式滴定管及碱式滴定管。

表 3–1 滴定管的容量及刻度值

分类名称	容量/mL	刻度值/mL	分类名称	容量/mL	刻度值/mL
常 量	50	0.1	微 量	5	0.01 或 0.05
	20	0.1		2	
半微量	10	0.05		1	

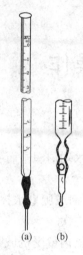

图 3－1　滴定管
（a）酸式（具塞）滴定管
（b）碱式（无塞）滴定管

　　带有玻璃磨口旋塞以控制液滴流出的是酸式滴定管（简称酸管），如图 3－1（a）所示，用来盛放酸类或氧化性溶液。但不能装碱性溶液，因为磨口旋塞会被碱腐蚀而粘住不能转动。用带玻璃珠的乳胶管控制液滴，下端再连一尖嘴玻璃管的是碱式滴定管（简称碱管）如图 3－1（b）所示，用于盛入碱性溶液和非氧化性溶液，不能装 $KMnO_4$、I_2、$AgNO_3$ 等溶液，以防将胶管氧化而变性。

　　（一）使用前的准备

　　1. 洗涤

　　酸式滴定管的洗涤：无明显油污不太脏的酸式滴定管，可用肥皂水或洗涤剂冲洗，若较脏而又不易洗净时，则用铬酸洗液浸泡洗涤，每次倒入 10～15mL 洗液于滴定管中，两手平端滴定管，并不断转动，直至洗液布满全管为止，洗净后将一部分洗液从管口放回原瓶，然后打开旋塞，将剩余的洗液从出口管放回原瓶中。滴定管先用自来水冲洗，再用蒸馏水润洗几次。若油污严重，可倒入温洗液浸泡一段时间（或根据具体情况，使用针对性洗涤液进行清洗），然后按上述手续洗涤干净。

　　洗涤时应注意保护玻璃旋塞，防止碰坏。洗净的滴定管内壁应完全被水均匀润湿，不挂水珠。

　　碱式滴定管的洗涤：碱式滴定管的洗涤方法与酸管相同，但在需用洗液洗涤时要注意洗液不能直接接触乳胶管。为此，可取下乳胶管，将碱式滴定管倒立夹在滴定管架上，管口插入装有洗液的烧杯中，用洗耳球插管口上反复吸取洗液进行洗涤，然后用自来水冲洗滴定管，并用蒸馏水润洗几次。

　　2. 涂油、试漏

　　酸式滴定管使用前应检查旋塞转动是否灵活，与滴定管是否密合，如不合要求，则取下旋塞，用滤纸片擦干净旋塞和旋塞槽，用手指蘸少量凡士林在旋塞的两头涂上薄薄的一层，在离旋塞孔的两旁少涂凡士林，以免凡士林堵住旋塞孔，如图 3－2 所示（如果凡士林堵塞小孔，可用细铜丝轻轻将其捅出。如果还不能除净，则用热洗液浸泡一定时间，或用有机溶剂除去）。把旋塞直接插入旋塞槽内，插时，旋塞孔应与滴定管平行，径直插入旋塞槽，此时不要转动旋塞，这样可以避免将油脂挤到旋塞孔中去。然后，向同一方向不断旋转旋塞，直到旋塞和旋塞槽上的油脂全部透明为止。

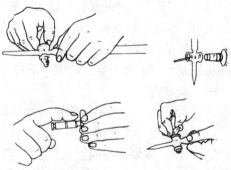

图 3－2　酸式滴定管涂油操作示意图

旋转时，应有一定的旋塞小头方向挤的力，以免来回移动旋塞，使孔受堵，最后用橡皮筋套在旋塞上以防塞子滑出而损坏。

　　经上述处理后，旋塞应转动灵活，油脂层没有纹路，旋塞呈均匀透明状态，可进行试漏。检查滴定管是否漏水时，可将酸式滴定管旋塞关闭用水充满至"0"刻度，把滴定管直立夹在滴定管架上静置 2min，观察刻度线液面是否下降，滴定管下端管口及旋塞两端是否有水渗出，可用滤纸在旋塞两端查看，将旋塞转动180°，再静置2min，查看是否有水渗出，若前后两次均无水渗出，旋塞转动也灵活即可使用。如果漏水则应该重新进行涂油操作。

碱式滴定管使用前应检查乳胶管是否老化、变质，要求乳胶管的玻璃珠大小合适，能灵活控制液滴。玻璃珠过大则不便操作；过小则会漏水。如不合要求应重新装配玻璃珠和乳胶管。

3. 装溶液与赶气泡

准备好的滴定管，即可装操作溶液（即标准溶液或被标定的溶液）。

装操作溶液前应将试剂瓶中的溶液摇匀，使凝结在瓶内壁上的水珠混入溶液，这在天气比较热、室温变化比较大时更有必要。混匀后将操作溶液直接倒入滴定管中，不得用其他容器（如烧杯、漏斗）来转移，此时左手前三指持滴定管上部无刻度处，并可稍微倾斜，右手拿住细口瓶往滴定管中倒溶液。如用小试剂瓶，可用右手握住瓶身（瓶签向手心）倾倒溶液于管中，大试剂瓶则仍放在桌上。手拿瓶颈使瓶慢慢倾斜，让溶液慢慢沿滴定管内壁流下。

先用摇匀的操作溶液将滴定管润洗三次（第一次10mL左右，大部分可由上口放出，第二次和第三次各5mL左右，可以从出口管放出），以除去管内残留水分，确保操作溶液浓度不变。为此，注入操作溶液10mL，然后两手平端滴定管（注意把住玻璃旋塞）慢慢转动溶液，一定要使操作溶液流遍全管内壁，并使溶液接触管壁1～2min，每次都要打开旋塞冲洗出口管。将润洗溶液从出口管放出，并尽量把残留液放尽。最后关好旋塞，将操作溶液倒入，直到充满至"0"刻度以上为止。

对于碱管仍要注意玻璃珠下方的洗涤。

装好溶液的滴定管使用前必须注意检查滴定管的出口管是否充满溶液，旋塞附近或胶管内有无气泡。为使溶液充满出口管并除去气泡，在使用酸管时，右手拿滴定管上部无刻度处，左手迅速打开旋塞使溶液冲出排除气泡（下面用烧杯承接溶液），这时出口管中应不再有气泡。若气泡仍未排出，可重复操作，也可打开旋塞，同时抖动滴定管，使气泡排出。如仍不能使溶液充满出口管，可能是出口管未洗净，必须重新洗涤。

在使用碱管时，装满溶液后应将其垂直地夹在滴定管架上，左手拇指和食指拿住玻璃珠所在部位，并使乳胶管向上弯曲，出口管斜向上方，然后在玻璃珠部位往一旁轻轻捏挤胶管，使溶液从管口喷出（如图3-3所示），气泡即随之排出，再一边捏乳胶管一边把乳胶管放直，注意当乳胶管放直后再松开拇指和食指，否则出口仍会有气泡。最后把管外壁擦干。

排除气泡后装入操作液至"0"刻度以上，并调节液面处于0.00mL处备用。

（二）滴定管的使用

1. 滴定管的操作

进行滴定时，应该将滴定管垂直地夹在滴定管架上。

酸管的使用：左手无名指和小指向手心弯曲，轻轻地贴着出口管，用其余的三指控制活塞的转动（如图3-4所示）。但应注意不要向外拉旋塞以免推出旋塞造成漏液，也不要过分往里扣，以免造成旋塞转动困难而不能操作自如。

碱管的使用：左手无名指及小指夹住出口管，拇指与食指在玻璃珠所在部位往一旁捏挤乳胶管，玻璃珠移至手心一侧，使溶液从玻璃珠旁边空隙处流出（如图 3 - 5 所示）。注意：
① 不要用力捏玻璃珠，也不能使玻璃珠上下移动；② 不要捏到玻璃珠下部的乳胶管，以免空气进入形成气泡，影响读数；③ 停止滴定时，应先松开拇指和食指，最后才松开无名指与小指。

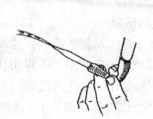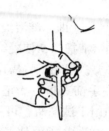

图 3 - 3　碱式滴定管排除气泡　　　图 3 - 4　操纵旋塞的姿势　　　图 3 - 5　碱式滴定管使用

无论使用哪种滴定管，都必须掌握三种滴液方法：① 逐滴连续滴加，即一般的滴定速度，"见滴成线"的方法；② 只加一滴，要做到需加一滴就能只加一滴的熟练操作；③ 使液滴悬而不落，即只加半滴，甚至不到半滴的方法。

2. 滴定操作

滴定前后都要记取读数，终读数与初读数之差就是溶液的体积。

滴定操作一般在锥形瓶中进行，也可在烧杯内进行，最好以白瓷板作背景。滴定开始前用洁净小烧杯内壁轻碰滴定管尖端，以把悬在滴定管尖端的液滴除去。

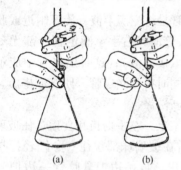

(a)　　　(b)

图 3 - 6　锥形瓶的摇动

在锥形瓶中滴定时，用右手前三指拿住瓶颈，其余两指辅助在下侧，调节滴定管高度，使瓶底离滴定台高约 2 ~ 3cm，将滴定管的下端伸入瓶口约 1cm，左手按前述方法控制滴定管旋塞滴加溶液，右手运用腕力摇动锥形瓶，边滴加边摇动，使溶液随时混合均匀，反应及时进行完全，两手操作姿势如图 3 - 6(a) 所示。

若使用碘瓶等具塞锥形瓶滴定，瓶塞要夹在右手的中指与无名指之间［图 3 - 6(b)］，不要放在其他地方。

滴定操作应注意下述几点：

（1）摇瓶时应微动腕关节，使溶液向同一方向作圆周运动，但勿使瓶口接触滴定管，溶液也不得溅出。

（2）滴定时左手不能离开旋塞让溶液自行流下。

（3）注意观察液滴落点周围溶液颜色的变化。开始时应边摇边滴，滴定速度可稍快（每秒 3 ~ 4 滴为宜），但不要流成水流。接近终点时应改为加一滴，摇几下，最后每加半滴，即摇动锥形瓶，直至溶液出现明显的颜色变化，准确到达终点为止。滴定时不要去看滴定管上部的体积，而不顾滴定反应的进行。加半滴溶液的方法如下：

微微转动旋塞，使溶液悬挂在出口管嘴上，形成半滴（有时还可控制不到半滴），用锥形瓶内壁将其沾落，再用洗瓶以少量蒸馏水吹洗瓶壁。

用碱管滴加半滴溶液时，应先松开拇指和食指，将悬挂的半滴溶液沾在锥形瓶内壁上，以避免出口管尖端出现气泡。

（4）每次滴定最好都从"0.00"mL 处开始（或从"0"mL 附近的某一固定刻度线开始），这样可固定使用滴定管的某一段，以减少体积误差。

3. 滴定管的读数

滴定管读数不准确是滴定分析误差的主要来源之一，因此，正确读数应遵循下列原则：

（1）装满或放出溶液后必须等 1~2min，待附着在内壁上的溶液流下后再进行读数。如果放出溶液的速度较慢（例如，滴定到最后阶段，每次只加半滴溶液时），等 0.5~1min 即可读数。每次读数前要检查一下管壁是否挂水珠，管尖是否有气泡，是否挂有水珠。若在滴定后挂有水珠，读数是无法读准确的。

（2）读数时应将滴定管从滴定管架上取下，用右手大拇指和食指捏住滴定管上部无刻度处，其他手指从旁辅助，使滴定管保持垂直，然后读数。若把滴定管夹在滴定管架上读数，应使滴定管保持垂直（一般不采用，因为很难确保滴定管垂直）。

（3）由于水的附着力和内聚力的作用，滴定管内的液面呈弯月形，无色或浅色溶液的弯月面比较清晰。读数时应读弯月面下缘实线的最低点，即视线在弯月面下缘实线最低处且与液面成一水平线，如图 3-7 所示。对于有色溶液，其弯月面是不够清晰的，读数时可读液面两侧最高点，即视线应与液面两侧最高点成水平。例如，对 $KMnO_4$、I_2 等有色溶液的读数就应如此。注意初读数与终读数应采用同一标准。

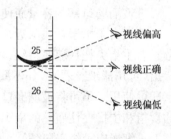

图 3-7　滴定管读数

（4）读数要求读到小数点后第二位，即估计到 ±0.01mL，如读数为 25.23mL，数据应立刻记录在本上。

（5）为了便于读数，可以在滴定管后衬一黑白两色的读数卡。读数时使黑色部分在弯月面下约 1mm 左右，弯月面的反射层即全部成为黑色，如图 3-8 所示，读此黑色弯月面下缘的最低点。但对深色溶液须读两侧最高点时，可以用白色卡作为背景。

（6）使用"蓝带"滴定管时，液面呈现三角交叉点，读取交叉点与刻度相交之点的读数，如图 3-9 所示。

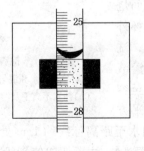

图 3-8　读数卡

图 3-9　蓝线衬背滴定管读数

(7) 滴定至终点时应立即关闭旋塞，并注意不要使滴定管中的溶液有稍许流出，否则终读数便包括流出的半滴溶液。

滴定结束后，滴定管内剩余的溶液应弃去，不得将其倒回原试剂瓶中，以免沾污整瓶操作溶液，随即洗净滴定管，倒置在滴定管架上。

二、容量瓶

容量瓶是用于测量容纳液体体积的一种量器，是一种"量入式量器"（瓶上标有"E"或"In"字样）。它是细颈梨形的平底玻璃瓶，带有玻璃磨口塞或塑料塞，如图 3-10 所示，瓶颈上刻有环形标线。在指定温度下，当溶液充满至标线时，所容纳的液体体积等于瓶上标示的体积。主要是用于配置标准溶液、试样溶液。也可用于将准确容积的浓溶液稀释成准确容积的稀溶液，此过程通常称为"定容"。常用的容量瓶有 10mL、25mL、50mL、100mL、200mL、250mL、500mL、1000mL 等各种规格。

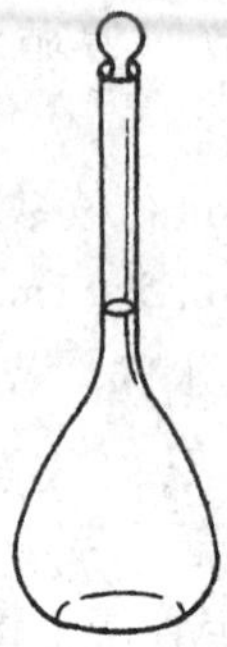

1. 容量瓶的准备

容量瓶在使用前要洗涤干净，洗涤方法与滴定管相同。洗净的容量瓶内壁应为蒸馏水均匀润湿，不挂水珠，否则要重洗。

图 3-10　容量瓶

带玻璃磨口塞的容量瓶使用前要检查瓶塞是否漏水。检查方法如下：

注入自来水至标线附近，盖好瓶塞，左手食指按住瓶塞，其余手指拿住瓶颈标线以上部分，右手指尖托住瓶底边缘，如图 3-11(a)所示。将瓶倒立 2min，观察瓶塞周围是否有水渗出(可用滤纸查看)，如不漏水将瓶倒立，将瓶塞旋转 180°后再如上述进行检查，如不漏水即可使用。不可将玻璃磨口塞放在桌面上，以免沾污和搞错，打开瓶塞操作时，可用右手的食指和中指夹住瓶塞的扁头，如图 3-11(b)所示(也可用橡皮圈或细尼龙绳将瓶塞系在瓶颈上，细绳应稍短于瓶颈)，如果瓶塞漏水，该容量瓶则不能使用。

2. 容量瓶的使用

用容量瓶配制标准溶液或试样溶液时，最常用的方法是将准确称取的待溶固体物质放于小烧杯中，加水或其他溶剂将其溶解，然后将溶液定量地转移至容量瓶中。在转移过程中，用一玻璃棒插入容量瓶内，玻璃棒的下端靠近瓶颈内壁，上部不要碰瓶口，烧杯嘴紧靠玻璃棒，使溶液沿玻璃棒和内壁慢慢流入。要避免溶液从瓶口溢出(如图3-12所示)。待溶液全部流完后，将烧杯沿玻璃棒稍向上提，同时使烧杯直立，使附着在烧杯嘴的一滴溶液流回烧杯中，并将玻璃棒放回烧杯中。注意勿使溶液流至烧杯外壁引起损失。用洗瓶吹洗玻璃棒和烧杯内壁五次以上，洗涤液按上述方法移入容量瓶，使残留在烧杯中的少许溶液定量地转移至容量瓶中，然后加蒸馏水稀释。当加水至容量瓶的四分之三左右时，用右手将容量瓶拿起，按水平方

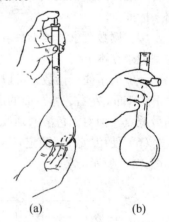

图 3-11　检查容量瓶
(a)检查漏水和混匀溶液操作;
(b)瓶塞不离手及溶液平摇操作

向旋摇几周[图 3-11(b)]，使溶液初步混匀。继续加水至距离标线约 1cm 处，等1~2min使附在瓶颈内壁的溶液流下后，再用细长的滴管滴加蒸馏水(注意切勿使滴管接触溶液)至弯月面下缘与标线相切;也可用洗瓶加水至标线，盖上瓶塞。用左手食指按住瓶塞，右手指

尖托住瓶底边缘，见图3－11(a)所示。将容量瓶倒置并摇荡，再倒
转过来，使气泡上升到顶，如此反复10次左右，使溶液充分混匀，
最后放正容量瓶，打开瓶塞，使瓶塞壁周围的溶液流下，重新盖好
瓶塞，再倒转振荡3~5次使溶液全部混匀。

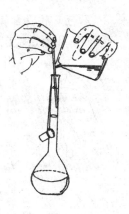

　　若用容量瓶把浓溶液定量稀释，则用移液管移取一定体积的浓
溶液，放入容量瓶中，稀释至标线，按上述方法摇匀，可得到准确
浓度的稀溶液。

　　热溶液必须冷至室温后再移入容量瓶中，稀释至标线，否则会
造成体积误差。

　　不要用容量瓶长期存放溶液，如溶液要准备使用较长时间，应
转移到磨口试剂瓶中保存，试剂瓶应用配好的溶液充分洗涤、润洗
后方可使用。

图 3 - 12　溶液
转入容量瓶操作

　　容量瓶不能放在烘箱内烘干也不能加热。如需使用干燥的容量瓶时，可将容量瓶洗净，
再用乙醇等有机溶剂荡洗后凉干或用电吹风的冷风吹干。用后的
容量瓶应立即用水冲洗干净。如长期不用，磨口处应洗净擦干，
并用纸片将磨口隔开。

三、移液管和吸量管

　　移液管和吸量管都是准确移取一定量溶液的量器，移液管又
称吸管，是一根细长而中间有膨大部分(称为球部)的玻璃管，管
颈上部刻有环形标线，膨大部分标有它的容积和标定时的温度，
如图3－13(a)。在标明的温度下，先使溶液吸入管中，溶液弯月
面下缘与移液管标线相切，再让溶液按一定方法自由流出，则流
出的溶液体积与管上标明的体积相同。常用的移液管有5mL、
10mL、25mL、50mL、100mL 等规格。

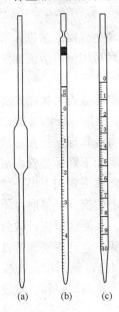

图 3 - 13　吸量管

　　吸量管也称分度吸管，是具有分刻度的玻璃管，如图 3 - 13
(b)、(c)所示，它可以准确量取标示范围内任意体积的溶液。使
用时将溶液吸入，读取与液面相切的刻度(如"0"刻度)，然后将
溶液放出至适当刻度，两刻度之差即为放出溶液的体积。分度吸
管的型式、规格见表 3 - 2。

表 3 - 2　分度吸管的型式、规格

型　　式		级　别	标称容量/mL	使用方法
完全流出式	慢流式	A、A2 及 B 级	1、2、5、10、25、50	液体自标线流至管下口 A 级、A2 级等待 15s，B 级
	快流式		1、2、5、10	和快流式等待 3s(流液口要保留残液)
吹出式		B 级	0.1、0.2、0.25、0.5、1、2、5、10	液体自标线流至管下端随即将管下端残留液全部吹出
不完全流出工		A、A2 及 B 级	0.1、0.2、0.25、0.5	液体自标线流至最低标线上约5mm处，A 级 A2 级等待 15s，B 级等待 3s，然后调至最低标线

1. 移液管和吸量管的准备

移液管和吸量管在使用前都应该洗净，使整个内壁和下部的外壁不挂水珠。为此，可先

用自来水冲洗一次，再用铬酸洗液洗涤。以左手持洗耳球，将食指和拇指放在洗耳球的上方，右手拿住移液管或吸量管标线以上的地方，将洗耳球紧接在移液管口上（如图 3－14）。排除洗耳球中的空气，将移液管插入洗液瓶中，左手拇指和食指慢慢放松，将洗液缓缓吸入移液管球部或吸量管全管约 1/3 处，用右手食指按住管口移去洗耳球，把管横置，左手扶住管的下端，慢慢开启右手食指一边转动移液管，一边使管口降低，让洗液布满全管进行润洗，最后将洗液从上口放回原瓶，然后用自来水充分冲洗，再用洗耳球吸取蒸馏水润洗三次，并用洗瓶冲洗管下部

图 3－14　吸取溶液

的外壁。如果内壁污染严重，则应把移液管或吸量管放入盛有洗液的大量筒中，浸泡 15min 至数小时，取出再用自来水冲洗、蒸馏水润洗。

移液管和吸量管的尖端容易碰坏，操作要小心。

2. 使用方法

在用洗净的移液管或吸量管移取溶液前，为避免移液管管壁及尖端上残留的水进入所要移取的溶液中，使溶液浓度改变，应先用滤纸将尖端内外的水吸干，然后用待吸溶液润洗三次（按洗涤移液管的方法进行），但用过的溶液应从下口放出弃去。

移取溶液时，用右手的大拇指和中指拿住移液管管颈标线上方，将移液管直接插入待吸溶液液面下 1～2cm 处，不要伸入太深，以免移液管外壁沾附有过多的溶液，影响量取溶液体积的准确性；也不要伸入太浅，以免液面下降后造成吸空。吸液时将洗耳球紧接在移液管口上，并注意容器中液面和移液管尖的位置，应使移液管尖随液面下降而下降，当管内液面上升至标线稍高位置时，迅速移去洗耳球，并用右手食指按住管口，将移液管向上提，使其离开液面，并使管的下部沿待吸液容器内壁轻转两圈，以除去管外壁上的溶液。另取一干净小烧杯，将移液管放入烧杯中，使管尖端紧靠烧杯内壁，烧杯稍倾斜，移液管垂直，微微松开食指，并用拇指和中指轻轻转动移液管，让溶液慢慢流出，液面下降，直到溶液的弯月面与标线相切时（注意观察时眼睛与移液管的标线应处在同一水平位置上），立刻用食指按住管口，使溶液不再流出。取出移液管，左手改拿接受容器，将接受容器倾斜。将移液管放入接受容器中，使管尖与容器内壁紧贴成 45°左右，并使移液管保持垂直，松开右手食指，使溶液自由地沿壁流下，如图 3－15 所示。待液面下降到管尖后，再等待 15s 后取出移液管。注意：除非在管上特别注明"吹"的以外，管尖最后残留的溶液切勿吹入接受器中。因为在校正移液管的容量时，就没有把这滴溶液计算在内，此种移液管称非吹式移液管。但必须指出，由于管口尖部做得不很圆滑，因此，留存在管尖部位的体积可能会由于靠接受器内壁的管尖部位方位不同而有大小的变化，为此，可在等 15s 后，将管身往左右旋转一下，这样管尖部分每次留存的体积将会基本相同，不会导致平行测定时出现过大误差。

用吸量管吸取溶液时，吸取溶液和调节液面至上端标线的操作与移液管相同。放液时用食指控制管口，使液面慢慢下降，至与所

图 3－15　放溶液姿势

需刻度相切时按住管口，将溶液移至接受容器。

若吸量管的分度刻至管尖，管上标有"吹"字（吹出式），并且需要从最上面的标线放至管尖时，则在溶液流至管尖后，随即从管口轻轻吹一下即可，若无"吹"字的吸量管（完全流出式），不必吹出残留在管尖的溶液。

还有一种吸量管，分度刻到离管尖尚差 1~2cm（不完全流出式），如图 3-13（c），使用这种吸量管时，应注意不要使液面下降到刻度以下（见表 3-2 使用方法）。

在同一实验中应尽可能使用同一根吸量管的同一段体积，并且尽可能使用上段，而不用末端收缩部分。

移液管和吸量管用完后应立即用自来水冲洗，再用蒸馏水冲洗干净，放在移液管架上。

移液管和吸量管都不能放在烘箱中烘烤。

第三节　玻璃仪器的校准

由于温度的变化、试剂的浸蚀等原因，容量器皿的实际容积与它所标示出的容积往往不完全相符，甚至其误差可以超过分析所允许的误差范围。因此，在滴定分析中，特别是准确度要求较高的分析工作中，必须对容量器皿进行校准。

量器的校准，在实际工作中通常采用如下两种校准方法：

1. 相对校准

当两种容量仪器平行使用时，它们的容积有一定的比例关系，可采用相对校准方法进行校准。例如，25mL 移液管与 250mL 容量瓶平行使用，前者量取液体的体积是后者的十分之一。

2. 绝对校准

绝对校准即测定量器的实际容积，采用称量法称量容器容纳或放出纯水的质量，除以水的密度，即得到容器的实际容积，但是称量水的质量时，必须考虑下列三方面因素的影响：

（1）水的密度随温度而改变，水的温度应尽可能接近室温；

（2）空气浮力对称量的影响；

（3）玻璃容器的容积随温度而改变，被校量器的温度亦尽可能接近室温。

在不同温度下，查得水的密度均为真空中水的质量，而实际称量水质量时是在空气中进行的，因此必须将水的密度进行空气浮力的校正，以求出 1mL 水在空气中称得的质量（d_t^a），校正公式如下：

$$d_t^a = \frac{d_t}{1 + \dfrac{0.0012}{d_t} - \dfrac{0.0012}{8.4}}$$

由于玻璃容器亦随着温度的改变而改变，因此在容量器皿上都刻着标准温度（20℃），表明在 20℃时正好等于容器上所刻的容积，如果校正时不是 20℃，还必须加以玻璃容器随温度变化的校正值，得出总的校正公式为：

$$d_t' = \frac{d_t}{1 + \dfrac{0.0012}{d_t} - \dfrac{0.0012}{8.4}} + 0.000025 \times (t - 20)$$

式中　d'_t——$t℃$ 时在空气中用黄铜砝码称量 1mL 水（在玻璃容器中）的质量，g；

　　　　d_t——水的密度，$g \cdot mL^{-1}$；

　　　　t——校正时的温度，℃；

　0.0012——空气的密度，$g \cdot mL^{-1}$；

　　8.4——黄铜砝码的密度，$g \cdot mL^{-1}$；

0.000025——玻璃的体膨胀系数。

例：在 16℃ 时用玻璃容器量取 1mL 水，在空气中用黄铜砝码称量，称得的质量等于多少克？（即求 d'_t）。

解：由表 3 - 3 查得 16℃ 时水的密度 = 0.99894（$g \cdot mL^{-1}$）

$$d'_t = \frac{0.99894}{1 + \dfrac{0.0012}{0.99894} - \dfrac{0.0012}{8.4}} + 0.000025 \times (16 - 20) \times 0.99894 = 0.99778（g \cdot mL^{-1}）$$

为了工作方便起见，现将不同温度时的 d_t 和 d'_t 值列于表 3 - 3 中。

表 3 - 3　不同温度时水的 d_t 和 d'_t 值

温度/℃	$d_t/(g \cdot mL^{-1})$	$d'_t/(g \cdot mL^{-1})$	温度/℃	$d_t/(g \cdot mL^{-1})$	$d'_t/(g \cdot mL^{-1})$
4	0.99996	0.99853	18	0.99860	0.99749
5	0.99994	0.99853	19	0.99841	0.99733
7	0.99990	0.99852	20	0.99821	0.99715
8	0.99985	0.99849	21	0.99799	0.99695
9	0.99978	0.99845	22	0.99777	0.99676
10	0.99970	0.99839	23	0.99754	0.99655
11	0.99961	0.99833	24	0.99730	0.99634
12	0.99950	0.99824	25	0.99705	0.99612
13	0.99938	0.99815	26	0.99679	0.99588
14	0.99925	0.99804	27	0.99652	0.99566
15	0.99910	0.99792	28	0.99624	0.99539
16	0.99894	0.99778	29	0.99595	0.99512
17	0.99878	0.99764	30	0.99565	0.99485

根据表 3 - 3 可以计算任意温度下一定质量的纯水所占的实际容积。例如，在 25℃ 校准滴定管时，称得纯水质量为 9.910g，它的实际容积为：

$$\frac{9.910}{0.9961} = 9.95（mL）$$

移液管、滴定管、容量瓶都可应用表 3 - 3 中数据用称量法进行校准。

3. 溶液体积的校正

上述器皿校准，容积是以 20℃ 为标准的，即只是在 20℃ 时使用是正确的，但随着温度的变化，容器和溶液体积的膨胀系数不同，因此如果不是在 20℃ 时使用，则量取的溶液体积亦需进行校准。

例：5℃ 时量取 1000mL 水，问在 20℃ 时其体积应为多少 mL？

解：1000mL 水在 5℃ 时重为 998.53g，在 20℃ 时每毫升水重为 0.99715g，故

$$20℃ 时的体积 = \frac{998.53}{0.99715} = 1001.4（mL）$$

计算结果表示，在 5℃时每 1000mL 水的校正值应为 1.4mL。表 3 - 4 列出了在不同温度下 1000mL 换算到 20℃时，其相应体积的增减数（ΔmL）。

表 3 - 4　不同温度下每 1000mL 水换算到 20℃时体积校准值

$t/℃$	5	10	15	20	25	30
Δ/mL	+ 1.4	+ 1.2	+ 0.8	0.0	- 1.0	- 2.3

注：表中校准值对 0.1mol/L 的稀溶液，如 HCl、NaOH 等标准溶液也适用。

已知一定温度下的 Δ 值，可按下式将量器在该温度下量取的体积，换算为 20℃时的体积：

$$V = V_{20} + \frac{V_{20} \times \Delta}{1000}(\text{mL})$$

式中　V——20℃时量器实际容量，mL；

　　　V_{20}——20℃时量器的标称容量，mL；

　　　Δ——量取体积时的校正值（表 3 - 4）。

例如，在 10℃时滴定用去 25.00mL 0.1mol·L^{-1} HCl 标准溶液，在 20℃时应相当于：

$$25.00 + \frac{1.2 \times 25.00}{1000} = 25.03(\text{mL})$$

第四章 重量分析

重量分析的主要方法是沉淀法。这种方法是将被测组分形成难溶化合物沉淀，经过滤、洗涤、烘干及灼烧（有些难溶化合物不需灼烧）最后称量，由所得沉淀质量计算被测组分含量，这种方法叫重量分析法。

第一节 重量分析仪器

重量分析常采用滤纸、长颈漏斗和微孔玻璃坩埚进行过滤；烘干、灼烧沉淀使用瓷坩埚、坩埚钳、干燥器、电热干燥箱、高温电炉等。

1. 滤纸

滤纸分定性滤纸和定量滤纸。定性滤纸灼烧后有相当的灰分，不适用于定量分析，定量滤纸主要用于沉淀称量法中过滤沉淀用，所得沉淀需经灼烧再进行称量和计算。因此，定量滤纸是用稀盐酸和氢氟酸处理过的，其中大部分无机物杂质都已被除去，每张滤纸灼烧后的灰分质量常小于 0.1mg（约为 0.02～0.07mg），因为灰分极少，所以又称无灰滤纸。这样，在称沉淀时，滤纸灰分的质量可忽略不计。

国产定量滤纸按孔隙大小分为快速、中速和慢速三种类型。在滤纸盒面上都分别注明，并绕有白带、蓝带和红带作标志。按直径大小分为 7cm、9cm、11cm、12.5cm 等圆形滤纸。将定量滤纸的各种类型、孔隙大小及用途列于表 4 - 1。

表 4 - 1 定量滤纸的各种类型、孔隙大小及用途

滤纸类型	快速	中速	慢速
包装色带标志	白带	蓝带	红带
灰分	0.02mg/张	0.02mg/张	0.02mg/张
滤速/[s·(100mL)$^{-1}$]	60～100	100～160	160～240
应用实例	过滤无定形沉淀，如 $Fe(OH)_3$ 等	过滤粗晶形沉淀如 $MgNH_4PO_4$、CaC_2O_4	过滤细晶形沉淀，如 $BaSO_4$ 等

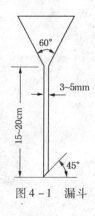

图 4 - 1 漏斗

滤纸的大小和类型的选择决定于沉淀量的多少、沉淀颗粒的大小和沉淀的性质。一般要求沉淀的量不超过滤纸圆锥体高度的一半，否则不好洗涤。例如，无定形的胶状沉淀（如氢氧化铁）体积庞大，应选用质松孔疏、直径较大(11cm)的快速滤纸。结晶形沉淀（如硫酸钡）则选用致密孔细、直径较小(7～9cm)的慢速滤纸为佳。

2. 长颈漏斗

定量分析中使用的普通漏斗是长颈漏斗，长颈漏斗锥体角度为 60°，颈的直径通常为 3～5mm（若太粗则不易保留水柱），颈长为 15～20cm，出口处磨成 45°，如图 4 - 1 所示。

3. 微孔玻璃坩埚及吸滤瓶

微孔玻璃坩埚又称砂芯坩埚，如图 4 – 2（a）所示，它的过滤层（滤板）是用玻璃砂在 600℃ 左右烧结成的多孔滤片。根据孔径大小分成六种规格，号码愈大，孔径愈小（见表4 – 2）。根据沉淀颗粒大小可适当选用。

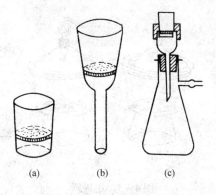

图 4 – 2　微孔玻璃坩埚及吸滤瓶
(a) 微孔玻璃坩埚；
(b) 微孔玻璃漏斗；(c) 吸滤装置

另有一种漏斗的砂芯过滤器，称砂芯漏斗，如图 4 – 2（b）所示。在定量分析中，一般常用 G_3 ~ G_5 几种型号的微孔玻璃坩埚。如用 G_4 ~ G_5（相当于慢速滤纸）过滤细晶形沉淀，用 G_3（相当于中速滤纸）过滤一般晶形沉淀。

对于一些不能和滤纸一起灼烧的沉淀（如 AgCl）以及不能在高温下灼烧，只能在不太高的温度下烘干后即可称量的沉淀（如丁二酮肟镍沉淀），必须使用微孔玻璃坩埚进行过滤。

过滤前，玻璃坩埚可用稀盐酸或稀硝酸处理，再用水洗净，置于干燥箱中于烘干沉淀的温度下烘干，直至恒重（两次称量相差小于 0.2mg,）以备使用。已烘干至恒重的玻璃坩埚和沉淀，不能用手直接接触，可用洁净的纸衬垫着（或带上白纱手套）拿取。放在表面皿上，于干燥器中冷却、恒重、称量。

表 4 – 2　微孔玻璃坩埚规格及用途

滤板编号	滤板平均孔径/mm	一 般 用 途	滤板编号	滤板平均孔径/mm	一 般 用 途
G_1	20 ~ 30	过滤粗颗粒沉淀	G_4	3 ~ 4	过滤细颗粒沉淀
G_2	10 ~ 15	过滤较粗颗粒沉淀	G_5	1.5 ~ 2.5	过滤极细颗粒沉淀（微生物）
G_3	4.5 ~ 9	过滤一般晶形沉淀	G_6	<1.5	滤除细菌（微生物）

用微孔玻璃坩埚和砂芯漏斗过滤时，采用减压过滤。过滤时和吸滤瓶配合使用，将微孔玻璃过滤器安置在具有橡皮垫圈或孔塞的抽滤瓶上，如图 4 – 2（c）。用抽水泵抽气进行减压过滤，过滤应先开水泵，接上橡皮管，倒入滤液。过滤完毕，应先拔下橡皮管，再关水泵。或先取出过滤器，再关水泵，以免由于瓶内负压，造成倒吸。

砂芯滤片耐酸性强（氢氟酸除外），但强碱性溶液会腐蚀滤片，因此，不能过滤碱性强的溶液，也不能用碱液清洗滤器。

滤器用过后先尽量倒出沉淀，再用适当的清洗剂清洗（见表4 – 3），切不可用去污粉洗涤，也不要用坚硬的物体擦滤片。

使用微孔玻璃坩埚的优点是过滤装置简单，分离沉淀和洗涤沉淀速度比用滤纸过滤要快得多。

表 4 – 3　洗涤砂芯滤器的清洗剂

沉 淀 物	有 效 清 洗 液	用 法
新 滤 器	热盐酸，铬酸洗液	浸泡、抽洗
氯 化 银	(1 + 1)氨水，10% NaS_2O_3	先浸泡再抽洗
硫 酸 钡	浓 H_2SO_4，或 3% EDTA500mL + 水 100mL 混合	浸泡蒸煮抽洗
有 机 物	热铬酸洗涤	抽洗
脂 肪	CCl_4	浸泡、抽洗
丁二酮肟镍	HCl	浸泡

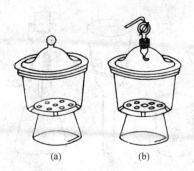

图 4 - 3 干燥器

4. 干燥器

干燥器(图 4 - 3)带有磨口的玻璃盖子,为了使干燥器密闭,在盖子磨口处均匀地涂上一层凡士林。

干燥器中带孔的圆板将干燥器分为上、下二室,上室放被干燥的物体,下室装干燥剂。干燥剂不宜过多,约占下室的一半即可,否则可能沾污被干燥的物体,影响分析结果。

因各种不同的干燥剂具有不同的蒸气压,常根据被干燥物的要求加以选择。最常用的干燥剂有硅胶、CaO、无水 $CaCl_2$、$Mg(ClO_4)_2$、浓 H_2SO_4 等。硅胶是硅酸凝胶(组成可用通式 $xSiO_2 \cdot yH_2O$ 表示)烘干除去大部分水后,得到白色多孔的固体,具有高度的吸附能力。为了便于观察,将硅胶放在钴盐溶液中浸泡使之呈粉红色,烘干后变为蓝色。蓝色硅胶具有吸湿能力,当硅胶变为粉红色时,表示已经失效,应重新烘干至蓝色。

干燥器使用注意事项:

启盖时左手扶住干燥器,右手握住盖上的圆球,向前推开器盖,不可向上提起,见图 4 - 4(a)。搬动干燥器时必须按图 4 - 4(b)的方法,防止盖子跌落打碎。

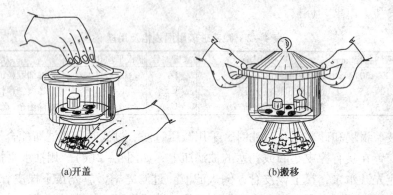

(a)开盖   (b)搬移

图 4 - 4 干燥器的使用

经高温灼烧后的坩埚,必须放在干燥器中冷却至与天平室温度一致才能称量。若直接放在空气中冷却,则会吸收空气中的水汽而影响称量结果。当高温坩埚放入干燥器后,不能立即盖紧盖子。一方面因为干燥器中的空气因高温而剧烈膨胀,推动干燥器盖,有时甚至会将器盖推落打碎;另一方面,当干燥器中的空气从高温降至室温后,压力大大降低,器盖很难打开。即使打开了,也会由于空气流的冲入将坩埚中的被测物冲散使分析失败。

因此,正确的操作是当坩埚放入干燥器后,先盖上盖子,再慢慢地推开盖子,放出热空气。这样重复数次,直到听不到"嘣"、"嘣"的声音后,把盖子盖紧并移至天平室内,冷却到室温。

5. 瓷坩埚与坩埚钳

坩埚是用来高温灼烧的器皿,称量分析常用 30mL 的瓷坩埚灼烧沉淀。为了便于识别,将经过检查完好无损的坩埚进行编号,可用钴盐(如 $CoCl$)或铁盐($FeCl_3$)的溶液,在坩埚上编写号码,烘干灼烧后即留下永不褪色的字迹。

用滤纸过滤的沉淀，需在瓷坩埚中灼烧至恒重。因此，要准备好已知质量的空坩埚，将坩埚洗净烘干，用 $FeCl_3$ 在坩埚和盖上编号，晾干后将坩埚放入马弗炉中，在预定温度下（800～1000℃）灼烧。第一次灼烧约 30min，取出稍冷后再转入干燥器中冷至室温称量。第二次再灼烧 15～20min，稍冷后再转入干燥器中，冷至室温再称量。前后两次称量之差小于 0.2mg，即认为达到恒重。

坩埚钳的使用：坩埚钳用铁或铜合金制作，表面镀镍或铬，用来夹持热的坩埚和坩埚盖，坩埚洗净后，坩埚的灼烧、称量过程中均不能用手直接拿取，应使用坩埚钳。坩埚钳使用前，要检查钳尖是否洁净，如有沾污必须处理（用细砂纸磨光）后才能使用。用坩埚钳夹取灼热坩埚时，必须预热。使用坩埚钳的过程中，坩埚钳平放在台上，钳尖应朝上，以免沾污。

6. 电热干燥箱

对于不能和滤纸一起灼烧的沉淀，以及不能在高温下灼烧，只需在不太高的温度烘干后即可称量的沉淀，可用已恒重的微孔玻璃坩埚过滤后，置于电热干燥箱中在一定温度下烘干。

实验室中常用的电热鼓风干燥箱可控温 50～300℃，在此范围内可任意选定温度，并借箱内的自动控制系统使温度恒定。

使用电热干燥箱应注意以下事项：

（1）为保证安全操作，通电前必须检查是否有断路、短路，箱体接地是否良好。

（2）在箱顶排气阀上孔插入温度计，旋开排气阀，接上电源。

（3）接通电源后即可开启选温开关，再将调节器控温旋钮顺时针方向旋至最高点，此时箱内开始升温，指示灯亮（绿）。

（4）当温度升到所需温度时，即将指示灯变为红色。

（5）升温时即可开启鼓风机，鼓风机可连续使用。

（6）易燃易爆、易挥发以及有腐蚀性或有毒的物品禁止放入干燥箱内。

（7）当停止使用时，应切断外电源以保证安全。

7. 高温电炉

高温电炉也叫马弗炉，常用于金属熔融和有机物的灰化、炭化。称量分析中用来灼烧坩埚和沉淀以及熔融某些试样。其温度可达 1100～1200℃。

常用的高温电炉体是由角钢、薄钢板构成，炉膛是由碳化硅制成的长方体。电热丝盘绕于炉膛外壁，炉膛与炉壳之间是由保温砖等绝热材料砌成。

高温电炉应与温度控制器及镍铬或镍铝热电偶配合使用，通过温度控制器可以指示、调节自动控制温度。

实验室中常用的温度控制测温范围在 0～1100℃ 之间。不同沉淀所需灼烧的温度及时间可参考表 4-4。

表 4-4　沉淀灼烧要求的温度和时间

灼烧前的物质	灼烧后的物质	灼烧温度/℃	灼烧时间/min
$BaSO_4$	$BaSO_4$	800～900	10～20
CaC_2O_4	CaO	600	灼烧至恒重
$Fe(OH)_3$	Fe_2O_3	800～1000	10～15
$MgNH_4PO_4$	$Mg_2P_2O_7$	1000～1100	20～25
$SiO_2 \cdot xH_2O$	SiO_2	1000～1200	20～30

使用高温电炉应注意以下事项：

（1）为保证安全操作，通电前应检查导线及接头是否良好，电炉与控制器接地必须可靠。

（2）检查炉膛是否洁净和有无破损。

（3）欲进行灼烧的物质（包括金属及矿物）必须置于完好的坩埚或瓷皿内，用长坩埚钳送入（或取出），应尽量放在炉膛中间位置，切勿触及热电偶，以免将其折断。

（4）含有酸性、硫性挥发物质或为强烈氧化剂的化学药品应预先处理（用煤气灯或电炉预先灼烧），待其中挥发物逸尽后，才能置入炉内加热。

（5）旋转温度控制的旋钮使指针指向所需温度，温度控制器的开关指向关。

（6）快速合上电闸，检查配电盘上指示灯是否已亮。

（7）打开温度控制器的开关，温度控制器的红灯即亮，表示高温电炉处在升温状态。当温度升到预定温度时，红灯绿灯交替变换，表示电炉处于恒温状态。

（8）在加热过程中，切勿打开炉门；电炉使用中切勿超过最高温度，以免烧毁电热丝。

（9）灼烧完毕，切断电源，不能立即打开炉门。待温度降低后才能打开炉门，取出灼烧物品，冷至60℃，放入干燥器内冷至室温。

（10）长期搁置未使用的高温电炉，在使用前必须进行一次烘干处理，烘炉时间，从室温至200℃用4h；400~600℃用4h。

第二节　重量分析基本操作

重量分析基本操作包括试样的溶解、沉淀、过滤和洗涤、烘干和灼烧、称量等。

一、试样的溶解

先准备好洁净的烧杯、合适的玻璃棒和表面皿（大小应大于烧杯口），然后称入试样，用表面皿盖好烧杯。根据试样的性质用水、酸或其他溶剂溶解。溶解时，若无气体产生，将玻璃棒下端紧靠杯壁，沿玻璃棒将溶液加入烧杯中，边加边搅拌，直至试样完全溶解。然后盖上表面皿，如果试样溶解时有气体产生（如碳酸盐加盐酸），则应先在试样中加入少量水，使之润湿，盖好表面皿，由烧杯嘴与表面皿的间隙处滴加溶剂，轻轻摇动。试样溶解后，用洗瓶吹洗表面皿的凸面，流下来的水应沿杯壁流入烧杯，并吹洗烧杯壁。

若需加热促使试样溶解，应盖好表面皿，注意温度不要太高，以免爆沸使溶液溅出。

另外，若试样溶解后必须加热蒸发，可在烧杯口放上玻璃三角，再放表面皿。

二、沉淀

应根据沉淀的性质采取不同的操作方法。

1. 晶形沉淀

加沉淀剂时，左手拿滴管加沉淀剂溶液，滴管口要接近液面，以免溶液溅出。滴加速度要慢，与此同时，右手持玻璃棒充分搅拌。但注意勿使玻璃棒碰烧杯壁或烧杯底。如果需在热溶液中沉淀时，可在水浴或电热板上进行。沉淀剂加完后，应检查沉淀是否完全，检查方法是将溶液静置，待沉淀下沉后，在上层清液中，再加1~2滴沉淀剂，如果上层清液中不出现浑浊，表示已沉淀完全；如果有浑浊出现，表示沉淀尚未完全，需继续滴加沉淀剂，直到沉淀完全为止。

然后盖上表面皿，放置过夜（或在水浴上加热1h左右），使沉淀陈化。

2. 非晶形沉淀

沉淀时应当在较浓的溶液中加入较浓的沉淀剂，在充分搅拌下，较快地加入沉淀剂进行沉淀。沉淀完全后，立即用热的蒸馏水稀释以减少杂质的吸附，不必陈化，待沉淀下沉后即进行过滤和洗涤。必要时进行再沉淀。

三、过滤和洗涤

过滤是使沉淀从溶液中分离出来的一种方法。对于需要灼烧的沉淀，要用定量滤纸在玻璃漏斗中过滤，对于过滤后只要烘干即可称量的沉淀，可采用微孔玻璃坩埚进行减压过滤。

洗涤沉淀的目的是为除去混杂在沉淀中的母液和吸附在沉淀表面上的杂质。

（一）洗涤液的选择

洗涤沉淀用的洗涤液应符合下列条件：① 易溶解杂质，但不溶解沉淀；② 对沉淀无胶溶作用或水解作用；③ 烘干或灼烧沉淀时，易挥发除去；④ 不影响滤液的测定。

晶形沉淀可用含共同离子的挥发性物质，如冷的可挥发的稀沉淀剂洗涤，以减少沉淀溶解的损失。当沉淀溶解度很小时，也可用水或其他合适的溶液洗涤沉淀。

无定形沉淀用含少量电解质的热溶液作洗涤液以防止胶溶作用。电解质应是易挥发或加热灼烧易分解除去的物质，大多采用易挥发的铵盐。

对于溶解度较大，易水解的沉淀，采用有机溶剂加沉淀剂作洗涤液洗涤沉淀。例如，洗涤氟硅酸钾（K_2SiF_6）沉淀时，选用含5%氯化钾的乙醇（95%）溶液作洗涤液，可以防止沉淀水解并降低沉淀的溶解度。

（二）洗涤技术

为了提高洗涤效率，应掌握洗涤方法的要领，先用"倾泻法"将上层清液倾入漏斗中过滤，然后采用"少量多次"、"洗后尽量沥干"的原则进行沉淀洗涤。即将清液先倾入漏斗中，在沉淀中加入少量洗涤液，充分搅拌，待沉淀沉降再将上层清液倾入漏斗中过滤。如此反复多次，每次使用少量洗涤液，洗后尽量沥干，再倒入新的洗涤液。过滤和洗涤操作必须不间断地连续进行，直到把沉淀中的杂质洗净。最后一次加洗涤液时，搅拌后混同沉淀一起转移到滤纸上。

沉淀是否洗净，可用定性方法检验洗出液中是否含有某种代表性的离子。例如，用$BaCl_2$溶液沉淀SO_4^{2-}时，洗涤$BaSO_4$沉淀直至洗出液中不含Cl^-为止，可用一干净表面皿接1~2滴滤液，酸化后用$AgNO_3$溶液检查，若无AgCl白色浑浊物出现，说明沉淀已洗净，否则还需再洗。

（三）过滤洗涤操作

1. 折叠和安放滤纸

根据沉淀的性质选好滤纸和漏斗，并按照漏斗规格折叠滤纸。折叠滤纸一般采用四折法，如图4-5（a）。折叠时，应先将手洗净、揩干，以免弄脏弄湿滤纸，然后将滤纸对折并按紧一半，如图4-5（b）所示，再对折，但不要按紧，把滤纸圆锥体放入干燥漏斗中，滤纸的大小应低于漏斗边缘1cm左右，若高出漏斗边缘，可剪去一圈。观察折好的滤纸是否能与漏斗内壁紧密贴合，若不贴合，对折时把两角对齐向外错开一点，改变滤纸折叠角度，打开后使顶角成稍大于60°的圆锥体。直至与漏斗能紧密贴合时把第二次的折边折紧。取出滤纸圆锥体，所得圆锥体半边为三层，另半边为一层。将半边为三层的滤纸外层折角撕下一小

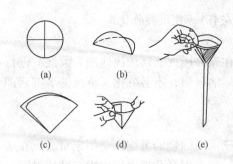

图4-5　滤纸的折叠和放置

角，如图4-5(c)所示，这样可以使内层滤纸能紧密贴在漏斗壁上。

撕下来的滤纸角应保存在干净的表面皿上，以备擦拭烧杯或玻璃棒上残留的沉淀之用。

2. 作水柱

把正确折叠好的滤纸展开成圆锥体，如图4-5(d)所示。放入漏斗，三层的一面在漏斗颈的斜口长侧，用食指按紧三层的一边，然后用洗瓶吹入少量水润湿滤纸，轻压滤纸，赶走气泡，使其紧贴于漏斗壁上，如图4-5(e)所示。再加水至漏斗边缘，让水流出，此时漏斗颈内应全部充满水，且无气泡，即形成水柱。若不能形成水柱，可用左手拇指堵住颈下口，拿住漏斗颈，右手食指轻轻掀起滤纸的一边，用洗瓶向滤纸和漏斗的空隙处加水，使漏斗颈及滤纸内外充满水，用食指将滤纸按紧，放开堵住出口的拇指，此时应形成水柱。若仍无水柱形成，可能滤纸折叠角度不合适、漏斗未洗干净或漏斗颈太大，应洗净漏斗，重新折叠滤纸。

由于水柱的重力可起抽滤作用，从而加快过滤速度。

3. 倾泻法过滤和初步洗涤

把作好水柱的漏斗放在漏斗架上，用一洁净的烧杯承接滤液，漏斗颈出口斜边长的一侧贴于烧杯壁。漏斗位置的高低以过滤过程中漏斗颈的出口不接触滤液为准。

一手拿起烧杯置于漏斗上方，一手轻轻从烧杯中取出玻璃棒，勿使沉淀搅起，将玻璃棒下端轻碰一下烧杯壁使悬挂的液滴流回烧杯中。玻璃棒直立，下端接近三层滤纸的一边，但不要触及滤纸。将烧杯嘴与玻璃棒贴紧，慢慢倾斜烧杯(勿使沉淀搅动)，让清液沿玻璃棒倾入漏斗，如图4-6所示，漏斗中的液面不要超过滤纸高度的三分之二。暂停倾注时，应沿玻璃棒将烧杯嘴向上提，将烧杯直立，使残留在烧杯嘴的液体流回烧杯中，并将玻璃棒放回烧杯中(但不能靠在烧杯嘴处，以免沾有沉淀造成损失)。小心勿使玻璃上沾附的液滴洒在外。

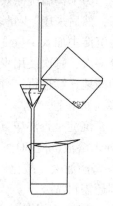

图4-6　倾斜法过滤

如此重复直至将上层清液接近倾完为止。当烧杯内的液体较少而不便倾出时，可以将玻璃棒稍向上倾斜使烧杯倾斜角度更大些。

当上层清液倾注完了以后，作初步洗涤，洗涤时常采用洗瓶，每次挤出10mL左右洗涤液沿烧杯壁冲洗杯四周，充分搅拌后把烧杯放置在桌上，等沉淀下沉后，按上法倾注过滤。如此洗涤沉淀数次，洗涤的次数视沉淀的性质而定，一般晶形沉淀洗3~4次，无定形沉淀洗5~6次。每次应尽可能把洗涤液倾尽沥干再加第二份洗涤液，随时查看滤液是否透明不含沉淀颗粒，否则应重新过滤或重做实验。

4. 转移沉淀

沉淀用倾泻法洗涤几次后，可将沉淀定量地转移至滤纸上。转移沉淀时，在沉淀上加入10~15mL洗涤液，搅起沉淀，小心使悬浊液顺着玻璃棒倾入漏斗中(注意：如果失落一滴悬浊液，整个分析失败)。这样重复3~4次，即可将沉淀转移到滤纸上，烧杯中留下的极少量沉淀按下述方法转移，将玻璃棒横放在烧杯口上，玻璃棒下端比烧杯口长出2~3cm，左手食指按住玻璃棒，大姆指在前，其余手指在后，拿起烧杯，放在漏斗上方，倾斜烧杯使玻璃棒仍指向三层滤纸的一边，用洗瓶或胶帽滴管冲洗烧杯壁上附着的沉淀使之全部转移至漏斗中，如图4-7所示。粘附在烧杯壁上的沉淀可用洗瓶吹洗烧杯壁洗出，洗液倒入漏斗中，最后用撕下来保存好的滤纸角先擦净玻璃棒上的沉淀再放入烧杯中，用玻璃棒压住滤纸擦拭。擦拭后的滤纸角，用玻璃棒插入漏斗中用洗涤液再冲洗烧杯将残存的沉淀全部转入漏斗中。仔细检查烧杯内壁、玻璃棒、表面皿是否干净，直至沉淀转移完全为止。

5. 洗涤沉淀

沉淀全部转移后，断续用洗涤液洗涤沉淀及滤纸，以除去沉淀表面吸附的杂质和残留的母液。用洗瓶或胶帽滴

图4-7　转移沉淀操作

管，由滤纸边缘稍下一些的地方螺旋向下冲洗沉淀，至洗涤液充满滤纸锥体的一半，如图4-8所示。等每次洗涤液流尽后再进行第三次洗涤。三层滤纸的一边不易洗净，应注意多冲几次（沉淀应冲洗到滤纸底部，便于滤纸的折卷）。洗涤几次后，检查沉淀是否洗净，直至沉淀洗净为止。

6. 沉淀的包裹

从漏斗中取出洗净的沉淀和滤纸，按一定的操作方法进行包裹。

图4-8　在滤纸上洗涤

对于晶形沉淀，用下端细而圆的玻璃棒从滤纸的三层处小心地将滤纸从漏斗壁上拨开，用洗净的手把沉淀的滤纸拿出，按图4-9的程序折卷成小包，将沉淀包裹在里面。其步骤如下：

（1）滤纸对折成半圆形；

（2）自右端约1/3半径处向左折起；

（3）由上边向下折，再自右向左折；

（4）折成的滤纸包放入已恒重的瓷坩埚中。

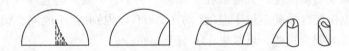

图4-9　晶形沉淀的包裹

若是无定形沉淀因沉淀体积较大，可用玻璃棒把滤纸的边缘挑起，向中间折叠，将沉淀全部盖住，如图4-10所示。然后小心取出放入已恒重的坩埚中，仍使三层滤纸部分向上，以便滤纸的炭化不需要灼烧。只要烘干后即可称量的沉淀，用微孔玻璃坩埚过滤。

将已洗净、烘干至恒重的微孔玻璃坩埚，装在抽滤瓶的橡皮圈中，接橡皮管于抽水泵上，打开水泵，在抽滤下，用倾泻法过滤洗涤，其操作与用滤纸过滤相同。操作完毕，先摘下橡皮管，后关抽水泵，防止倒吸。

四、烘干和灼烧

沉淀的烘干和灼烧是获得沉淀称量式的重要操作步骤。通常在

图4-10　无定形沉淀的包裹

250℃以下的热处理叫烘干，250℃以上至1200℃的热处理叫灼烧。

烘干的目的是除去沉淀中的水分，以免在灼烧沉淀时因冷热不均而使坩埚破裂。将过滤所得的沉淀连同滤纸放在已恒重的瓷坩埚内进行烘干和灼烧，如用微孔玻璃坩埚过滤沉淀，只需按指定温度在恒温干燥箱中干燥即可。

灼烧的目的是烧去滤纸，除去沉淀沾有的洗涤液，将沉淀变成符合要求的称量式。应当注意，有的沉淀在滤纸燃烧时，由于空气不足发生部分还原，可在灼烧前用几滴浓硝酸或硝酸铵饱和溶液润湿滤纸，以帮助滤纸在灰化时迅速氧化。

灼烧的温度和时间，随沉淀的性质而定（见表4-4），但最后都应灼烧至恒重，即连续两次灼烧后质量之差不超过0.2mg。灼烧好的沉淀连同容器，应该稍冷后放入干燥器中冷至室温，再进行称量。

1. 烘干

在马弗炉中灼烧沉淀前，一般先在电炉上将滤纸和沉淀烘干。为此，带有沉淀的坩埚直立放在电炉上，坩埚盖半掩于坩埚上，使沉淀和滤纸慢慢干燥。在干燥过程中，温度不能太高，干燥不能急，否则瓷坩埚与水滴接触易炸裂。

2. 炭化和灰化

滤纸和沉淀干燥后，继续加热，使滤纸炭化。但应防止滤纸着火燃烧，以免沉淀微粒飞失。如果滤纸着火，立即将坩埚盖盖好，让火焰自行熄灭，绝不许用嘴吹灭。

滤纸炭化后，逐渐增高温度，并用坩埚钳不断转动坩埚，使滤纸灰化，将炭素燃烧成二氧化碳而除去的过程称灰化。滤纸若灰化完全，应不再呈黑色。

3. 灼烧与恒重

将灰化好带有沉淀的坩埚移入马弗炉中灼烧，将坩埚直立，先放在打开炉门的炉膛口预热后，再送至炉膛中盖上坩埚盖，但要错开一点。在要求的温度下灼烧一定时间，直至恒重，通常在马弗炉中灼烧沉淀时，第一次灼烧时间为30min左右，第二次灼烧15~20min左右。带沉淀的坩埚，连续两次称量结果相差在0.2mg以内才算达到恒重。

用微孔玻璃坩埚过滤沉淀，只需放在干燥箱中烘干，一般应将它放在表面皿上，然后放入干燥箱中，根据沉淀性质确定烘干温度（均在200℃以内）和烘干时间，第一次烘干时间要长些，第二次烘干时间要短些，反复烘干，直至恒重。

五、冷却称量

将灼烧好的坩埚移到石棉板上，冷却到红热消退不感到烤手时，再把它放入干燥器中，送至天平室，冷却15~20min，到与天平室温度相同，取出称量。在干燥器中冷却的初期，应推动干燥器盖打开几次调节气压，以防干燥器内气温开高而冲开干燥器盖，也防止坩埚冷却后，器内压力降低致使推动干燥器盖困难，以致打不开盖。继续灼烧一定时间，冷却后再称量，直至恒重为止，放干燥器内冷却的条件与时间应尽量一致，这样才容易达到恒重。

称量微孔玻璃坩埚的方法与上相同。

第五章　化学分析实验

实验一　分析天平的称量练习

一、实验目的

(1) 了解电光分析天平的构造，熟悉电光分析天平的使用规则。

(2) 掌握正确的称量方法，准确称出称量瓶的质量。

(3) 了解电光分析天平灵敏度的测定方法。

二、实验原理

半自动电光分析天平的基本原理就是杠杆原理。

定量分析对分析天平的要求：(1) 稳定；(2) 有一定的灵敏度；(3) 等臂。天平的稳定性用示值变动性衡量，GT2A 型分析天平的指标是全载示值变动性不大于 0.1mg，灵敏度为 10 格/mg，即感量为 0.1mg/格，不等臂误差不大于 0.3mg。

三、仪器与试剂

仪器：半自动电光分析天平、表面皿、称量瓶。

试剂：铜片、混合碱。

四、实验步骤

1. 称量前先检查天平

检查天平是否水平，天平秤盘是否清洁，环码是否齐全，机械加码器是否在"000"的位置上。

2. 零点的测定

接通电源，转动升降旋钮，启动天平，此时指示灯亮，投影屏上可以看到标尺的投影在移动。稳定后，读出标尺的投影和投影屏上刻线相重合的数值，即为零点，一般情况下要求零点在 ±0.2mg 之间。为了计算方便也可以调节标尺的"0"与刻线重合，使零点为"0.0"。如二者不重合，但偏差不大，可拨动升降旋钮旁的金属拉杆，调节投影屏的位置；如果偏差较大，则可通过调节天平梁上两侧的平衡螺丝使它重合(由教师调节)。

由于零点经常改变，每次称量前必须先测定零点。

3. 停点的测定(停点以 mg 为单位)

为了准确称量及防止秤盘晃动，将物体和砝码轻轻地放在左右两秤盘中央，加减砝码和环码到两者接近平衡，稳定后，读出标尺的投影与投影屏上刻线相重合的数值，即为停点。

4. 天平灵敏度的测定

测定零点后，在天平的物盘上加 10mg 环码，观察平衡点(测定两次)。根据测定数据计算天平空载时灵敏度 E 和空载感量 e。

5. 直接称量法

按分析天平称量一般程序操作。

(1) 首先在托盘天平上预称表面皿的质量，加上铜片后再称取一次(准确至 0.1g)。

（2）调好零点后，将表面皿与铜片一起放在分析天平上准确称出其质量，取下铜片后，准确称出表面皿质量，两次质量之差为铜片质量。

6. 递减称样法

（1）先将洗涤洁净的锥形瓶(或小烧杯)编上号。

（2）用纸带从干燥器中取出基准物称量瓶，放在托盘天平上预称其质量，然后用分析天平准确称量(准到 0.1 mg)，记下质量为 m_1。

（3）按递减称样法操作向锥形瓶中磕入所需药品，并准确称出称量瓶和剩余试样的质量为 m_2，锥形瓶中试样质量为 $(m_1 - m_2)$，以同样的方法连续称取三份试样。

（4）以同样方法连续称取不同量的试样三份，直至熟练掌握递减法操作。

五、实验数据记录与处理

实验数据记录与处理见表 5 - 1 ~ 表 5 - 3。

表 5 - 1　灵敏度测定

载荷/g	测定次数	加10mg后平衡度	灵敏度/(分度·mg^{-1})	感量/(mg·分度$^{-1}$)
0	1			
	2			

表 5 - 2　直接称量法

铜片编号	1#	2#
铜片 + 表面皿总质量/g		
表面皿质量/g		
铜片质量/g		

表 5 - 3　递减称量法

试样编号 记录项目	1#	2#	3#	4#
(称量瓶 + 试样质量)m_1/g				
(倾出试样后称量瓶 + 试样质量)m_2/g				
试样质量$(m_1 - m_2)$/g				

六、思考题

1. 什么是天平的零点？为什么每次称量前要测定天平的零点？零点是否一定要在"0.0"处，为什么？

2. 用分析天平称量前，对初学天平者要先在托盘天平上预称，有何意义？

3. 什么是天平的灵敏度？如何表示？怎样测定？什么是天平的感量？它与灵敏度有什么关系？

4. 称量物体重量时，若标尺向左偏移，应加砝码还是减砝码？若标尺向右偏移，又应如何？

5. 用分析天平称量时，为什么要遵循"砝码个数量少"的原则？又为什么取用砝码要有一定的顺序？两个面值相同的砝码为什么要区分使用？

6. 用一半自动电光天平称量某一物体质量时，其砝码质量为 2g，环码质量为 180.0mg，投影屏读数为 +2.6mg，求此物体的质量是多少？

7. 天平框罩的作用是什么？什么情况下开启前门？

8. 用分析天平称量时，为什么取放物品与砝码时要休止天平？有何重要意义？

9. 分析天平空气阻尼器的作用原理是什么？

实验二 滴定分析仪器基本操作

一、实验目的

(1) 掌握滴定分析仪器的洗涤法。

(2) 掌握滴定管、容量瓶及移液管的正确使用和操作。

二、仪器和试剂

仪器：滴定管、容量瓶、移液管、锥形瓶、烧杯、量筒等玻璃仪器。

试剂：合成洗涤剂、$K_2C_2O_7$（固体）、浓 H_2SO_4。

三、实验步骤

1. 滴定管的准备及使用

① 酸式滴定管：洗涤→涂油→试漏→润洗→装溶液（以水代替）→赶气泡→调"0"→滴定→读数。

② 碱式滴定管：洗涤→试漏→润洗→装溶液（以水代替）→赶气泡→调"0"→滴定→读数。

2. 容量瓶的使用（250mL 容量瓶）

洗涤→试漏→润洗→转移溶液（以水代替）→稀释→平摇→稀释→调液面至标线→摇匀。

3. 移液管和吸量管的使用

① 25mL 移液管：洗涤→润洗→吸液（用容量瓶中的水）→调液面→放液（移至锥形瓶中）。

② 10mL 吸量管：洗涤→润洗→吸液（用容量瓶中的水）→调"0"→放液（按不同刻度把溶液移入锥形瓶中）。

四、思考题

1. 滴定管是否洗涤干净应怎样检查？使用未洗净的滴定管对滴定有什么影响？

2. 滴定管中存在气泡对滴定有什么影响？应怎样赶去气泡？

3. 容量瓶可否烘干、加热？

4. 吸量管在吸取标准液前为什么需用该标准溶液润洗？承受溶液的容器（如锥形瓶）能否用该标准溶液润洗？为什么？

5. 使用移液管的操作要领是什么？为何要垂直流下液体？为何放完液体后要停一定时间？最后留于管尖的半滴液体应如何处理？为什么？

6. 吸量管和移液管有何区别？使用吸量管时应注意什么？

实验三 滴定终点练习

一、实验目的

(1) 掌握滴定管的滴定操作技术。

(2) 学会观察与判断滴定终点。

二、实验原理

两物质发生化学反应，当两物质的量相当时，即恰好按照化学剂量关系定量反应时，就到达了化学计量点。为了正确确定化学计量点，常在被测溶液中加入一种指示剂，它在化学计量点时发生颜色变化，这种滴定过程中指示剂颜色变化的转折点称"滴定终点"，简称"终点"。

一定浓度的氢氧化钠和盐酸溶液相互滴定到达终点时所消耗的体积比应是一定的，可用此来检验滴定操作技术及判断终点的能力。

甲基橙指示剂，它的变色 pH 值范围是 3.0（红）~4.4（黄），pH 值在 4.0 附近为橙色。用盐酸溶液滴定氢氧化钠溶液时，终点颜色由黄到橙，而由氢氧化钠溶液滴定盐酸溶液，则由橙变黄。判断橙色，对于初学者有一定的难度，所以在做滴定终点练习之前应先练习判断终点。练习方法：在锥形瓶中加入约 10mL 水及 1 滴甲基橙指示剂，从无塞滴定管中放出 5.00mL 氢氧化钠溶液，观察其黄色，再从具塞滴定管中加盐酸溶液，观察其橙色，如此反复滴加氢氧化钠和盐酸溶液，直至能做到加半滴氢氧化钠溶液由橙变黄，而加半滴盐酸溶液由黄变橙为止，以达到能控制加入半滴溶液的程度。

三、仪器和试剂

仪器：托盘天平，50mL 酸式和碱式滴定管各 1 支，250mL 锥形瓶 3 个，250mL、400mL 烧杯各 1 个，10mL 和 100mL 量筒各 1 个，500mL 试剂瓶 2 个等。

试剂：NaOH（固体）、浓 HCl（12mol·L^{-1}）酚酞指标剂乙醇溶液 1g·L^{-1}、甲基橙水溶液 1g·L^{-1}。

四、实验内容

（1）配制 c_{HCl} = 0.1mol·L^{-1} HCl 溶液，用 10mL 量筒量取 _____ mL 浓 HCl 并倒入 500mL 容量瓶中，加蒸馏水稀释至刻度摇匀，备用。

（2）配制 c_{NaOH} = 0.1mol·L^{-1} NaOH 溶液，在托盘天平上用表面皿迅速称取固体 NaOH _____ g 放入小烧杯中，用少量蒸馏水迅速冲洗其表面，并用蒸馏水溶解，用玻璃棒搅拌，溶解后定量转移至 500mL 容量瓶中，加水稀释至刻度，摇匀、备用。

（3）滴定练习：将准备好的酸式滴定管洗净，旋塞涂好凡士林，检漏，以 c_{HCl} = 0.1mol·L^{-1} 溶液润洗三次（每次 5~10mL），再装入 HCl 溶液至"0"刻度以上，排除滴定管下端的气泡，调节液面至"0.00"mL 处。

将准备好的碱式滴定管洗净，检漏，用 c_{NaOH} = 0.1mol·L^{-1} NaOH 润洗三次，再装入 NaOH 溶液至"0"刻度以上，排除气泡，调节液面至"0.00"mL 处。

① 从滴定管放出溶液：从滴定管准确放出 5.00mL c_{HCl} = 0.1mol·L^{-1} HCl 溶液于 250mL 锥形瓶中，加入 10mL 蒸馏水，放出溶液时用左手控制酸式滴定管的旋塞，右手拿锥形瓶颈，使滴定管下端伸入瓶口约 1cm 深。控制溶液滴落速度使其一滴紧跟一滴地流出。在使用酸式滴定管滴入溶液的整个过程中，左手不能离开旋塞任溶液自行流下。

② 滴定：在上述盛 HCl 溶液的锥形瓶中加入 2 滴酚酞指示剂，在锥形瓶下放一块白纸，从碱式滴定管中用 NaOH 溶液进行滴定。滴定时左手控制玻璃球上方的乳胶管，逐滴滴出 NaOH 溶液，右手拿住锥形瓶的瓶颈，一边滴一边摇动锥形瓶，摇动时沿同一方向作圆周运动，不要前后晃荡，也不要使瓶口碰滴定管下端。注意观察滴落点周围颜色的变化。

③ 滴定终点的判断：开始滴定时，滴落点周围无明显的颜色变化，滴定速度可稍加快些，到滴落点周围出现暂时性的颜色变化（浅粉红色）时，应一滴一滴地加入 NaOH 溶液，随着颜色消失渐慢，应更缓慢滴入溶液，到逼近终点时，颜色扩散到整个溶液，摇动 1~2 次才消失，此时应加一滴摇几下。最后加入半滴溶液，并用蒸馏水冲洗瓶壁，一直滴到溶液

由无色突然变为浅粉红色，并在半分钟内不消失即为终点，记下读数。

为了练习正确判断滴定终点，在锥形瓶中继续准确加入少量 HCl，使溶液颜色褪去，按上述方法再用 NaOH 溶液滴定至终点。如此反复多次，直至能比较熟练地判断滴定终点，且终点读数 NaOH 溶液的用量相差不超过 0.04mL 为止。

按上述方法在 250mL 锥形瓶中准确放入 5.00mL 0.1mol · L^{-1} NaOH 溶液，加入 1 滴甲基橙指示剂，用 $c_{HCl} = 0.1$mol · L^{-1} HCl 溶液滴定至溶液由黄色变成橙色为止。反复练习。

实验四　NaOH 溶液和 HCl 溶液体积比的测定

一、实验目的
(1) 进一步掌握滴定管的操作技术。
(2) 掌握移液的操作方法。
(3) 进一步学会观察与判断滴定终点。

二、实验原理
主要树立"量"的概念，验证溶液的配比及不同指示剂的变色范围。

三、仪器和试剂
仪器：50mL 酸式和碱式滴定管各 1 支、250mL 锥形瓶 3 个、250mL 和 400mL 烧杯各 1 个、10mL 和 100mL 量筒各 1 个、20mL 移液管 1 个、吸耳球 1 个。

试剂：NaOH(固体)、浓 HCl(12mol/L)、酚酞指示剂乙醇溶液 1g · L^{-1}、甲基橙水溶液 1g · L^{-1}。

四、实验内容
(1) 甲基橙作指示剂。准确吸取 20.00mL $c_{NaOH} = 0.1$mol · L^{-1} NaOH 溶液于锥形瓶中，加入 1 滴甲基橙指示剂，用 $c_{HCl} = 0.1$mol · L^{-1} 的 HCl 溶液滴至终点。由黄色→橙色，记录所消耗的 HCl 溶液体积，平行测定三次，要求三次测定结果的相对平均偏差在 0.2% 以内。

(2) 酚酞作指示剂。准确吸取 20.00mL $c_{HCl} = 0.1$mol · L^{-1} HCl 溶液于锥形瓶中，加入 2～3 滴酚酞指示剂，用 $c_{NaOH} = 0.1$mol · L^{-1} NaOH 溶液滴至终点。由无色→浅粉色，30s 不褪色，记录所消耗的 NaOH 溶液的体积，平行测定三次，要求三次测定结果的相对平均偏差在 0.2% 以内。

五、实验数据记录与处理
用酚酞和甲基橙作指示剂实验数据记录与处理分别见表 5 - 4、表 5 - 5。

表 5 - 4　酚酞作指示剂实验数据记录与处理

记录项目　　　测定次数	1	2	3
V_{HCl}/mL	20.00	20.00	20.00
V_{NaOH}/mL			
V_{HCl}/V_{NaOH}			
V_{HCl}/V_{NaOH} 平均值			
绝对偏差 d_i			
绝对平均偏差 $\bar{d_i}$			
相对平均偏差 R_d/%			

表 5 – 5　甲基橙作指示剂实验数据记录与处理

测定次数 记录项目	1	2	3
V_{NaOH}/mL	20.00	20.00	20.00
V_{HCl}/mL			
V_{NaOH}/V_{HCl}			
V_{NaOH}/V_{HCl} 平均值			
绝对偏差 d_i			
绝对平均偏差 $\bar{d_i}$			
相对平均偏差 R_d/%			

六、思考题

1. 滴定管在装入标准溶液前为什么要用此溶液润洗内壁 2~3 次？用于滴定的锥形瓶或烧杯是否需要干燥？要不要用标准溶液润洗？为什么？

2. 每次从滴定管放出溶液或开始滴定时，为什么要从"0"刻度开始？

3. 如何控制滴定终点和判断滴定终点？

4. 在 HCl 溶液与 NaOH 溶液浓度比较滴定中，以甲基橙和酚酞作指示剂，所得的溶液体积比是否一致？为什么？

实验五　盐酸标准溶液的制备

一、实验目的

（1）掌握 HCl 标准溶液的配制和标定方法。

（2）学会标准溶液浓度的计算方法。

（3）熟练掌握称量和滴定操作。

二、实验原理

市售浓盐酸（$c_{HCl} \approx 12 mol \cdot L^{-1}$）易挥发，配制标准滴定溶液时，应量取一定量浓盐酸，用水稀释至所需近似浓度，再用基准物质标定。

标定盐酸溶液常用的基准物质是无水碳酸钠，标定反应为：

$$2HCl + Na_2CO_3 === 2NaCl + CO_2 \uparrow + H_2O$$

可用溴甲酚绿 – 甲基红混合指示剂或甲基橙。

三、仪器和试剂

仪器：半自动电光分析天平 1 台、酸式滴定管 1 支、锥形瓶 3 个、移液管 1 个、吸耳球 1 个。

试剂：①浓盐酸（相对密度 1.19）；②甲基橙 $1g \cdot L^{-1}$；③溴甲酚绿 – 甲基红：1 份 $2g \cdot L^{-1}$ 甲基红酒精溶液和 3 份 $1g \cdot L^{-1}$ 溴甲酚绿酒精溶液混合；④基准物质：无水碳酸钠（事先烘干）。

四、实验步骤

1. $c_{HCl} = 0.1 mol \cdot L^{-1}$ 溶液的配制

用 10mL 洁净量筒取浓盐酸（$12mol \cdot L^{-1}$）_____ mL，倒入 250mL 容量瓶中，加蒸馏水稀释至刻度，摇匀备用。

2. $c_{HCl} = 0.1 mol \cdot L^{-1}$ HCl 溶液的标定

（1）用甲基橙指示剂指示终点。用称量瓶按差减法准确称取基准物质无水 Na_2CO_3 _____ g 于 300mL 烧杯中，加少量蒸馏水溶解，然后定量转移至 100mL 容量瓶中，稀释至刻度，摇匀备用。

吸取上述试液 20.00mL 于 250mL 锥形瓶中，加 1 滴甲基橙指标剂，用 HCl 溶液滴至溶液由黄色变为橙色即为终点，记下 HCl 溶液的体积，平行三次。

（2）用溴甲酚绿 – 甲基红混合指示剂指示终点。准确吸取无水 Na_2CO_3 试液 20.00mL 于 250mL 锥形瓶中，加 10 滴溴甲酚绿 – 甲基红混合指示剂，用 HCl 溶液滴定至溶液由绿色变为暗红色，煮沸 2min，冷却后继续滴定至溶液呈酒红色。记下 HCl 标准溶液体积，平行二次。

五、实验数据记录与处理

实验数据记录与处理见表 5 – 6。

表 5 – 6　用 Na_2CO_3 标定 HCl

记录项目 ＼ 测定次数	1	2	3
称量瓶 + Na_2CO_3 质量（倾样前）/g			
称量瓶 + Na_2CO_3 质量（倾样后）/g			
Na_2CO_3 质量/g			
$V_{Na_2CO_3}$/mL	20.00	20.00	20.00
V_{HCl}/mL			
c_{HCl}/(mol $\cdot$ L^{-1})			
c_{HCl}/(mol $\cdot$ L^{-1}) 平均值			
绝对偏差 d_i			
绝对平均偏差 $\bar{d_i}$			
相对平均偏差 R_d/%			

$$c_{HCl} = \frac{m_{Na_2CO_3} \cdot \frac{20}{100} \times 1000}{V_{HCl} \cdot M_{(\frac{1}{2}Na_2CO_3)}} \quad mol \cdot L^{-1}$$

式中　c_{HCl}——HCl 标准溶液的浓度，mol $\cdot$ L^{-1}；

　　　V_{HCl}——滴定时消耗 HCl 标准溶液的体积，L；

　　　$m_{Na_2CO_3}$——Na_2CO_3 基准物质量，g；

$M_{(\frac{1}{2}Na_2CO_3)}$——1/2$Na_2CO_3$ 基准物的摩尔质量，g $\cdot$ mol^{-1}。

六、思考题

1. 配制 HCl 标准溶液能否采用直接配制法？为什么？

2. 配制 HCl 标准溶液时，量取浓 HCl 的体积是怎样计算的？

3. 以 Na_2CO_3 基准物标定 HCl 溶液，需称取 Na_2CO_3 的质量如何计算？若用稀释法标定，需称取 Na_2CO_3 质量又如何计算？

4. 标定 HCl 溶液的基准物除 Na_2CO_3 外，还可用什么基准物？

实验六　氢氧化钠标准溶液的制备

一、实验目的

（1）掌握 NaOH 标准溶液的配制和标定方法。

（2）学会计算 NaOH 标准溶液的浓度。

（3）熟练掌握称量及滴定操作。

二、实验原理

氢氧化钠溶液易吸收空气中二氧化碳和水蒸气，需用间接法配制标准滴定溶液。为防止碳酸盐存在影响分析结果，一般先配成饱和氢氧化钠溶液，这时 Na_2CO_3 几乎不溶解而沉降下来，可于静置后吸取上层清液加水稀释至所需浓度。

标定 NaOH 溶液常用的基准物是邻苯二甲酸氢钾（$KHC_8H_4O_4$），标定反应为：

$$\text{邻苯二甲酸氢钾} \begin{matrix} COOK \\ COOH \end{matrix} + NaOH \longrightarrow \begin{matrix} COOK \\ COONa \end{matrix} + H_2O$$

用酚酞作指示剂。

三、仪器与试剂

仪器：50mL 碱式滴定管、锥形瓶、滴定分析仪 1 套。

试剂：NaOH（固体）、酚酞指示剂、$10g \cdot L^{-1}$ 乙醇溶液、基准物质邻苯二甲酸氢钾（$KHC_8H_4O_4$）。

四、实验步骤

（1）$c_{NaOH} = 0.1 mol \cdot L^{-1}$ NaOH 溶液的配制：在托盘天平上用表面皿迅速称取_____ g NaOH 于小烧杯中，加少量蒸馏水洗去表面皿可能含有的 Na_2CO_3，再用蒸馏水溶解后，定量转移至 250mL 容量瓶中，加水稀释至刻度，摇匀备用。

（2）$c_{NaOH} = 0.1 mol \cdot L^{-1}$ NaOH 溶液的标定：准确称取基准物质 $KHC_8H_4O_4$ _____ g 于 250mL 锥形瓶中（三份），加 20mL 蒸馏水溶解（不溶时可适当加热使其溶解后再冷却至室温），加 2 滴酚酞指示剂，用配制的 NaOH 溶液滴定至溶液由无色变为浅粉红色，半分钟不褪色，记下 NaOH 体积。

五、实验数据记录与处理

本实验的实验数据记录与处理见表 5 - 7。

表 5 - 7　用 $KHC_8H_4O_4$ 标定 NaOH 溶液

记录项目 ＼ 测定次数	1	2	3
称量瓶 + $KHC_8H_4O_4$ 质量（倾样前）/g			
称量瓶 + $KHC_8H_4O_4$ 质量（倾样后）/g			
$KHC_8H_4O_4$ 质量/g			
V_{NaOH}/mL			
c_{NaOH}/(mol · L^{-1})			
c_{NaOH}/(mol · L^{-1}) 平均值			
绝对偏差			
绝对平均偏差			
相对平均偏差			

$$c_{NaOH} = \frac{m_{KHC_8H_4O_4} \times 1000}{V_{NaOH} \cdot M_{KHC_8H_4O_4}} \quad mol/L$$

式中　c_{NaOH}——NaOH 标准溶液浓度，$mol \cdot L^{-1}$；

$m_{KHC_8H_4O_4}$——邻苯二甲酸氢钾的质量，g；

$M_{KHC_8H_4O_4}$——邻苯二甲酸氢钾的摩尔质量，$g \cdot mol^{-1}$；

V_{NaOH}——滴定时消耗 NaOH 标准溶液的体积，L。

六、思考题

1. 标定 NaOH 标准溶液的基准物有哪些？如何确定滴定终点？为什么？

2. 以 $KHC_8H_4O_4$ 标定 NaOH 溶液的称取量如何计算？

3. 怎样得到不含 CO_2 的蒸馏水？

实验七　工业乙酸含量的测定

一、实验目的

掌握强碱和弱酸的滴定，学会乙酸含量的测定。

二、实验原理

测定工业乙酸含量，可用酚酞作指示剂，用 NaOH 标准溶液直接滴定试样溶液。

$$NaOH + CH_3COOH \Longrightarrow CH_3COONa + H_2O$$

三、仪器与试剂

仪器：滴定分析仪 1 套。

试剂：NaOH(固体)、$KHC_8H_4O_4$、酚酞指示液、$10g \cdot L^{-1}$乙醇溶液、工业乙酸。

四、实验步骤

(1) $c_{NaOH} = 0.1\ mol \cdot L^{-1}$ NaOH 溶液的配制(见实验六)。

(2) $c_{NaOH} = 0.1\ mol \cdot L^{-1}$ NaOH 溶液的标定(见实验六)。

(3) 工业乙酸含量的测定。

吸取工业乙酸试样 1.00mL 于 100mL 容量瓶中，加水稀释至刻度摇匀，备用。

吸取上述试样 20.00mL 于 250mL 锥形瓶中，加入 2 滴酚酞指示剂，然后用 NaOH 标准溶液滴定至浅粉红色，30s 不褪色，平行三次。

五、实验数据记录与处理

(1) 0.1mol/L NaOH 溶液准确浓度的计算(表 5-7，见实验六)。

(2) 工业乙酸含量的计算，见表 5-8。

表 5-8　工业乙酸含量的测定

测定次数 记录项目	1	2	3
$V_{乙酸}$/mL(原溶液)	1.00		
$V_{乙酸}$/mL(稀释液)	20.00	20.00	20.00
V_{NaOH}/mL			
$\bar{c}_{NaOH}$/$(mol \cdot L^{-1})$			
ρ_{HAc}/$(g \cdot L^{-1})$			
$\bar{\rho}_{HAc}$/$(g \cdot L^{-1})$ 平均值			
绝对偏差			
绝对平均偏差			
相对平均偏差			

$$\rho_{HAc} = \frac{\bar{c}_{NaOH} \cdot V_{NaOH} \cdot M_{HAc}}{V_{试样} \cdot \frac{20}{100}} \quad g/L$$

式中　ρ_{HAc}——乙酸的质量浓度，$g \cdot L^{-1}$；

　　　c_{NaOH}——NaOH 标准滴定溶液的实际浓度，$mol \cdot L^{-1}$；

　　　V_{NaOH}——滴定消耗 NaOH 标准滴定溶液的体积，L；

　　　M_{HAc}——CH_3COOH 的摩尔质量，$g \cdot mol^{-1}$；

　　　$V_{试样}$——取乙酸试样体积，mL。

六、思考题

1. 粉红色的滴定终点为什么要维持30s 不褪？

2. 欲求试样中乙酸的质量分数，应如何进行测定与计算？

实验八　工业甲醛溶液含量的测定

一、实验目的

(1) 掌握亚硫酸钠法间接测定甲醛的原理和方法。

(2) 学会甲醛溶液含量的计算。

二、实验原理

甲醛与亚硫酸钠发生加成反应，生成 α-羟基甲磺酸钠和相当量的 NaOH：

$$\begin{matrix} H \\ \\ H \end{matrix} \Big> C{=}O + Na_2SO_3 + H_2O \Longrightarrow \begin{matrix} H & OH \\ \diagdown & \diagup \\ C \\ \diagup & \diagdown \\ H & SO_3Na \end{matrix} + NaOH$$

可用 HCl 标准滴定溶液滴定生成的 NaOH，间接求出甲醛的含量。

由于 a-羟基甲磺酸钠呈弱碱性（$K_b = 1.2 \times 10^{-7}$），当 NaOH 溶液被 HCl 溶液中和后，溶液 pH 值为 9.0~9.5，宜选用百里酚酞作指示剂。

亚硫酸钠溶液中含有少量游离碱，应预先用酸中和。

三、仪器与试剂

仪器：滴定分析仪器 1 套。

试剂：HCl 标准溶液、$c_{HCl} = 0.1 mol \cdot L^{-1}$ 百里酚酞指示剂、$1g \cdot L^{-1}$ 乙醇溶液、$c_{Na_2SO_3} = 1 mol \cdot L^{-1}$ 亚硫酸钠溶液（称取 126g 无水亚硫酸钠溶于 1L 水中，有效期 1 周）。

四、实验步骤

(1) $c_{HCl} = 0.1 \ mol \cdot L^{-1}$ HCl 溶液的配制（见实验五）。

(2) $c_{HCl} = 0.1 \ mol \cdot L^{-1}$ HCl 溶液的标定（见实验五）。

(3) 甲醛含量的测定。吸取工业甲醛 1.00mL 于 100mL 容量瓶中，加水稀释至刻度，摇匀，备用。吸取 20.00mL 甲醛稀释试液于锥形瓶中，加入 5mL Na_2SO_3 溶液，放置 5min，加入 3~4 滴百里酚酞，然后用 $c_{HCl} = 0.1 mol \cdot L^{-1}$ HCl 标准溶液滴定至终点蓝色消失，平行测定三次，求出分析结果的平均值和相对偏差。

五、实验数据记录与处理

(1) 0.1mol/L HCl 溶液准确浓度的计算（表 5-7）。

(2) 工业甲醛含量的计算，见表 5-8。

$$\rho_{HCHO} = \frac{c_{HCl}V_{HCl} \cdot M_{HCHO}}{V_{试样} \cdot \frac{20}{100}}$$

式中　c_{HCl}——盐酸标准滴定溶液的实际浓度，$mol \cdot L^{-1}$；

　　　V_{HCl}——滴定消耗 HCl 标准滴定溶液的体积，L；

　M_{HCHO}——甲醛（HCHO）的摩尔质量，$g \cdot mol^{-1}$；

　　$V_{试样}$——试样体积，L。

六、思考题

1. 用亚硫酸钠法测定甲醛含量，为什么选用百里酚酞作指示剂？

2. 如果要求用质量分数表示分析结果，应如何进行测定和计算？

实验九　滴定管、容量瓶、移液管的校准

一、实验目的

（1）掌握玻璃量器的校正方法及原理。

（2）进一步熟练掌握滴定管、容量瓶及移液管的正确操作。

二、实验原理

1. 相对校准法

两种容器的体积之间有一定的比例关系。

2. 绝对校准法（称重法）

绝对校准法：是用来测定容量器皿的实际容积的一种方法，即用天平称得容量器皿容纳或放出纯水的质量，然后根据水的密度，计算出该容量器皿在标准温度（20℃）时的实际容积。

三、仪器与试剂

仪器：分析天平、滴定管、容量瓶、移液管、锥形瓶。

试剂：蒸馏水。

四、实验步骤

1. 滴定管的校准（称量法）

① 将已洗净的滴定管盛满纯水，调至零刻度后，从滴定管中放出一定体积的纯水于已称重的且外壁干燥的 50mL 带磨口塞的锥形瓶中，每次放出水的体积叫表观体积，滴定管的表观体积（mL）分为 0、10、20、30、40、50 几种，用同一台分析天平称其质量。

② 根据称量数据，算得纯水重，用此质量除以表 3-15 中所示该温度时水的密度，就得实际容积，最后求其校准值。

③ 将校准滴定管的一个实例于表 5-9 中该表最后一栏"总校准值"是校准值的累计数，据此即可用来校准滴定后用去溶液的实际体积。

表 5-9　50mL 滴定管的校准实例

滴定体积读数/mL	表观体积/mL	瓶和水重/g	水重/g	实际容积/mL	校正值/mL	总校正值/mL
0.00		29.20（空瓶）				
10.10	10.10	39.28	10.08	10.12	+0.02	+0.02
20.07	9.97	49.19	9.91	9.95	-0.02	0.00
30.14	10.07	59.27	10.08	10.12	+0.05	+0.05
40.17	10.03	69.24	9.97	10.01	-0.02	+0.03
40.96	9.79	79.07	9.83	9.87	+0.08	+0.11

注：水温 =25℃，$\rho_水 =0.9961g \cdot mL^{-1}$。

2. 移液管和容量瓶的相对校准

由于移液管和容量瓶经常配合使用，因此，它们的容积之间的相对校准比分别绝对校准更为重要。

例如，25mL 移液管的容积是否恰等于容积为 250mL 容量瓶的十分之一？

校准的方法：用 25mL 移液管移取蒸馏水于干净且干燥的 250mL 容量瓶中，移取到第 10 次后，观察瓶颈处水的弯月面是否刚好与标线相切。若不相切，则应在瓶颈另作一记号为标线，以后实验中，此容量瓶和移液管相配使用时，应以此新记号作为容量瓶的标线。

五、实验数据记录与处理

（1）酸式滴定管校正表格及作图。

（2）碱式滴定管校正表格及作图。

六、思考题

1. 影响滴定分析量器校准的主要因素有哪些？

2. 在校准滴定管时，为什么带塞锥形瓶的外壁必须干燥？锥形瓶的内壁是否一定要干燥？

实验十　铵盐含量的测定

一、实验目的

（1）掌握甲醛法间接测定铵盐含量的原理和方法。

（2）了解滴定前试样和试剂预处理的目的和要求。

（3）熟悉容量瓶、移液管的使用方法。

二、实验原理

常见的铵盐试样有氯化铵、硝酸铵或硫酸铵。

由于 NH_4^+ 的酸性太弱（$Ka = 5.6 \times 10^{-10}$），故无法用 NaOH 溶液直接滴定。可将铵盐与甲醛反应，定量生成质子化六次甲基四胺和游离的 H^+，反应式如下：

$$4NH_4^+ + 6HCHO = (CH_2)_6N_4H^+ + 3H^+ + 6H_2O$$
$$(CH_2)_6N_4H^+ + 3H^+ + 4OH^- = (CH_2)_6N_4 + 4H_2O$$

生成的质子化六次甲基四胺（$Ka = 7.1 \times 10^{-6}$）和 H^+ 可用 NaOH 标准溶液直接滴定，以酚酞为指示剂，滴定至溶液呈现稳定的浅粉红色即为终点。平行测定三次。

显然，消耗 NaOH 的物质的量与 NH_4^+（或用 N 表示）物质的量相等。根据 NaOH 溶液的用量，计算试样中铵盐的含量或计算试样中氮的质量分数。

三、仪器与试剂

仪器：滴定分析仪器 1 套。

试剂：氢氧化钠标准溶液（配制及标定方法见实验六）、酚酞指示剂、中性甲醛溶液(1:1)。

四、实验步骤

准确称取铵盐试样_____ g(准至 0.1mg)3 份，分别置于 3 个 250mL 锥形瓶中，加蒸馏水 20~30mL 溶解，加入 5mL 1:1 中性甲醛溶液，充分摇匀，放置 2~3min 后，再加入 2 滴酚酞指示剂，用 0.1mol·L⁻¹NaOH 标准溶液滴定至溶液呈浅粉红色，平行测定三份，根据 NaOH 溶液的用量计算试样的含量。

注：（1）如试样中含有游离酸，在加甲醛之前先用 NaOH 溶液中和，此时应采用甲基红作指示剂，但

不能用酚酞，否则将有部分 NH_4^+ 被中和。如果试样中不含游离酸，可省略此步操作。

（2）由于 NH_4^+ 与甲醛的反应在室温下进行较慢，故加入甲醛溶液后须放置几分钟，待反应完全；也可温热至40℃左右以加速反应的进行。但不能超过60℃，以免生成的六次甲基四胺分解。

（3）由于溶液中已经有甲基红，再用酚酞为指示剂，存在两种变色范围不同的指示剂。用 NaOH 溶液滴定时，溶液颜色是由红色转变为浅黄色（pH 值约为6.2），再转变为淡红色（pH 值约为8.2）。终点为甲基红的黄色和酚酞的粉红色的混合色。

五、实验数据记录与处理

（1）0.1mol/L NaOH 溶液准确浓度的计算（表5-10，见实验六）。

（2）铵盐含量的计算（表5-11）。

$$\omega_N = \frac{c_{NaOH}V \cdot M_N}{m_s \cdot 1000} \cdot 100\%$$

式中　c_{NaOH}——NaOH 标准溶液的浓度，$mol \cdot L^{-1}$；

　　　V_{NaOH}——消耗标准 NaOH 溶液的体积，mL；

　　　m_s——铵盐试样的质量，g。

表5-10　NaOH（0.1mol/L）标准溶液标定

项　目		测定次数	1	2	3
基准物称量	m 倾样前/g				
	m 倾样后/g				
	m（邻苯二甲酸氢钾）/g				
滴定管初读数/mL					
滴定管终读数/mL					
滴定管消耗 NaOH 溶液体积/mL					
滴定管体积补正值/mL					
溶液温度/℃					
温度补正值/℃					
溶液温度校正值/mL					
实际消耗 NaOH 溶液的体积/mL					
c/（$mol \cdot L^{-1}$）					
$\bar{c}$/（$mol \cdot L^{-1}$）					
相对极差/%					

表5-11　NH_4NO_3 含量的测定

项　目		测定次数	1	2	3
样品称量	m 倾样前/g				
	m 倾样后/g				
	$m_{NH_4NO_3}$/g				
滴定管初读数/mL					
滴定管终读数/mL					
滴定管消耗 NaOH 溶液体积/mL					
滴定管体积校正值/mL					

续表

测定次数 \ 项 目	1	2	3
溶液温度/℃			
温度校正值			
溶液温度校正值/℃			
实际消耗 NaOH 溶液的体积/mL			
$\bar{c}/(\text{mol} \cdot \text{L}^{-1})$			
$w_{NH_4NO_3}/\%$			
$\bar{w}_{NH_4NO_3}/\%$			
相对极差/%			

六、思考题

1. 用本法测定铵盐中氮含量时，为什么不能用碱标准溶液直接滴定？
2. 本方法中加入甲醛的作用是什么？
3. 如果使用未经中和的甲醛，对分析结果会有什么影响？
4. 甲醛法测定铵盐为什么选用酚酞作指示剂？

实验十一　盐酸标准溶液的配制与标定、工业纯碱中总碱度的测定

一、实验目的

（1）掌握工业纯碱中总碱度测定的原理和方法。
（2）学会试样溶解及定量转移于容量瓶的操作。
（3）熟悉酸碱滴定法选用指示剂的原则。

二、实验原理

市售浓盐酸（$c \approx 12 \text{mol} \cdot \text{L}^{-1}$）易挥发，配制标准溶液时，应取一定量浓盐酸，用水稀释至所需近似浓度，再用基准物质标定。

标定盐酸溶液常用的基准物质是无水碳酸钠，其反应式如下：

$$2HCl + Na_2CO_3 == 2NaCl + H_2O + CO_2 \uparrow$$

滴定至反应完全时，溶液的 pH 值为 3.89，通常可选用甲基橙作指示剂或采用溴甲酚绿 - 甲基红混合指示剂。

近终点时应将溶液煮沸除去 CO_2 或临近终点时将溶液剧烈摇动以除去 CO_2。

用碳酸钠标定盐酸溶液时，先将其置于 180℃ 干燥 2~3h，然后置于干燥器内冷却备用。

工业纯碱主要含不纯的 Na_2CO_3，俗称苏打。纯碱中除 Na_2CO_3 外，还可能会有少量的 NaCl、Na_2SO_4、NaOH 和 $NaHCO_3$ 等。为了检定纯碱的质量，常用酸碱滴定法测定总碱度。用盐酸溶液滴定 Na_2CO_3 时，反应式为：

$$2HCl + Na_2CO_3 == 2NaCl + CO_2 \uparrow + H_2O$$

化学计量点时溶液呈弱酸性，pH = 3.8~3.9，可选用甲基橙为指示剂，溶液由黄色转变为橙色即为终点。根据 HCl 溶液的用量计算总碱度，以 Na_2CO_3 的百分含量或 Na_2O

的百分含量来表示。工业纯碱均匀性较差，因此，应称取较多试样，尽可能使试样具有代表性。

三、仪器与试剂

仪器：滴定分析仪器1套。

试剂：浓 HCl 溶液（12mol·L^{-1}）、甲基橙指示剂、0.2% 工业纯碱试样（在台称上称取试样40g 纯碱），置于洁净干燥的瓷蒸发皿中，在 270～300℃烘箱中烘干 2h，稍冷后分装在干燥具塞的广口试剂瓶中，放入干燥器中冷却。

四、实验步骤

1. 0.1mol·L^{-1}HCl 溶液的配制

用洁净量筒取_____ mL 浓 HCl，倾入预先盛有一定量水的试剂瓶中，加蒸馏水稀释至 250mL，摇匀。

2. 0.1mol·L^{-1}HCl 溶液的标定

用称量瓶按差减法准确称取无水碳酸钠_____ g 3 份（称准至 0.0001g），分别置于 250mL 锥形瓶中，加 20mL 水溶解，摇匀，加甲基橙指示剂 1 滴。用配制的 0.1mol·L^{-1}HCl 溶液滴定至溶液由黄色变为橙色，即为终点。由 Na$_2$CO$_3$ 的质量及滴定中实际消耗 HCl 溶液的体积，计算 HCl 溶液的准确浓度。平行标定 3 次。

3. 工业纯碱中总碱度的测定

用称量瓶采用差减法准确称取试样 1.8～2.2g（标准至 0.0001g）置于 250mL 烧杯中，加少量水使其溶解，必要时可稍加温热促进溶解。冷却后，将溶液定量转入 200mL 容量瓶中，并以洗瓶吹洗烧杯的内壁和搅棒数次，每次的洗涤液应全部注入容量瓶中，最后用蒸馏水稀释至刻度，摇匀。

用移液管平行移取上述试液 20.00mL 3 份，分别置于 250mL 锥形瓶中，加水 20mL，加入 1 滴甲基橙指示剂，用 0.1mol·L^{-1}HCl 标准溶液滴定至溶液由黄色变为橙色，即为终点。

根据 HCl 溶液用量，计算试样中 Na$_2$CO$_3$ 的百分含量或 Na$_2$O 的百分含量，即为总碱度。

注：（1）试样中除 Na$_2$CO$_3$ 外，还有杂质，其中 NaHCO$_3$ 影响较大，故试样需在 270～300℃烘干 2h，其目的是使 NaHCO$_3$ 完全转变为 Na$_2$CO$_3$，工业分析中称为干基试样。

（2）滴定时，除主要成分 Na$_2$CO$_3$ 被 HCl 溶液中和外，其中少量 NaOH 或 NaHCO$_3$ 也同样被中和。

（3）工业纯碱的均匀性较差，因此，称取较多的试样溶解，定容后分取试液进行测定，使之尽可能具有代表性。

（4）用 0.1mol·L^{-1}HCl 溶液滴定 Na$_2$CO$_3$ 溶液时，如用甲基橙作指示剂，考虑到终点误差，最好进行校正。但因标定和测定都是 Na$_2$CO$_3$，故终点误差基本抵消，一般可不进行校正。在标准方法中，常规定用 1mol·L^{-1}HCl 溶液滴定，采用甲基橙作指示剂，可准确指示终点，不必进行指示剂校正。

五、实验数据记录与处理

① 0.1mol·L^{-1}HCl 溶液准确浓度的计算（参照表 5 - 10）。

② 工业纯碱中总碱量的计算（参照表 5 - 11）。

六、思考题

1. 工业纯碱试样的主要成分是什么？用甲基橙作指示剂时，为何测定的是总碱度？

2. 工业纯碱试样称样为何用差减法进行？本实验中为什么要把试样溶解成 200mL 后再吸出 20mL 进行滴定？为什么不直接称取 0.18～0.22g 试样进行滴定？

3. 以酚酞为指示剂标定 HCl 溶液时，终点时溶液呈微红色，30s 不褪，如果经过较长时间后，微红色慢慢褪去，是何原因？

实验十二　混合碱中 Na_2CO_3 和 $NaHCO_3$ 含量的测定

一、实验目的

(1) 掌握盐酸标准溶液的配制及标定方法。

(2) 掌握双指示剂法测定混合碱各组分的原理和方法。

(3) 掌握酸式滴定管的滴定操作及使用指示剂确定终点的方法。

二、实验原理

混合碱系指 Na_2CO_3 与 $NaHCO_3$ 或 Na_2CO_3 与 NaOH 的混合物，可采用双指示剂法进行分析，测定各组分的含量。

所谓"双指示剂法"，即在一次滴定中先后用两种不同的指示剂来指示滴定的两个终点。在本实验中先加酚酞指示剂，以 HCl 标准溶液滴定至酚酞褪色，此时溶液中 Na_2CO_3 仅被滴定成 $NaHCO_3$，即 Na_2CO_3 被中和了一半。

$$Na_2CO_3 + HCl = NaHCO_3 + NaCl$$

再加甲基橙指示剂，用 HCl 标准溶液继续滴定至溶液由黄色至橙色，此时溶液中的 $NaHCO_3$ 全部被中和。

$$NaHCO_3 + HCl = NaCl + H_2O + CO_2\uparrow$$

假设用酚酞作指示剂时，滴定时用去酸的体积为 V_1 mL，用甲基橙作指示剂时，滴定时用去酸的体积为 V_2 mL，则 V_1 必小于 V_2，根据 $V_2 - V_1$ 来计算 $NaHCO_3$ 的含量，再根据 $2V_1$ 来计算 Na_2CO_3 的含量。

三、仪器与试剂

仪器：滴定分析仪器 1 套。

试剂：$0.1mol \cdot L^{-1}$ HCl 标准溶液(配制及标定方法见实验五)、甲基橙指示剂、0.2% 酚酞指示剂、0.2% 乙醇溶液混合碱试样(Na_2CO_3 和 $NaHCO_3$)。

四、实验步骤

用称量瓶按差减法准确称取纯碱试样_____ g(称准至 0.0001g) 3 份，分别放入 250mL 锥形瓶中。加蒸馏水 20mL 溶解，加 2 滴酚酞指示剂，用 $0.1mol \cdot L^{-1}$ HCl 标准溶液滴定至红色近乎消失，用去 HCl 溶液体积为 V_1。再加入 1 滴甲基橙指示剂，继续用 HCl 标准溶液滴定至溶液由黄色至橙色为终点，用去 HCl 溶液体积为 V_2。根据 V_1 和 V_2 计算 Na_2CO_3 和 $NaHCO_3$ 的含量，平行测定 3 次。

注：(1) 用 HCl 滴定混合碱时，终点比较难于观察。为得到较准确的结果，可利用一个参比溶液来对照。

(2) 加入甲基橙指示剂后，继续用 HCl 标准溶液滴定，当溶液由黄色变为橙色，为准确起见，应煮沸 2min，冷却后继续由 HCl 溶液滴定至橙色即为终点。

五、实验数据记录与处理

(1) $0.1mol \cdot L^{-1}$ HCl 溶液准确浓度的计算(表 5 - 10)。

（2）Na_2CO_3 和 $NaHCO_3$ 含量的计算（表 5 – 12）。

$$\omega_{Na_2CO_3} = \frac{\frac{1}{2}c_{HCl} \cdot 2V_1 \cdot M_{Na_2CO_3}}{m_s \cdot 1000} \cdot 100\%$$

$$\omega_{NaHCO_3} = \frac{c_{HCl} \cdot (V_2 - V_1) \cdot M_{NaHCO_3}}{m_s \cdot 1000} \cdot 100\%$$

式中　c_{HCl}——盐酸标准溶液的浓度，$mol \cdot L^{-1}$；

　　　　V_1——酚酞为指示剂滴至终点消耗盐酸溶液的体积，mL；

　　　　V_2——甲基橙为指示剂滴至终点消耗盐酸溶液的体积，mL；

　$M_{Na_2CO_3}$——Na_2CO_3 的摩尔质量，$g \cdot mol^{-1}$；

M_{NaHCO_3}——$NaHCO_3$ 摩尔质量，$g \cdot mol^{-1}$；

　　　　m_s——被测试样的质量，g。

表 5 – 12　混合碱中 Na_2CO_3 和 $NaHCO_3$ 含量的测定

项　目 ＼ 测定次数		1	2	3
混合碱试样	m 倾样前/g			
	m 倾样后/g			
	m（混合碱）/g			
滴定管初读数/mL				
滴定管终读数/mL				
滴定管消耗 HCl 溶液体积（V_1）/mL				
滴定管体积校正值/mL				
溶液温度/℃				
温度校正值				
溶液温度校正值/mL				
实际消耗 HCl 溶液的体积 V_1/mL				
滴定管消耗 HCl 溶液的体积 $V_总$/mL				
滴定管体积校正值/mL				
溶液温度/℃				
温度校正值				
溶液温度校正值/mL				
实际消耗 HCl 溶液的体积 $V_总$/mL				
实际消耗 HCl 溶液的体积 V_2/mL				
$\bar{c}_{HCl}/(mol \cdot L^{-1})$				
$w_{Na_2CO_3}/\%$				
$w_{NaHCO_3}/\%$				
相对极差/%				

六、思考题

1. 用双指示剂法测定混合碱组成的方法原理是什么？

2. 用基准无水 Na_2CO_3 标定 HCl 溶液时，Na_2CO_3 试剂为什么要进行灼烧处理？如不灼烧，会有什么影响？

3. 什么叫双指示剂法？

实验十三　盐酸标准溶液的配制与标定及混合碱中 $NaOH$、Na_2CO_3 含量的测定

一、实验目的

（1）掌握盐酸标准溶液的配制和标定方法。

（2）了解测定混合碱中 NaOH 和 Na_2CO_3 含量的原理和方法。

（3）掌握在同 1 份溶液中用双指示剂法测定混合碱中 NaOH 和 Na_2CO_3 含量的操作技术。

二、实验原理

市售浓盐酸含量约为 37%，浓度为 $12mol \cdot L^{-1}$。

配制时可先根据欲配制 HCl 溶液的浓度和体积，量取一定量的浓 HCl 溶液，用水稀释至所需近似浓度，再用基准物质标定。考虑到浓 HCl 溶液的挥发性，配制溶液时应适当多取一点。

标定 HCl 溶液可用基准硼砂（$Na_2B_4O_7 \cdot 10H_2O$）试剂，反应如下：

$$Na_2B_4O_7 + 2HCl + 5H_2O =\!=\!= 4H_3BO_3 + 2NaCl$$

化学计量点时反应产物为 H_3BO_3（$Ka = 5.8 \times 10^{-10}$）和 NaCl，溶液的 pH 值为 5.1，可用甲基红作指示剂。

硼砂在水中重结晶两次（结晶析出温度在 50℃ 以下），就可获得符合要求的硼砂，析出的晶体于室温下暴露在 60% ~ 70% 相对湿度的空气中，干燥一天一夜。干燥的硼砂结晶须保存在密闭的瓶中，以防失水。

碱液易吸收空气中的 CO_2 形成 Na_2CO_3，所以苛性碱实际上往往含有 Na_2CO_3，故称为混合碱。混合碱中 NaOH 和 Na_2CO_3 的含量，可在同一份试液中用两种不同的指示剂分别测定，此种方法称为"双指示剂法"。

测定时，混合碱中 NaOH 和 Na_2CO_3 是用 HCl 标准溶液滴定的，其反应式如下：

$$NaOH + HCl =\!=\!= NaCl + H_2O$$
$$Na_2CO_3 + HCl =\!=\!= NaHCO_3 + NaCl$$
$$NaHCO_3 + HCl =\!=\!= NaCl + H_2O + CO_2 \uparrow$$

可用酚酞及甲基橙来分别指示滴定终点，当酚酞变色时，NaOH 已全部被中和，而 Na_2CO_3 只被滴定到 $NaHCO_3$，即只中和了一半。在此溶液中再加甲基橙指示剂，继续滴定到终点，则生成的 $NaHCO_3$ 被进一步中和为 CO_2。

设酚酞变色时消耗 HCl 溶液的体积为 V_1，此后，至甲基橙变色时又用去 HCl 溶液的体积为 V_2，则 V_1 必大于 V_2。根据 $V_1 - V_2$ 来计算 NaOH 含量，再根据 $2V_2$ 计算 Na_2CO_3 含量。

三、仪器与试剂

仪器：滴定分析仪器 1 套。

试剂：12mol·L^{-1}浓盐酸、0.2%甲基橙指示剂、0.2%酚酞指示剂、乙醇溶液混合碱试样（NaOH 和 Na$_2$CO$_3$）、甲基红指示剂（0.2%）。

四、实验步骤

1. 0.1mol·L^{-1}HCl 溶液的配制

用洁净量筒取_____mL 浓 HCl，倾入预先盛有一定量水的试剂瓶中，加蒸馏水稀释至 250mL，摇匀。

2. 0.1mol·L^{-1}HCl 溶液的标定

准确称取_____g 基准试剂硼砂 Na$_2$B$_4$O$_7$·10H$_2$O 三份，分别置于 250mL 锥形瓶中，加入 20～30mL 水溶解后，分别加入 1～2 滴 0.2%甲基红指示剂。用 HCl 溶液滴定至溶液由黄色变为微红色即为终点。根据称取硼砂的质量和滴定时消耗 HCl 溶液的体积，计算 HCl 标准溶液的浓度。平行标定 3 份。

3. 混合碱含量的测定

用称量瓶以差碱法称取混合碱试样_____g 于 250mL 烧杯中，用少量新煮沸的冷蒸馏水搅拌使其完全溶解，然后转移到一洁净的 200mL 容量瓶中，用新煮沸的冷蒸馏水稀释至刻度，充分摇匀。

用移液管吸取 20.00mL 上述试液 3 份，分别置于 250mL 锥形瓶中，加 50mL 新煮沸的蒸馏水，再加 1～2 滴酚酞指示剂，用 HCl 标准溶液滴定至溶液由红色刚变为无色，即为第一终点，记下 V_1。然后，再加 1～2 滴甲基橙指示剂于此溶液中，此时溶液呈黄色，继续用 HCl 标准溶液滴定，直至溶液出现橙色，即为第二终点，记下 V_2。根据 V_1 和 V_2 计算 NaOH 和 Na$_2$CO$_3$ 的含量。

注：（1）为了确保硼砂中含有 10 个结晶水，常常将结晶的硼砂置于相对湿度为 60%的气氛中进行平衡，即得 Na$_2$B$_4$O$_7$·10H$_2$O。通常于干燥器的底部放置 NaCl 和蔗糖的饱和溶液，密闭后容器内的相对湿度约 60%。当室内的相对湿度不低于 39%时，硼砂的失水现象并不显著，故对于一般分析工作，如相对湿度不是太小，硼砂不必进行处理。

（2）如果待测试样为混合碱溶液，则可直接用移液管准确吸取 20.00mL 试液 3 份，分别加新煮沸的冷蒸馏水，按同法进行测定。测定结果以 g·L^{-1}或 g·mL^{-1}来表示。

（3）滴定速度宜慢，近终点时每加 1 滴后摇匀，至颜色稳定后再加第 2 滴。否则，因为颜色变化较慢，容易过量。

五、实验数据记录与处理

$$\omega_{Na_2CO_3} = \frac{\frac{1}{2}c_{HCl} \times 2V_2 \times M_{Na_2CO_3}}{m \cdot 1000} \times 100\%$$

$$\omega_{NaOH} = \frac{c_{HCl}(V_1 - V_2)M_{NaOH}}{m \times 100} \times 100\%$$

式中 c_{HCl}——盐酸标准溶液的浓度，mol·L^{-1}；

V_1——酚酞为指示剂滴至终点消耗盐酸溶液的体积，mL；

V_2——甲基橙为指示剂滴至终点消耗盐酸溶液的体积，mL；

$M_{Na_2CO_3}$——Na$_2$CO$_3$的摩尔质量，g·mol^{-1}；

M_{NaOH}——NaOH 的摩尔质量，$g \cdot mol^{-1}$；

m——被测试样的质量，g。

六、思考题

1. 什么叫混合碱？采用双指示剂法分别测定三个碱样，结果是(1) $V_1 = 0$；(2) $V_2 = 0$；(3) $V_1 = V_2 \neq 0$、$V_1 > V_2$、$V_1 < V_2$ 时，判断每个碱样的成分？

2. 用 $Na_2B_4O_7 \cdot 10H_2O$ 标定 HCl 溶液和用 Na_2CO_3 标定 HCl 溶液各有什么特点？

实验十四　EDTA 标准溶液的配制与标定、水中总硬度的测定

一、实验目的

(1) 掌握 EDTA 溶液的配制及浓度的标定方法。

(2) 掌握配位滴定法测定水硬度的原理和方法。

(3) 掌握铬黑 T 指示剂的使用条件。

二、实验原理

由于乙二胺四乙酸(简写 EDTA)难溶于水，通常采用 EDTA 二钠盐配制标准溶液。乙二胺四乙酸二钠盐($Na_2H_2Y \cdot 2H_2O$)在水中的溶解度为 $120g \cdot L^{-1}$，可配成浓度为 $0.3mol \cdot L^{-1}$ 的溶液。在滴定分析中，EDTA 标准溶液通常采用间接法配制。能用于标定 EDTA 的基准物质较多，如纯金属 Zn、Pb、Bi、Cu 等，金属氧化物或其盐类 (ZnO、CaO、$MgSO_4 \cdot 7H_2O$) 等。

用 $CaCO_3$ 作基准物质标定 EDTA 溶液浓度时，以铬黑 T 为指示剂，调节溶液 pH 值为 10，用 EDTA 标准溶液直接滴定。

水中钙镁含量俗称水的硬度。水的硬度主要用 EDTA 滴定法测定，在 pH = 10 的 $NH_3 - NH_4Cl$ 缓冲溶液中，用铬黑 T 作指示剂进行滴定，溶液由酒红色变为纯蓝色即为终点。由于 $K_{CaY} > K_{MgY}$，EDTA 首先和溶液中的 Ca^{2+} 配位，然后再与 Mg^{2+} 配位，故可选用对 Mg^{2+} 灵敏的指示剂铬黑 T 来指示终点。

水的硬度大小是以 Ca、Mg 总量折算成 CaO 的量来衡量的，各国采用的硬度单位有所不同。有将水中的盐类都折算成 $CaCO_3$ 而以 $CaCO_3$ 的量作为硬度标准的，也有将盐类合算成 CaO 而以 CaO 的量来表示的。我国目前采用两种表示方法：一种是以度(°)计，1 硬度单位表示十万份水中含 1 份 CaO，$1° = 10mg(CaO) \cdot L^{-1}$，即表示 1L 水中含 CaO 10mg；另一种是以 ppm 计，即每百万份中的份数。如 1ppm 即每百万份水中含 $CaCO_3$ 1 份，也相当于 1L 水中含 $CaCO_3$ 1mg。所以，我国通常以 $10mg(CaO) \cdot L^{-1}$ 或 $1mg(CaCO_3) \cdot L^{-1}$ 表示水的硬度。

水的硬度一般可分为五种：极软水 $0° \sim 4°$、软水 $4° \sim 8°$、微硬水 $8° \sim 16°$、硬水 $16° \sim 30°$、极硬水 $>30°$，生活饮用水要求硬度 $\leq 25°$。工业用水要求为软水，否则易形成水垢造成危害。

三、仪器与试剂

仪器：滴定分析仪器 1 套。

试剂：乙二胺四乙酸二钠($Na_2H_2Y \cdot 2H_2O$)固体、$CaCO_3$ 基准物质(需在 105℃ 干燥 2h，取出在干燥器中冷至室温)、$NH_3 - NH_4Cl$ 缓冲溶液、1:1 HCl 溶液、铬黑 T 指示剂。

四、实验步骤

1. $0.02mol \cdot L^{-1}$ EDTA 溶液的配制

称取乙二胺四乙酸二钠_____g，于 250mL 烧杯，加入少量水溶解，可适当加热。溶解

后转入 250mL 试剂瓶中，稀释至 250mL，摇匀。此溶液待冷至室温下使用。

2. $0.02mol \cdot L^{-1}$ EDTA 溶液的标定

准确称取基准 $CaCO_3$ 试剂_____ g（称准至 0.0001g）于 250mL 烧杯中，用少量水润湿，盖上表面皿，用 10mL 小量筒量取 2mL 1:1 HCl 溶液，慢慢滴加 1:1 HCl 溶液至 $CaCO_3$ 全部溶解，避免加入过量酸。加 100mL 水，小火煮沸 3min，驱除 CO_2。冷至室温，以少量水冲洗表面皿，定量转移至 200mL 容量瓶中，用水稀释至刻度，摇匀。

用移液管移取上述 Ca^{2+} 标准溶液 20.00mL 于 250mL 锥形瓶中，加 20mL 蒸馏水、5mL 缓冲溶液和 3 滴铬黑 T 指示剂（或 50~100mg 固体铬黑 T）。立即用配制的 EDTA 溶液进行滴定，充分摇动，当溶液的颜色由酒红色变为蓝色即为终点。平行测定 3 份，计算 EDTA 溶液的准确浓度。

3. 水中钙镁含量的测定

用移液管移取自来水样 100.00mL 于 250mL 锥形瓶中，加 5mL 缓冲溶液和 3 滴铬黑 T 指示剂，立即用 $0.02mol \cdot L^{-1}$ EDTA 标准溶液滴定。接近终点时，滴定速度宜慢，并充分摇动，直至溶液颜色由酒红色变为纯蓝色即为终点。

平行测定 3 份，根据 EDTA 溶液的用量计算水样的硬度。

注：（1）测定工业用水样前应针对水样情况进行适当的前处理，如水样呈酸性或碱性，要预先中和；水样如含有机物，颜色较深，须用 2mL 浓盐酸及少许过硫酸铵加热脱色后再测定；水样浑浊，需先过滤（但应注意用纯水将滤纸洗净后用）；水样中含有较多的 CO_3^{2-} 也影响滴定，则需先加酸煮沸，驱除 CO_2 后再进行滴定。

（2）当水样中 Mg^{2+} 含量较低时，铬黑 T 指示剂终点变色不够敏锐，可加入一定量的 Mg^{2-}EDTA 混合液，以增加溶液中 Mg^{2+} 含量，使终点变色敏锐。

（3）工业用水中如含有少量 Fe^{3+}、Al^{3+} 等干扰离子，可用三乙醇胺予以掩蔽；如含 Al^{3+} 较高，则需加酒石酸钾钠予以掩蔽；如含 Cu^{2+}、Ni^{2+}、Zn^{2+} 等干扰离子，则需在碱性溶液中加 KCN 予以掩蔽。

五、实验数据记录与处理

（1）$0.02mol \cdot L^{-1}$ EDTA 准确浓度的计算（参照表 5-10）。

（2）自来水中总硬含量的计算（参照表 5-11）。

六、思考题

1. 本实验为什么采用 $NH_3 - NH_4Cl$ 缓冲溶液？为什么采用铬黑 T 指示剂？能用二甲酚橙指示剂吗？为什么？

2. 测定水中钙和镁总量时哪些离子有干扰？应如何消除？

实验十五　白云石中钙、镁含量的测定

一、实验目的

（1）掌握用酸溶解样品的方法。

（2）掌握配位滴定法测定白云石中钙、镁含量的原理和方法。

（3）了解干扰离子掩蔽的方法。

二、实验原理

白云石的主要成分是碳酸钙，同时也含有一定量的碳酸镁及少量铝、铁、硅等杂质，通常用酸溶解后因试样成分较简单，故通常可以不经分离直接滴定。

试样经盐酸溶解后，调节溶液 pH = 10，以铬黑 T(或 K - B)作指示剂，用 EDTA 标准溶液滴定溶液中 Ca^{2+} 和 Mg^{2+} 两种离子总量。另取一份试样调节 pH > 12，此时 Mg^{2+} 生成 $Mg(OH)_2$ 沉淀，加入钙指示剂用 EDTA 标准溶液滴定溶液中的 Ca^{2+}。

滴定前在酸性条件下，加入三乙醇胺和酒石酸钠以掩蔽试液中 Fe^{3+}、Al^{3+}，然后再碱化；在碱性溶液中用 KCN 掩蔽 Cu^{2+} 和 Zn^{2+}，从而消除干扰离子。

在 pH = 10 时用 EDTA 滴定 Ca^{2+}、Mg^{2+}，加入 EBT 指示剂，终点溶液显蓝色，为了使终点颜色变化更为敏锐，常将酸性铬蓝 K 和惰性染料萘酚绿 B 混合使用，简称 K - B 指示剂。此时，滴定至溶液由紫红色变为蓝绿色即为终点。

测定 Ca^{2+} 时，由于白云石中 Mg^{2+} 含量较高，形成大量的 $Mg(OH)_2$ 沉淀吸附 Ca^{2+}，会使钙的结果偏低。为了克服此不利因素，可加入淀粉 - 甘油、阿拉伯树胶或糊精等保护胶，可基本消除吸附现象，其中以糊精的效果较好。

三、仪器与试剂

仪器：滴定分析仪器 1 套。

试剂：$0.02 mol \cdot L^{-1}$ EDTA 标准溶液(配制及标定方法见实验十四)、$NH_3 - NH_4Cl$ 缓冲溶液、$6 mol \cdot L^{-1}$ HCl 溶液、20% NaOH 溶液、铬黑 T 指示剂、K - B 指示剂、钙指示剂、1∶1 三乙醇胺溶液。

四、实验步骤

1. 试样的溶解

准确称取 0.5 ~ 0.6g 左右白云石试样于 250mL 烧杯中，用少量水润湿，盖上表面皿，慢慢加入 $6 mol \cdot L^{-1}$ HCl 溶液，小心加热使之溶解，冷却后定量转入 250mL 容量瓶中，用水稀释至刻度，摇匀，待用。

2. 钙、镁总量测定

移取 25.00mL 试液于锥形瓶中，加水 20mL 及 5mL 1∶1 三乙醇胺溶液，摇匀。加氨性缓冲溶液 10mL，摇匀。加 2 ~ 3 滴 K - B(或铬黑 T)指示剂，用 $0.02 mol \cdot L^{-1}$ EDTA 标准溶液滴定至溶液由紫红色变成蓝绿色(或蓝色)，即达终点，记下体积读数 V_1，平行测定三次。

3. 钙的测定

另移取 25.00mL 试液于锥形瓶中，加水 20mL，再加 5mL 1∶1 三乙醇胺溶液，摇匀。加 20% NaOH 溶液 10mL，加 10mL 5% 的糊精溶液，加 2 ~ 3 滴 K - B 指示剂(或 0.1g 钙指示剂)，用 EDTA 标准溶液滴定至溶液由紫红色变成蓝绿色(或蓝色，即达终点)，记下体积读数 V_2，平行测定 3 次。

根据 EDTA 溶液的浓度和滴定所消耗的体积 V_1 与 V_2，分别计算试样中 MgO 和 CaO 的含量。

注：(1) 如试样用酸溶解不完全，则残渣可用 Na_2CO_3 熔融，再用酸浸取，浸取液与试液合并。在一般分析工作中，残渣作为酸不溶物处理，可不必加以考虑。

(2) 用来掩蔽 Fe^{3+} 等离子的三乙醇胺，必须在酸性溶液中加入，然后再碱化，否则 Fe^{3+} 已生成 $Fe(OH)_3$ 沉淀而不易被掩蔽；KCN 是剧毒物，只允许在碱性溶液中使用，若加入酸性溶液中，则产生剧毒的 HCN 气体，对人有严重危害。

(3) Fe^{3+}、Al^{3+} 等干扰离子的除去，在教学时数允许时，采用分离的方法，这样可以对沉淀、分离、洗涤等操作再进行一次训练。时数不足时，可以采用加掩蔽剂的方法，即本法的测定。

五、实验数据记录与处理

见实验十四的实验数据记录与处理。

六、思考题

1. 为什么通常使用乙二胺四乙酸二钠盐配制 EDTA 标准溶液，而不是乙二胺四乙酸？

2. 以 HCl 溶液溶解 $CaCO_3$ 基准物时，操作中应注意什么事项？

3. 为什么掩蔽 Fe^{3+}、Al^{3+} 时，要在酸性条件下加入三乙醇胺？用 KCN 掩蔽 Ca^{2+}、Zn^{2+} 离子时是否也在酸性条件下进行？

4. 怎样分解石灰石或白云石试样？用酸溶解时应注意什么？怎样知道试样溶解已经完全？

实验十六　EDTA 标准溶液的配制与标定、铝盐中铝含量的测定

一、实验目的

(1) 掌握 EDTA 溶液的配制与标定浓度的方法。

(2) 掌握返滴定法测定铝盐含量的原理和方法。

(3) 掌握锌标准溶液的配制方法。

二、实验原理

本实验采用 ZnO 为基准物，标定 EDTA 溶液的浓度。用金属锌或 ZnO 为基准物标定 EDTA 时，以二甲酚橙为指示剂，在 pH = 5～6 的溶液中，二甲酚橙指示剂本身显黄色，与 Zn^{2+} 配位后呈紫红色。由于 EDTA 与 Zn^{2+} 形成更稳定的配合物，因此，用 EDTA 溶液滴定至近终点时，二甲酚橙被游离出来，溶液由紫红色变为亮黄色。

铝盐中铝含量的测定常采用 EDTA 法，但由于 Al^{3+} 易水解，且与 EDTA 反应很慢，不易直接滴定，故铝盐含量的测定采用剩余滴定法。即在一定量的 Al^{3+} 试液中加入一定量过量的 EDTA，然后调节溶液的酸度至 pH 值在 5～6，加热煮沸，使 Al^{3+} 与 EDTA 反应完全，然后用二甲酚橙作指示剂，用锌标准溶液滴定过量的 EDTA。根据加入 EDTA 的量和滴定中消耗锌标准溶液的用量，计算铝盐中铝的含量。

三、仪器与试剂

仪器：滴定分析仪 1 套。

试剂：EDTA 固体分析纯、金属锌或固体 ZnO 基准物质、二甲酚橙指示剂(0.5%)、六次甲基四胺溶液(20%)、$NH_3 \cdot H_2O$ 溶液($6mol \cdot L^{-1}$)、HCl 溶液($6mol \cdot L^{-1}$、$12mol \cdot L^{-1}$)。

四、实验步骤

1. $0.02mol \cdot L^{-1}$ EDTA 溶液的配制

称取乙二胺四乙酸二钠盐_____ g 于 250mL 烧杯中加少量水溶解，可适当加热。溶解后转入 250mL 试剂瓶中，稀释至 250mL，摇匀。此溶液待冷至室温下使用。

2. $0.02mol \cdot L^{-1}$ ZnO 标准溶液的配制

准确称取灼烧过的基准物 ZnO 试样_____ g(称准至 0.0001g)于烧杯中，加 2mL 浓 HCl 溶液和 25mL 水，微热使其溶解。冷却后转移至 250mL 容量瓶中，稀释至刻度，摇匀。计算其准确浓度。

3. EDTA 溶液浓度的标定

移取 25.00mL Zn²⁺ 标准溶液于锥形瓶中，加入 1~2 滴 0.2% 二甲酚橙指示剂，滴加 20% 六次甲基四胺溶液至溶液呈稳定的紫红色后再过量 5mL，用 EDTA 溶液滴定至溶液由紫红色变为亮黄色，即为终点。平行测定 3 次。

根据滴定用去的 EDTA 溶液的体积和锌标准溶液的浓度，计算 EDTA 溶液的准确浓度。

EDTA 溶液的标定也可采用铬黑 T 指示剂法，方法如下：

移取 25.00mL Zn²⁺ 标准溶液于锥形瓶中，仔细滴加 1:1 氨水至开始出现白色 $Zn(OH)_2$ 沉淀（此时溶液混浊）；加 10mL 氨性缓冲溶液（pH = 10）及 3 滴 EBT 指示剂，用 EDTA 溶液滴定至溶液由酒红色变为纯蓝色，即为终点。

4. 铝盐中铝含量的测定

准确称取 $Al_2(SO_4)_3$ 试样约_____ g 于 100mL 烧杯中，加 6mol·L⁻¹ HCl 溶液 3mL，加 50mL 水溶解，定量转移到 100mL 容量瓶中，稀释于刻度，摇匀，备用。

移取上述 Al³⁺ 试液 10.00mL 于锥形瓶中，加入 20mL 水、30mL 0.02mol·L⁻¹ EDTA 标准溶液，加 4~5 滴百里酚蓝，用 1:1 氨水中和至溶液呈黄色，煮沸 2min，加入 20% 六次甲基四胺溶液 10mL 及 2 滴二甲酚橙指示剂，冷却后用 0.02mol·L⁻¹ ZnO 标准溶液滴定至溶液由亮黄色至紫红色，即为终点。平行测定 3 次。

注：(1) 用锌粒或碎锌屑标定 EDTA 溶液时，若锌粒放置稍久，表面易生成氧化物，应先将氧化物除去。

(2) 用 Zn²⁺ 标定 EDTA 溶液时，溶液 pH≤6.3，否则变色不灵敏，甚至无色变。

(3) EDTA 与金属离子配位反应速度较慢，必须按操作规程适当加热，并控制滴定速度。接近终点时，要充分摇动，缓慢滴定，避免过量。

五、实验数据记录与处理

(1) 0.02mol·L⁻¹ EDTA 标准溶液的准确浓度的计算（参照表 5-10）。

(2) 0.02mol·L⁻¹ ZnO 标准溶液的准确浓度的计算（参照表 5-10）。

(3) 铝盐中铝含量的计算（参照表 5-11）。

六、思考题

1. 以 $CaCO_3$ 为基准物和以 ZnO 为基准物标定 EDTA 溶液时，为何酸度条件不同？

2. 测定过程中为什么要加热？其目的是什么？

3. 测定步骤中加入氨水和六次甲基四胺溶液的目的是什么？

实验十七　胃舒平药片中铝和镁的测定

一、实验目的

(1) 学习药剂测定的前处理方法。

(2) 掌握沉淀分离的操作方法。

二、实验原理

胃病患者常服用的胃舒平药片主要成分为氢氧化铝、三硅酸镁及少量中药颠茄流浸膏，在制成片剂时还加了大量糊精等赋形剂，药片中铝和镁的含量可用 EDTA 配位滴定法测定。为此先溶解样品，分离出去水不溶物质，然后分取试液加入过量的 EDTA 溶液，调节 pH = 4 左右，煮沸使 EDTA 与铝（Al）配位完全，再以二甲酚橙为指示剂，用 Zn 标准溶液返滴过量的 EDTA，测出 Al 含量。另取试液，调节 pH 值，将 Al 沉淀分离后，于 pH = 10 的条件下以铬黑 T 为指示剂，用 EDTA 标准溶液滴定滤液中的 Mg^{2+}。

三、仪器与试剂

仪器：滴定分析仪器 1 套。

试剂：$0.02 \text{mol} \cdot \text{L}^{-1}$ EDTA 标准溶液（配制及标定方法见实验十四）、$0.02 \text{mol} \cdot \text{L}^{-1}$ Zn 标准溶液（配制方法见实验十六）、0.2% 二甲酚橙指示剂、20% 六次甲基四胺溶液、$6 \text{mol} \cdot \text{L}^{-1}$ $NH_3 \cdot H_2O$ 溶液、$6 \text{mol} \cdot \text{L}^{-1}$ HCl 溶液、三乙醇胺溶液（1:1）、$NH_3 \cdot H_2O$ - NH_4Cl 缓冲溶液、甲基红指示剂、铬黑 T 指示剂、NH_4Cl 固体。

四、实验步骤

1. 试样处理

称取胃舒平药片 10 片，研细后从中称出药粉 2g 左右，加入 20mL $6 \text{mol} \cdot \text{L}^{-1}$ HCl 溶液，加蒸馏水 100mL，煮沸。冷却后过滤，并以水洗涤沉淀，收集滤液及洗涤液于 250mL 容量瓶中，稀释至刻度，摇匀。

2. 铝的测定

准确吸取上述试液 10mL，加水 25mL，滴加 $6 \text{mol} \cdot \text{L}^{-1}$ $NH_3 \cdot H_2O$ 溶液至刚出现混浊，再加 $6 \text{mol} \cdot \text{L}^{-1}$ HCl 溶液至沉淀恰好溶解。

准确加入 EDTA 标准溶液 25.00mL，再加入 20% 六次甲基四胺溶液 10mL，煮沸 10min 并冷却后，加入二甲酚橙指示剂 2 ~ 3 滴，以锌标准溶液滴定至溶液由亮黄色转变为红紫色即为终点。根据 EDTA 加入量与 Zn 标准溶液滴定体积，计算药片中 $Al(OH)_3$ 的含量。

3. 镁的测定

吸取试液 25.00mL，滴加 $6 \text{mol} \cdot \text{L}^{-1}$ $NH_3 \cdot H_2O$ 溶液至刚出现沉淀，再加入 $6 \text{mol} \cdot \text{L}^{-1}$ HCl 溶液至沉淀恰好溶解。加入 2g 固体 NH_4Cl，滴加 20% 六次甲基四胺溶液至沉淀出现并过量 15mL，加热至 80℃，维持 10 ~ 15min，冷却后过滤，以少量蒸馏水洗涤沉淀数次。收集滤液与洗涤液于 250mL 锥形瓶中，加入三乙醇胺溶液 10mL、$NH_3 \cdot H_2O$ - NH_4Cl 缓冲溶液 10mL、甲基红指示剂 1 滴、铬黑 T 指示剂少许，用 EDTA 标准溶液滴定至溶液由暗红色转变为蓝绿色，即为终点，计算药片中 MgO 的含量。

注：（1）胃舒平药片试样中铝镁含量可能不均匀，为使测定结果具有代表性，本实验取较多试样，研细后再取部分进行分析。

（2）试样结果表明，用六次甲基四胺溶液调节 pH 值以分离 $Al(OH)_3$，其结果比用氨水好，可以减少 $Al(OH)_3$ 沉淀对 Mg^{2+} 的吸附。

（3）测定镁时，加入甲基红 1 滴，能使终点更为敏锐。

五、实验数据记录与处理

① $0.02 \text{mol} \cdot \text{L}^{-1}$ EDTA 准确浓度的计算。

② 胃舒平中镁含量的计算。

六、思考题

1. 本实验为什么要称取大样溶解后再分取部分试液进行滴定？

2. 在控制一定的条件下能否用 EDTA 标准溶液直接滴定铝？

3. 在分离 Al^{3+} 后的滤液中测定 Mg^{2+}，为什么还要加入三乙醇胺溶液？

实验十八　铅、铋混合液中铅、铋含量的连续测定

一、实验目的

（1）掌握借控制溶液酸度来进行多种金属离子连续滴定的配位滴定方法和原理。

（2）学会铅和铋连续配位滴定的分析方法。

（3）进一步熟悉二甲酚橙指示剂的应用和终点的测定方法。

二、实验原理

Bi^{3+}、Pb^{2+}离子均能与 EDTA 形成稳定的配合物，但是其稳定性却有相当大的差别（$\lg K_{BiY} = 27.94$，$\lg K_{PbY} = 18.04$），因此，可以利用控制溶液酸度的办法来进行连续滴定，通常在 pH $\approx$ 1.0 时滴定 Bi^{3+}，再在 pH $\approx$ 5~6 时滴定 Pb^{2+}。

在测定中，均以二甲酚橙为指示剂。先调节溶液的酸度为 pH $\approx$ 1，加入二甲酚橙指示剂后呈现 Bi^{3+} 与二甲酚橙配合物的紫红色，用 EDTA 标准溶液滴定至溶液呈亮黄色，即可测得铋的含量。

然后再用六次甲基四胺溶液为缓冲剂，调节溶液 pH 值为 5~6，此时 Pb^{2+} 与二甲酚橙指示剂形成紫红色配合物，再用 EDTA 标准溶液滴定使溶液再变为亮黄色，由此可测得铅的含量。

二甲酚橙属于三苯甲烷显色剂，易溶于水，它有七级酸式离解，其中 H_7I_n 至 $H_3I_n^{4-}$ 呈黄色，$H_2I_n^{5-}$ 至 I_n^{2-} 呈红色。所以，它在溶液中的颜色随酸度而改变，在溶液 pH < 6.3 时呈黄色，在 pH > 6.3 时呈红色。二甲酚橙与 Bi^{3+} 及 Pb^{2+} 形成的配合物呈紫红色，它们的稳定性与 Bi^{3+}、Pb^{2+} 和 EDTA 所形成配合物的稳定性相比要低一些。

三、仪器与试剂

仪器：滴定分析仪器 1 套。

试剂：0.02mol · L^{-1} EDTA 标准溶液（配制及标定方法见实验十四）、20% 六次甲基四胺溶液、0.1mol · L^{-1} NaOH 溶液、6mol · L^{-1} HCl 溶液、0.1mol · L^{-1} HNO_3 溶液、0.2% 二甲酚橙指示剂、Bi^{3+} 与 Pb^{2+} 混合溶液（含 Bi^{3+}、Pb^{2+} 各约为 0.01mol · L^{-1}）、6mol · L^{-1} NH_3 · H_2O 溶液。

四、实验步骤

1. Bi^{3+} 的滴定

移取 20.00mL 试液 3 份，分别置于 250mL 锥形瓶中。取 1 份先作初步滴定，先以 pH 值为 0.5~5 范围的精密 pH 值试纸试验试液的酸度，一般来说，不带沉淀的含 Bi^{3+} 的试液其 pH 值应在 1 以下。为此，以 0.1mol · L^{-1} NaOH 溶液调节之，边滴 NaOH 溶液边搅拌，并不断以精密 pH 值试纸试之，直至溶液的 pH 值达到 1 为止。记下所加 NaOH 溶液的体积，接着加入 10mL 0.1mol · L^{-1} HNO_3 溶液及 2 滴二甲酚橙指示剂，用 0.02mol · L^{-1} EDTA 标准溶液滴定至溶液由紫红色变为棕红色，再加 1 滴，突变为亮黄色即为终点，记下粗略读数，然后开始正式滴定。

取另 1 份 20mL 试液，加入初步滴定中调节溶液酸度时所需的同样体积的 0.1mol · L^{-1} NaOH 溶液，接着再加入 10mL 0.1mol · L^{-1} HNO_3 溶液及 2 滴二甲酚橙指示剂，用 0.02 mol · L^{-1} EDTA 标准溶液滴定至溶液由紫红色变为亮黄色，即为终点。

在离终点 1～2mL 前可以滴得快一些，近终点时则应慢一些，每加 1 滴摇动并观察是否变色。

2. Pb^{2+} 的滴定

在滴定 Bi^{3+} 后的溶液中，加 4～6 滴二甲酚橙指示剂，并逐滴滴加 $6mol \cdot L^{-1} NH_3 \cdot H_2O$ 至溶液由黄色变为橙色［注意不能多加，否则生成 $Pb(OH)_2$ 沉淀，影响测定］，然后再加 20% 六次甲基四胺至溶液呈稳定的紫红色（或橙红色）时，再过量 5mL，此时溶液 pH 值约为 5～6，最后用 $0.02mol \cdot L^{-1}$ EDTA 标准溶液滴定至溶液由紫红色变为亮黄色即为终点。平行测定 3 次。

根据滴定时消耗 EDTA 溶液的体积和 EDTA 溶液的浓度，分别计算出混合溶液中 Bi^{3+} 和 Pb^{2+} 的含量。

注：（1）由于调节溶液酸度时要以精密 pH 试纸检验，心中无数，检验次数必然较多，为了消除因溶液损失而产生误差，故采用初步试验的方法。

（2）被滴定的溶液中原先已加入 2 滴二甲酚橙指示剂，由于滴定中加入 EDTA 标准溶液后使体积增大等原因，指示剂的量会感到不足（由溶液的颜色可以看出），所以需要再加 4～6 滴。

（3）在此实验中，调入 NaOH 溶液的量及快慢是关健，调入 NaOH 溶液快、浓、多都会出现沉淀且不再复原，故最好先算出 NaOH 溶液的量，再慢慢加入。

五、实验数据记录与处理

（1）$0.02mol \cdot L^{-1}$ EDTA 准确浓度的计算。

（2）Bi^{3+}、Pb^{2+} 含量的计算。

六、思考题

1. 滴定 Bi^{3+} 时要控制溶液 $pH \approx 1$，酸度过低或过高对测定结果有何影响？实验中是如何控制这个酸度的？

2. 本实验能否在同 1 份溶液中先滴定 Pb^{2+}，而后滴定 Bi^{3+}？

实验十九 铁铝混合液中铁、铝含量的测定

一、实验目的

（1）掌握配位滴定法中返滴定法的应用及结果的计算。

（2）熟悉控制酸度，用 EDTA 连续滴定多种金属离子的原理和方法。

（3）了解磺基水杨酸、PAN 指示剂的使用条件及终点颜色变化。

二、实验原理

铁、铝是重要的常见元素，在许多矿物、岩石及某些工业产品（例如，水泥、玻璃等）中常常是共存的，而且是主要的测定项目。

由于铁、铝都能与 EDTA 形成稳定的配合物，而且其稳定性又有相当大的差别，$\lg K_{FeY} = 25.1$、$\lg K_{AlY} = 16.3$，因此，可利用控制溶液酸度办法在同一溶液中进行连续滴定来测定铁、铝的含量。

在 Fe^{3+}、Al^{3+} 混合液中，首先调节溶液的 pH 值为 2～2.5，以磺基水杨酸为指示剂，用 EDTA 标准溶液滴定 Fe^{3+}；然后定量加入过量的 EDTA 标准溶液，调节溶液的 pH 值为 4，煮沸，待 Al^{3+} 与 EDTA 配位反应完全后，用六次甲基四胺调节溶液 pH 值为 5～6，以 PAN 作指示剂，用锌标准溶液滴定过量的 EDTA，从而分别求出 Fe^{3+}、Al^{3+} 的含量。

三、仪器与试剂

仪器：滴定分析仪器1套。

试剂：乙二胺四乙酸二钠固体、基准 ZnO 试剂、10%磺基水杨酸指示剂、0.2% PAN 指示剂、20%六次四基四胺溶液、$6mol \cdot L^{-1}$盐酸溶液、$6mol \cdot L^{-1}$氨水溶液。

四、实验步骤

1. $0.02mol \cdot L^{-1}$锌标准溶液的制备

准确称取基准 ZnO 试剂_____ g(称准至 0.0001g)于 100mL 烧杯中，加 3mL $6mol \cdot L^{-1}$ HCl 溶液和 25mL 水，微热使其溶解。冷却后定量转移至 250mL 容量瓶中，以水稀释至刻度，摇匀，计算其准确浓度。

2. $0.02mol \cdot L^{-1}$EDTA 溶液的配制与标定

称取乙二胺四乙酸二钠盐_____ g，溶于 300mL 烧杯中，加少量水溶解，可适当加热溶解后转入 250mL 试剂瓶中，稀释至 250mL，摇匀。此溶液冷至室温下使用。

准确移取 25.00mL 锌标准溶液于 250mL 锥形瓶中，用少量水稀释，加入 3 滴 PAN 指示剂。用六次甲基四胺调节溶液呈稳定的红色，再过量 5mL。用 EDTA 标准溶液滴定至溶液由红色变为黄色时为终点。平行测定 3 次。

根据滴定中消耗 EDTA 溶液的体积和锌标准溶液的浓度，计算 EDTA 溶液的准确浓度。

3. 混合液中 Fe^{3+}、Al^{3+} 含量的测定

移取试样溶液 20.00mL 于 250mL 锥形瓶中，加 $6mol \cdot L^{-1}NH_3 \cdot H_2O$ 和 $6mol \cdot L^{-1}HCl$ 溶液，调节试液的 pH 值为 2 ~2.5(用精密 pH 试纸检验)。加热至 70 ~80℃，加入 10 滴磺基水杨酸指示剂，这时溶液呈紫红色，用 $0.02mol \cdot L^{-1}$EDTA 标准溶液滴定至溶液由紫红色变为黄色，即为终点。记下消耗 EDTA 溶液的体积。

在测定 Fe^{3+} 后的溶液中，准确加入 30.00mL EDTA 标准溶液，滴加六次甲基四胺溶液至溶液 pH 值为 3.5 ~4，煮沸 2min，稍冷，用六次甲基四胺溶液调节溶液 pH 值为 5 ~6 再过量 5mL。加入 6 ~8 滴 PAN 指示剂，用锌标准溶液滴定至溶液呈紫红色为终点，记下消耗锌标准溶液的体积，平行测定 3 次。根据滴定时消耗 EDTA 标准溶液的体积和锌标准溶液的体积，分别计算出混合溶液中 Fe^{3+} 和 Al^{3+} 的含量。

注：(1) 由于铁、铝易于水解，所以没有沉淀的铁、铝混合液，其酸度必然是比较高的，取多少毫升试液视 Fe^{3+} 含量而定。

(2) Fe^{3+} 和 EDTA 的配位反应进行较慢，故最好加热，以加速反应。但加热温度不能太高，否则，Fe^{3+} 离子会形成氢氧化铁，使实验失败。滴定速度慢，溶液温度降得低，不利于配位，但是如果滴得太快，来不及配位，又容易滴过终点。较好的办法是开始滴得稍快(不能很快)，至反应进行至近终点时放慢。

(3) 用精密 pH 试纸检验溶液 pH 值时，为避免带出试液引起损失，可先在烧杯中用 1 份试液作调节试验，记下需要加入试剂的体积。正式测定时加入相同体积的试剂即可。

五、实验数据记录与处理

(1) $0.02mol \cdot L^{-1}$ZnO 准确浓度的计算(参照表 5 – 10)。

(2) $0.02mol \cdot L^{-1}$EDTA 准确浓度的计算(参照表 5 – 10)。

(3) 铁、铝含量的分别计算(参照表 5 – 11)。

六、思考题

1. 配位滴定法测定 Al^{3+}，为什么采用返滴定法？

2. 说明磺基水杨酸和 PAN 指示剂使用的 pH 条件和终点颜色变化。

实验二十 高锰酸钾溶液的配制和
标定、过氧化氢含量的测定

一、实验目的
（1）了解高锰酸钾标准溶液的配制方法和保存条件。
（2）掌握以 $Na_2C_2O_4$ 为基准物标定高锰酸钾溶液浓度的方法、原理及滴定条件。
（3）掌握用高锰酸钾法测定过氧化氢含量的原理和方法。

二、实验原理
市售的高锰酸钾常含有少量杂质，如硫酸盐、硝酸盐及氯化物等，所以不能用准确称量高锰酸钾来直接配制准确浓度的溶液。$KMnO_4$ 是强氧化剂，易与水中的有机物、空气中的尘埃及氨等还原性物质作用；$KMnO_4$ 能自行分解，其分解反应如下：
$$4KMnO_4 + 2H_2O = 4MnO_2 + 4KOH + 3O_2\uparrow$$

分解速度随溶液的 pH 值而变化，在中性溶液中分解很慢，但 Mn^{2+} 和 MnO_2 能加速 $KMnO_4$ 的分解，见光则分解更快。由此可知，$KMnO_4$ 溶液的浓度容易改变，必须正确地配制和保存。

一般情况下，配制 $KMnO_4$ 时先将 $KMnO_4$ 溶解，再进行煮沸，放置两周后进行过滤，再进行标定。

标定 $KMnO_4$ 溶液常用草酸钠作基准物，$Na_2C_2O_4$ 不含结晶水，容易精制。在 H_2SO_4 溶液中，用 $Na_2C_2O_4$ 标定 $KMnO_4$ 溶液的反应如下：
$$2MnO_4^- + 5C_2O_4^{2-} + 16H^+ = 2Mn^{2+} + 10CO_2\uparrow + 8H_2O$$

适当加热可加快反应速度并获得准确结果，滴定时可利用 $KMnO_4$ 本身的颜色变化来指示滴定终点。

过氧化氢的含量可用高锰酸钾法测定，在酸性溶液中 H_2O_2 很容易被 $KMnO_4$ 氧化，其反应式如下：
$$5H_2O_2 + 2MnO_4^- + 6H^+ = 2Mn^{2+} + 8H_2O + 5O_2\uparrow$$

开始反应时速度较慢，滴入第 1 滴 $KMnO_4$ 溶液时溶液不容易褪色，待生成 Mn^{2+} 之后，由于 Mn^{2+} 的催化，加快了反应速度，故能一直顺利地滴定到终点。根据 $KMnO_4$ 标准溶液的浓度和滴定时消耗的体积，即可计算溶液中 H_2O_2 有含量。

三、仪器与试剂
仪器：滴定分析仪器 1 套。
试剂：$KMnO_4$ 固体、$Na_2C_2O_4$ 基准物质、$3mol \cdot L^{-1}$ H_2SO_4 溶液、$1mol \cdot L^{-1}$ $MnSO_4$ 溶液、H_2O_2 样品（市售约为 30% H_2O_2 水溶液）。

四、实验步骤
1. $0.1mol \cdot L^{-1}1/5$ $KMnO_4$ 溶液的配制
称取计算量的 $KMnO_4$ 溶于适量的水中，盖上表面皿，加热煮沸 $20\sim30min$，冷却后在暗处放置 $7\sim10$ 天，然后用玻璃砂芯漏斗或玻璃纤维过滤除去 MnO_2 等杂质，滤液储存于洁净的玻璃塞棕色瓶中，放置暗处保存。如果溶液经煮沸并在水浴上保温 1h，冷却后过滤，则不必长期放置，就可以标定其浓度。

2. $0.1mol \cdot L^{-1}1/5KMnO_4$ 溶液的标定

准确称取_____ g 基准 $Na_2C_2O_4$ 于 250mL 锥形瓶中，加 20mL 水使之溶解，加 $3mol \cdot L^{-1}$ H_2SO_4 溶液 10mL，并加热至 $75 \sim 85℃$（即开始冒蒸气时的温度）趁热用待标定的 $KMnO_4$ 溶液进行滴定。开始滴定反应速度很慢，待溶液中产生 Mn^{2+} 后反应速度加快，但滴定时仍必须是逐滴加入。如此小心滴至溶液呈微红色，半分钟内不褪色即为终点。注意滴定结束时的温度不应低于 60℃。

平行测定 3 次，根据滴定时所消耗 $KMnO_4$ 溶液的体积和基准物的质量，即可计算出 $KMnO_4$ 溶液的准确浓度。

3. H_2O_2 含量的测定

用移液管移取 H_2O_2 试样 2.00mL，置于 100mL 容量瓶中，加水稀释至刻度，充分混和均匀。用移液管移取稀释液 20.00mL 于 250mL 锥形瓶中，加 $3mol \cdot L^{-1}H_2SO_4$ 溶液 5mL 及 $1mol \cdot L^{-1}MnSO_4$ 溶液 2 ~ 3 滴，用 $0.1mol \cdot L^{-1}1/5KMnO_4$ 标准溶液滴定至溶液呈微红色，半分钟不褪色即为终点。根据 $KMnO_4$ 标准溶液的浓度和滴定过程中所消耗的体积，计算试样中 H_2O_2 的含量。

注：（1）$KMnO_4$ 溶液在加热及放置时，均应盖上表面皿，以免尘埃及有机物等落入。

（2）$KMnO_4$ 作氧化剂通常是在酸性溶液中进行反应的。在滴定过程中若发现棕色浑浊，这是酸度不足而引起的，应立即加入 H_2SO_4，如已经到达终点，此时加 H_2SO_4 已无效，应重做实验。

（3）$KMnO_4$ 与 $Na_2C_2O_4$ 反应速度较慢。滴定开始时加入 1 滴 $KMnO_4$ 溶液后，溶液褪色较慢，要待粉红色褪去后，才能加第 2 滴；由于生成的 Mn^{2+} 的催化作用，反应越来越快，滴定速度可稍快些。接近终点时必须缓慢滴定，以防过量。

（4）$KMnO_4$ 滴定终点不太稳定，这是由于空气中含有还原性气体及尘埃等杂质，能使 $KMnO_4$ 慢慢分解，而使微红色消失，所以，经过半分钟不褪色即可认为已到达终点。

（5）加热可使反应加快，但不应热至沸腾，否则会引起部分草酸分解，滴定时的适宜温度为 75 ~ 85℃。在滴定到终点时溶液的温度应不低于 60℃。

（6）$KMnO_4$ 色深，液面弯月面不易看出，读数时应以液面的最高线为准（即读液面的边缘）。

五、实验数据记录与处理

（1）$0.1mol \cdot L^{-1}1/5KMnO_4$ 准确浓度的计算（参照表 5 – 10）。

（2）H_2O_2 含量的计算（参照表 5 – 11）。

六、思考题

1. 配制 $KMnO_4$ 溶液时为什么要把 $KMnO_4$ 溶液煮沸？配好的 $KMnO_4$ 溶液为什么要过滤后才能保存？能否用滤纸过滤？

2. 用 $Na_2C_2O_4$ 标定 $KMnO_4$ 溶液时，应注意哪些反应条件？

3. 标定 $KMnO_4$ 溶液时，为什么第 1 滴 $KMnO_4$ 溶液加入后红色褪去很慢，以后褪色较快？

4. 用 $KMnO_4$ 法测定 H_2O_2 时，为什么不能用 HNO_3 或 HCl 来控制溶液的酸度？

实验二十一　硫酸亚铁铵含量的测定

一、实验目的

（1）掌握用高锰酸钾法测定硫酸亚铁铵含量的方法。

（2）了解自身指示剂的滴定特点。

二、实验原理

测定硫酸亚铁铵含量可用 $KMnO_4$ 直接滴定法。在硫酸溶液中滴定反应为：

$$MnO_4^- + 5Fe^{2+} + 8H^+ =\!=\!= Mn^{2+} + 5Fe^{3+} + 4H_2O$$

Fe^{2+} 易被空气或水中溶解的 O_2 氧化，应使用无氧水溶解样品，加入适量磷酸（与 Fe^{3+} 生成配合物）可使反应进行完全，并能消除 Fe^{3+} 颜色对终点观察的影响。

$KMnO_4$ 自身作指示剂。

三、仪器与试剂

仪器：滴定分析仪器 1 套。

试剂：$0.1mol \cdot L^{-1}$ $1/5KMnO_4$ 溶液（配制及标定方法见实验二十）、H_2SO 溶液、H_3PO_4 溶液、$(NH_4)_2Fe(SO_4)_2 \cdot 6H_2O$ 试样。

四、实验步骤

准确称取＿＿＿＿g 硫酸亚铁铵试样（称准至 0.0001g）于 250mL 锥形瓶中，加 20mL 新煮沸并冷却的蒸馏水，再加入 15mL 硫－磷混酸，立即用 $0.1mol \cdot L^{-1} KMnO_4$ 溶液滴定至溶液呈粉红色，半分钟不褪色为终点，平行测定 3 次。根据滴定中消耗的 $KMnO_4$ 溶液的体积计算 $(NH_4)_2Fe(SO_4)_2 \cdot 6H_2O$ 的含量。

注：用 $KMnO_4$ 直接滴定硫酸亚铁铵溶液，常加入一些 H_3PO_4 溶液，H_3PO_4 溶液可与 Fe^{3+} 配位形成稳定的 $[Fe(HPO_4)]^+$，可以降低 Fe^{3+}/Fe^{2+} 电对的电位，使滴定的突跃范围加大，从而减少滴定误差。同时，配位化合物的形成还能够消除 Fe^{3+} 对滴定终点观察的影响。

五、实验数据记录与处理

（1）$0.1mol \cdot L^{-1}$ $1/5KMnO_4$ 准确浓度的计算。

（2）硫酸亚铁铵含量的计算。

六、思考题

1. 溶解硫酸亚铁铵试样为什么要用无氧水？滴定前加入硫酸和磷酸的作用是什么？

2. 配制好的 $KMnO_4$ 溶液为什么要装在棕色玻璃瓶中放置暗处保存？

3. 装 $KMnO_4$ 溶液的烧杯或锥形瓶等放置较久后，其壁上常有棕色沉淀物不容易洗净，应怎样洗涤才能除去此棕色沉淀物？

实验二十二　石灰石中钙含量的测定

一、实验目的

（1）了解用氧化还原滴定法间接测定金属的原理和方法。

（2）学习沉淀分离的基本知识和操作。

（3）掌握用高锰酸钾法测定石灰石中钙含量的原理和方法。

二、实验原理

石灰石的主要成分是 $CaCO_3$，较好的石灰石含 CaO 约 $45\% \sim 53\%$，此外还含有 SiO_2、Fe_2O_3、Al_2O_3 及 MgO 等杂质。

测定钙的方法较多，快速的方法是配位滴定法，较精确的方法是本实验采用的高锰酸钾法。

试样经酸溶解后以$(NH_4)_2C_2O_4$为沉淀剂，在弱酸性介质中将钙定量地沉淀为CaC_2O_4，将沉淀过滤并洗净后，溶于稀硫酸溶液，再用$KMnO_4$标准溶液滴定，主要反应式如下：

$$Ca^{2+} + C_2O_4^{2-} \Longrightarrow CaC_2O_4 \downarrow$$

$$CaC_2O_4 + H_2SO_4 \Longrightarrow CaSO_4 + H_2C_2O_4$$

$$5H_2C_2O_4 + 2MnO_4^- + 6H^+ \Longrightarrow 2Mn^{2+} + 10CO_2 \uparrow + 8H_2O$$

根据所用$KMnO_4$的量计算试样中钙或氧化钙的含量。

此法用于测定含Mg^{2+}及碱金属的试样时，其他金属阳离子不应存在，这是由于它们与$C_2O_4^{2-}$容易生成沉淀或共沉淀而造成正误差。

CaC_2O_4是弱酸盐沉淀，其溶解度随溶液酸度增大而增加，$pH = 4$时CaC_2O_4的溶解损失可以忽略。一般采用在酸性溶液中加入$(NH_4)_2C_2O_4$，再滴加氨水逐渐中和溶液中的H^+离子，使$C_2O_4^{2-}$缓慢增加，CaC_2O_4沉淀缓慢形成，最后控制溶液pH值在$3.5 \sim 4.5$。这样既可使CaC_2O_4沉淀完全，又不致生成$Ca(OH)_2$或$Ca_2(OH)_2C_2O_4$沉淀，并能获得组成一定的颗粒粗大而纯净的CaC_2O_4沉淀。其他矿石中的钙也可用本法测定。

三、仪器与试剂

仪器：滴定分析仪器1套。

试剂：$0.1mol \cdot L^{-1}$ $1/5KMnO_4$溶液（配制及标定方法见实验二十）、$3mol \cdot L^{-1}$ H_2SO_4溶液、$6mol \cdot L^{-1}$ HCl溶液、$6mol \cdot L^{-1}$ $NH_3 \cdot H_2O$溶液、5% $(NH_4)_2C_2O_4$溶液、0.2%甲基橙指示剂。

四、实验步骤

准确称取_____g石灰石试样于250mL烧杯中，以少量水润湿，盖上表面皿，缓慢滴加$6mol \cdot L^{-1}$ HCl溶液10mL，充分搅拌使试样溶解。慢慢加入25mL 5% $(NH_4)_2C_2O_4$溶液，用水稀释至100mL，加入3滴甲基橙，在水浴上加热至$75 \sim 80℃$，滴加$6mol \cdot L^{-1}$ $NH_3 \cdot H_2O$至溶液呈黄色，继续在水浴上加热$40 \sim 60min$，若溶液变红，可再滴加氨水少许，冷却，放置。

用中速滤纸（或玻璃砂芯漏斗）以倾泻法过滤，先用1% $(NH_4)_2C_2O_4$溶液洗涤沉淀$3 \sim 4$次（同时应将杯壁和玻璃棒洗净），然后再用蒸馏水洗至无Cl^-（可用$AgNO_3$溶液检验）。

将沉淀连同滤纸转移至原烧杯内，并将滤纸打开贴在烧杯壁上，用60mL $1mol \cdot L^{-1}$ H_2SO_4冲洗滤纸，将沉淀冲洗在烧杯内，再用40mL水冲洗滤纸。将溶液加热至$75 \sim 85℃$，用$KMnO_4$标准溶液滴定至溶液呈微红色，再将滤纸浸入溶液，继续小心滴定至溶液呈粉红色，经30s不褪色即为终点。根据所用$KMnO_4$溶液的用量计算试样中钙或氧化钙的含量。

注：(1)称取试样后先用少量水润湿，其目的是避免在加HCl溶液时所产生的CO_2将试样粉末冲出。

(2) 若试样中含酸不溶物较少，可以用酸溶样，Fe^{3+}、Al^{3+}可用柠檬酸铵掩蔽，不必分离沉淀，这样可简化分析步骤。

(3) 在酸性溶液中滤纸能消耗$KMnO_4$溶液，接触时间愈长，消耗愈多，因此只能在滴定至终点前才将滤纸浸入溶液中。

(4) 滴定管壁应当立即洗净，以防止$KMnO_4$分解析出MnO_2而吸附在管壁。如已有MnO_2沾污，可用热草酸溶液洗净。

五、实验数据记录与处理

（1）0.1mol·L^{-1} KMnO$_4$ 准确浓度的计算。

（2）石灰石中钙含量的计算。

六、思考题

1. 用 KMnO$_4$ 法与配位滴定法测定钙含量，这两种方法的优缺点是什么？

2. 洗涤 CaC$_2$O$_4$ 沉淀时，为什么先要用稀（NH$_4$）$_2$C$_2$O$_4$ 溶液作洗涤液，然后再用纯水洗？怎样判断 C$_2$O$_4^{2-}$ 洗净没有？怎样判断 Cl$^-$ 离子洗净没有？

3. 滴定过程中 KMnO$_4$ 标准溶液能不能直接滴到滤纸上？若滴到滤纸上，将产生什么后果？

实验二十三　重铬酸钾法测定铁矿石中铁的含量
（无汞定铁法）

一、实验目的

（1）了解预先氧化还原的目的和方法。

（2）学习重铬酸钾法有关原理和应用。

（3）掌握重铬酸钾法测定铁含量的原理和方法。

二、实验原理

用 K$_2$Cr$_2$O$_7$ 溶液滴定 Fe^{2+} 的方法在测定合金、矿石、金属盐类及硅酸盐等的含铁量时，有很大的实用价值。

铁矿石的主要成分是 Fe$_2$O$_3$·xH$_2$O，盐酸是溶解铁矿石很好的溶剂，溶解后生成的 Fe^{3+} 离子必须用还原剂将它预先还原，才能用氧化剂 K$_2$Cr$_2$O$_7$ 溶液滴定。

试样用盐酸加热溶解，随后在热溶液中先用 SnCl$_2$ 还原大部分 Fe^{3+}，再以钨酸钠溶液为指示剂，用 TiCl$_3$ 溶液定量还原剩余部分的 Fe^{3+}。Fe^{3+} 定量还原为 Fe^{2+} 之后，稍微过量的 TiCl$_3$ 溶液将六价钨部分还原为五价钨（俗称钨蓝），使溶液呈蓝色，然后摇动溶液使钨蓝刚好褪色。最后，以二苯胺磺酸钠为指示剂，在硫－磷混合酸介质中用 K$_2$Cr$_2$O$_7$ 标准溶液滴定至溶液呈紫色即为终点。

主要反应式如下：

$$Fe_2O_3 + 6HCl \xmapsto{\triangle} 2FeCl_3 + 3H_2O$$

$$2Fe^{3+} + SnCl_4^{2-} + 2Cl^- = 2Fe^{2+} + SnCl_6^{2-}$$

$$Fe^{3+} + Ti^{3+} + H_2O = Fe^{2+} + TiO^{2+} + 2H^+$$

$$6Fe^{2+} + Cr_2O_7^{2-} + 14H^+ = 6Fe^{3+} + 2Cr^{3+} + 7H_2O$$

三、仪器与试剂

仪器：滴定分析仪器 1 套。

试剂：1.19g·mL^{-1} 浓 HCl 溶液、6mol·L^{-1} HCl 溶液、10% SnCl$_2$ 溶液、TiCl$_3$ 溶液（临时用配制）、25% Na$_2$WO$_4$ 溶液、硫－磷混合酸（200mL 浓 H$_2$SO$_4$ 在搅拌下缓慢注入 500mL 水，再加入 300mL 浓磷酸）、0.2% 二苯胺磺酸钠指示剂、K$_2$Cr$_2$O$_7$ 基准物质。

四、实验步骤

1. 重铬酸钾标准溶液的配制

准确称取基准物质 $K_2Cr_2O_7$_____ g 左右于烧杯中，加适量水溶解后定量转移至 250mL 容量瓶中，稀释至刻度，摇匀。根据 $K_2Cr_2O_7$ 的质量计算其准确浓度。

2. 铁矿石中铁含量的测定

准确称取矿样_____ g 三份于 250mL 锥形瓶中，加几滴蒸馏水，摇动使矿样全部润湿并散开后，再加入浓盐酸 10mL 或 6mol·L^{-1} HCl 20mL，盖上表面皿，加热微沸使矿样完全溶解至溶液呈黄色为止。用少量水吹洗表面皿和瓶壁，加热近沸，趁热慢慢滴加 $SnCl_2$ 溶液至溶液呈浅黄色，加入 10mL 水，10~15 滴 Na_2WO_4 溶液。滴加 $TiCl_3$ 至溶液出现钨蓝为止，加入蒸馏水 20~30mL，随后摇动溶液，使钨蓝为溶解氧所氧化（加入 $CuSO_4$ 催化剂可加快反应速度）。加入 10mL 硫-磷混酸及 5 滴二苯胺磺酸钠指示剂，立即用 $K_2Cr_2O_7$ 标准溶液滴定至溶液呈稳定的紫色，即为终点。根据 $K_2Cr_2O_7$ 标准溶液的用量计算出试样中铁（或以 Fe_2O_3 表示）的含量。

注：（1）溶解样品时，加热温度不能太高以免溶液沸腾，必须盖上表面皿，以防止 $FeCl_3$ 挥发或溶液溅出。

（2）加入 $SnCl_2$ 将 Fe^{3+} 还原为 Fe^{2+} 可帮助试样溶解，此时所得溶液为浅黄色，如溶液呈无色，则说明 $SnCl_2$ 已过量，遇此情况，应滴加氧化剂如 $KMnO_4$，使溶液呈浅黄色。

（3）在用 $SnCl_2$ 还原大部分 Fe^{3+} 后，加 Na_2WO_4 之前，应加入 10mL 水，以避免析出 H_2WO_4 沉淀影响终点的判断。

（4）在矿样溶解完全后，应还原 1 份试样，立即滴定 1 份试样，不要同时还原好几份样品，以免 Fe^{2+} 在空气中暴露太久，被空气中的氧氧化而影响结果。

五、实验数据记录与处理

（1）0.1mol·L^{-1} $K_2Cr_2O_7$ 准确浓度的计算。

（2）矿石中铁含量的计算。

六、思考题

1. 为什么 $K_2Cr_2O_7$ 可以直接配成标准溶液？$KMnO_4$ 标准溶液也能直接配制成精确浓度吗？

2. 用 $K_2Cr_2O_7$ 溶液滴定 Fe^{2+} 之前，为什么要加硫-磷混酸？

3. 简述用无汞定铁法测定铁矿石中铁含量的原理。

4. 先后用 $SnCl_2$ 和 $TiCl_3$ 作还原剂的目的何在？如果不慎加入了过多的 $SnCl_2$ 或 $TiCl_3$ 应怎么办？

实验二十四　硫代硫酸钠溶液的配制和标定、硫酸铜含量的测定

一、实验目的

（1）掌握硫代硫酸钠标准溶液的配制和标定方法。

（2）掌握直接碘量法和间接碘量法的测定原理及条件。

（3）熟悉碘量瓶的使用。

二、实验原理

结晶硫代硫酸钠一般含有杂质，如 S、Na_2SO_4、Na_2SO_3、NaCl 等，在空气中又易风化

和潮解，所以，$Na_2S_2O_3$ 标准溶液不能用直接法配制。

$Na_2S_2O_3$ 易受水中溶解的 CO_2、空气和微生物的作用而分解，所以应用新煮沸并冷却的蒸馏水来配制。$Na_2S_2O_3$ 在酸性溶液中极不稳定，在 $pH = 9 \sim 10$ 之间最稳定。所以，在配制标准溶液时需加入少量 Na_2CO_3，以防止 $Na_2S_2O_3$ 分解。日光也能促进 $Na_2S_2O_3$ 分解，故 $Na_2S_2O_3$ 标准溶液应储存于棕色瓶中置于暗处保存。长期使用的 $Na_2S_2O_3$ 标准溶液要定期标定。

标定 $Na_2S_2O_3$ 溶液的基准试剂有纯 I_2、KIO_3、$K_2Cr_2O_7$ 等，其中，以使用 $K_2Cr_2O_7$ 最方便，结果也相当准确。

$K_2Cr_2O_7$ 先与过量的 KI 反应，析出的 I_2 再用 $Na_2S_2O_3$ 溶液滴定，以淀粉为指示剂，其反应为：

$$Cr_2O_7^{2-} + 6I^- + 14H^+ = 2Cr^{3+} + 3I_2 + 7H_2O$$

$$I_2 + 2S_2O_3^{2-} = S_4O_6^{2-} + 2I^-$$

测定硫酸铜可用间接碘量法。在弱酸性溶液中，Cu^{2+} 与过量 KI 作用生成 CuI 沉淀，同时析出 I_2，其反应为：

$$2Cu^{2+} + 4I^- = 2CuI \downarrow + I_2$$

析出的 I_2 以淀粉为指示剂，用 $Na_2S_2O_3$ 标准溶液滴定。

根据 $Na_2S_2O_3$ 溶液的用量计算试样中铜的含量。

三、仪器与试剂

仪器：滴定分析仪器 1 套。

试剂：$Na_2S_2O_3 \cdot 5H_2O$ 固体、Na_2CO_3 溶液、KI 固体或 10% 溶液、$K_2Cr_2O_7$ 基准物质、$6mol \cdot L^{-1}$ HCl 溶液、1% 新鲜配制的淀粉溶液。

四、实验步骤

1. $0.1mol \cdot L^{-1} Na_2S_2O_3$ 溶液的配制

称取_____ g $Na_2S_2O_3 \cdot 5H_2O$，溶于 250mL 新煮沸的冷蒸馏水中，加少许 Na_2CO_3，保存于棕色瓶中，置于暗处，放置两周后进行标定。

2. $Na_2S_2O_3$ 标准溶液的标定

准确称取基准 $K_2Cr_2O_7$ 试剂_____ g 3 份，分别置于 3 个 250mL 碘量瓶中，加纯水 25mL 使其溶解。

取其中一个碘量瓶加 5mL $6mol \cdot L^{-1}$ HCl 溶液和 2gKI 固体（或 10mL 10% kI 溶液），盖上瓶塞轻轻摇匀，以少量水封住瓶口，于暗处放置 5min。然后用洗瓶冲洗瓶塞及瓶内壁，再加入 50mL 蒸馏水，立即用待标定的 $Na_2S_2O_3$ 溶液滴定到溶液呈浅黄绿色。加入 3mL 淀粉指示剂，继续滴定至溶液由蓝色变为亮绿色，即为终点。

按同样的方法处理和滴定另外两份，计算 $Na_2S_2O_3$ 标准溶液的准确浓度。

3. 硫酸铜含量的测定

称取硫酸铜试样_____ g（称准至 0.0001g）于 250 mL 碘量瓶中，加 $1mol \cdot L^{-1} H_2SO_4$ 溶液 5mL，加 100mL 水溶解，再加入 10% KI 溶液 10mL（或 2gKI）摇匀。稍放置后用 $Na_2S_2O_3$ 标准溶液滴定至溶液呈浅黄色，加入 3mL 淀粉溶液，继续用 $Na_2S_2O_3$ 溶液滴定至蓝色消失即为终点，平行测定 3 份。根据 $Na_2S_2O_3$ 标准溶液的用量计算硫酸铜或铜的含量。

注:（1）操作条件对滴定碘法的准确度影响很大。为了防止碘的挥发和碘离子的氧化,必须严格按分析规程谨慎操作。

（2）在合适的酸度条件下 $K_2Cr_2O_7$ 与过量 KI 的定量反应大约需 5min 才能完全。

（3）淀粉溶液应在接近终点前加入,否则大量的 I_2 与淀粉结合成蓝色物质不易与 $Na_2S_2O_3$ 反应,使滴定产生误差。

（4）滴定至终点后,如果经过 5~10min 后溶液又变蓝,这是由于空气氧化 I^- 为 I_2 所致。如果溶液颜色变化很快且不断变蓝,说明溶液稀释过早,$K_2Cr_2O_7$ 与 KI 作用不完全,应重新标定。

（5）滴定生成的 Cr^{3+} 显绿色,妨碍终点观察,滴定前稀释,既可降低 Cr^{3+} 浓度,又可降低酸度,适于用 $Na_2S_2O_3$ 滴定。

五、实验数据记录与处理

（1）$0.1mol \cdot L^{-1} Na_2S_2O_3$ 准确浓度的计算。

（2）硫酸铜含量的计算。

六、思考题

1. 配制和保存 $Na_2S_2O_3$ 标准溶液应注意哪些问题? 为什么? 在本实验中采取了哪些措施?

2. 用 $K_2Cr_2O_7$ 溶液标定 $Na_2S_2O_3$ 溶液时,为什么要加入过量的 KI 和 HCl 溶液? 为什么要放置 5min 后才加水稀释?

3. 本实验的 3 份溶液是否可同时加入 KI,然后一一滴定?

4. 在测定铜的含量时,为什么要把溶液的 pH 值调节到 3~4 之间? 酸度太高或太低,对测定有何影响?

实验二十五　溴酸钾法测定苯酚含量

一、实验目的

（1）掌握以溴酸钾法与碘量法配合使用来间接测定苯酚的原理和方法。

（2）掌握空白试验的意义和作用,熟悉空白试验的方法和应用。

（3）熟练容量瓶、移液管及碘量瓶的使用方法。

二、实验原理

苯酚的测定是基于苯酚与 Br_2 作用生成稳定的三溴苯酚。由于上述反应进行较慢,而且 Br_2 极易挥发,Br_2 液不稳定,故一般使用 $KBrO_3$（含有 KBr）标准溶液。$KBrO_3$ 是强氧化剂,在酸性介质中 $KBrO_3$ 与 KBr 反应产生一定量的 Br_2,Br_2 能与苯酚发生取代反应,生成三溴苯酚沉淀。溴代反应完毕后,剩余的 Br_2 与过量 KI 作用,置换出 I_2,析出的 I_2 再用 $Na_2S_2O_3$ 标准溶液滴定。主要反应式如下:

$$BrO_3^- + 5Br^- + 6H^+ \Longrightarrow 3Br_2 + 3H_2O$$

$$Br_2(剩余) + 2KI \Longrightarrow I_2 + 2KBr$$

$$I_2 + 2Na_2S_2O_3 \Longrightarrow 2NaI + Na_2S_4O_6$$

该法适用于测定工业苯酚的纯度。在这个测定中，$Na_2S_2O_3$ 溶液的浓度是在与测定苯酚相同条件下进行标定的。从上述反应式可以看出，被测物苯酚与滴定剂 $Na_2S_2O_3$ 的物质的量之间有下列相当关系：

$$C_6H_5OH \stackrel{\triangle}{=\!=} 3Br_2 \stackrel{\triangle}{=\!=} 3I_2 =\!= 6Na_2S_2O_3$$

从而容易地由加入的 Br_2 的物质的量（相当于空白试验消耗 $Na_2S_2O_3$ 的量）和剩余的 Br_2 的物质的量（相当于滴定试样所消耗 $Na_2S_2O_3$ 的量）计算试样中苯酚的含量。

三、仪器与试剂

仪器：滴定分析仪器 1 套。

试剂：$KBrO_3$ 基准物质、KBr 溶液、$6mol \cdot L^{-1}$ HCl 溶液、10% KI 溶液、0.5% 淀粉溶液、$0.1mol \cdot L^{-1}$ $Na_2S_2O_3$ 标准溶液（配制及标定方法见实验二十四）。

四、实验步骤

1. $0.1mol \cdot L^{-1}$ $KBrO_3$ – KBr 标准溶液的配制

称取_____ g 基准 $KBrO_3$ 试剂置于 100 mL 烧杯中，加入_____ g KBr，用少量水溶解后转入 200mL 容量瓶中，用水冲洗烧杯数次，洗涤液一并转入容量瓶中，用水稀释至刻度，摇匀备用。

2. 苯酚含量的测定

准确称取 0.2～0.3g 工业苯酚试样于 100mL 烧杯中，加少量水使之溶解，然后转入 250mL 容量瓶中，用水洗烧杯数次，洗涤液一并转入容量瓶中，用水稀释至刻度，摇匀。

用移液管吸取上述试液 25.00mL 于 250mL 碘量瓶中，用滴定管准确加入 0.1 $mol \cdot L^{-1}$ $KBrO_3$ – KBr 标准溶液 30.00mL，加入 $6mol \cdot L^{-1}$HCl 溶液 10mL，盖紧瓶塞，摇动1～2min，于暗处静置10min，此时生成白色三溴苯酚沉淀和 Br_2。微启瓶塞加入 10% KI 溶液 10mL，盖紧瓶塞，摇匀，静置5min。用少量水冲洗瓶塞及瓶颈上附着物，加水25mL，用 $0.1mol \cdot L^{-1}$ $Na_2S_2O_3$ 标准溶液滴定至呈淡黄色，加淀粉指示剂 3mL，继续滴至蓝色消失，即为终点。记下消耗 $Na_2S_2O_3$ 标准溶液体积，平行测定 3 次。

同时以 25.00mL 蒸馏水代替试样按同样步骤作空白试验，根据试样结果计算苯酚含量。

注：（1）苯酚易吸湿，称样要迅速，以防试样吸湿使测定数据不准。由于苯酚在水中的溶解度较小，所以可在苯酚中加入 NaOH 溶液，NaOH 能与苯酚生成易溶于水的苯酚钠。

（2）由于苯酚与 Br_2 的反应进行较慢，再加上 Br_2 又极易挥发，因此，不能用 Br_2 作标准溶液直接进行滴定，而要使用 $KBrO_3$ – KBr 标准溶液。在酸性介质中 $KBrO_3$ 和 KBr 反应产生一定量的 Br_2，与苯酚进行溴代反应，这样就可克服 Br_2 易挥发的缺点。

（3）本实验操作过程中应尽量避免溴的挥发损失。$KBrO_3$ – KBr 溶液遇酸即迅速产生游离 Br_2，Br_2 易挥发，因此加 HCl 溶液时，应将瓶塞盖上（不要盖严），让 HCl 溶液沿瓶塞流入，随即塞紧，并加水封住瓶口，以免 Br_2 挥发损失。当加入 KI 溶液时，不要打开瓶塞，只能稍松开瓶塞使 KI 溶液沿瓶塞流入，以免 Br_2 挥发损失。

（4）本实验苯酚与 Br_2 的溴代反应完毕后，过量的 Br_2 不能用 $Na_2S_2O_3$ 溶液直接滴定，因为 $Na_2S_2O_3$ 易为 Br_2、Cl_2 等较强氧化剂非定量的氧化为 SO_4^{2-}。所以，采用过量 KI 与 Br_2 作用，置换出 I_2，再用 $Na_2S_2O_3$ 标准溶液滴定，即为间接碘量法测定。

（5）苯酚能烧伤皮肤，切勿洒在皮肤上，如不慎皮肤沾上苯酚，应立即用大量水冲洗，并用乙醇擦洗。

五、实验数据记录与处理

（1）0.1mol·L^{-1}1/6KBrO$_3$ – KBr 准确浓度的计算。

（2）苯酚含量的计算。

六、思考题

1. 为什么测定苯酚要在碘量瓶中进行？若用锥形瓶代替碘量瓶会产生什么影响？

2. 苯酚含量的测定为何不能用溴标准溶液直接滴定？

3. 以 KBrO$_3$ 法和碘量法配合使用来测定苯酚的基本原理是什么？在测定过程中应注意些什么？

4. 为什么加 HCl 和 KI 溶液时均不能将瓶塞打开，而只能稍松开瓶塞沿瓶塞迅速加入，随即旋紧瓶塞？

实验二十六　硝酸银标准溶液的配制与标定、自来水中氯含量的测定（莫尔法）

一、实验目的

（1）掌握 AgNO$_3$ 标准溶液的配制及标定方法。

（2）掌握莫尔法的测定原理及方法。

二、实验原理

某些可溶性氯化物或自来水中氯含量的测定常采用莫尔法。此方法是在中性或弱碱性溶液中以 K$_2$CrO$_4$ 溶液为指示剂，用 AgNO$_3$ 标准溶液进行滴定。由于 AgCl 的溶解度比 Ag$_2$CrO$_4$ 的溶解度小，因此，溶液中首先析出 AgCl 沉淀，当 AgCl 定量沉淀后，过量的 AgNO$_3$ 溶液即与 CrO$_4^{2-}$ 生成 Ag$_2$CrO$_4$ 沉淀，指示终点的到达。反应式如下：

$$Ag^+ + Cl^- == AgCl\downarrow（白色）$$
$$2Ag^+ + CrO_4^{2-} == Ag_2CrO_4\downarrow（砖红色）$$

滴定必须在中性或弱碱性溶液中进行，最适宜 pH 值范围为 6.5～10.5。酸度过高，不产生 Ag$_2$CrO$_4$ 沉淀，过低则形成 Ag$_2$O 沉淀。

指示剂的用量对滴定终点的准确判断有影响，一般以 5×10^{-3}mol·L^{-1} 为宜。

三、仪器与试剂

仪器：滴定分析仪器 1 套。

试剂：AgNO$_3$ 固体、NaCl 基准物质、5% K$_2$CrO$_4$ 溶液。

四、实验步骤

1. 0.01mol·L^{-1} AgNO$_3$ 溶液的配制与标定

AgNO$_3$ 标准溶液可以直接用干燥的基准 AgNO$_3$ 来配制，但一般采用标定法。标定 AgNO$_3$ 溶液最常用的基准物质是 NaCl。

称取 AgNO$_3$_____ g，溶于 250mL 水，摇匀后储存于带玻璃塞的棕色试剂瓶中。

准确称取_____ g 烘干过后的基准试剂 NaCl 于小烧杯中，溶解后定量转移到 200mL 容量瓶中，稀释至刻度。

取此溶液 20.00mL 3 份，分别置于 250mL 锥形瓶中，加水 25mL，加 5% K$_2$CrO$_4$ 溶液

1mL，在充分摇动下，用 $AgNO_3$ 溶液滴定至溶液呈微砖红色即为终点，记下 $AgNO_3$ 溶液的体积，平行测定 3 次。

根据 NaCl 的质量和 $AgNO_3$ 溶液的体积计算 $AgNO_3$ 溶液的准确浓度。

2. 自来水中氯含量的测定

准确移取 100.00mL 自来水试样 3 份，分别置于 250mL 锥形瓶中，加 5% K_2CrO_4 指示剂 1mL，在充分摇动下用 $AgNO_3$ 标准溶液滴定至溶液呈砖红色，即为终点。平行测定 3 次。

根据 $AgNO_3$ 标准溶液的浓度和滴定用去的体积，计算自来水样品中氯的含量。

注：（1）配制 $AgNO_3$ 溶液用的蒸馏水，不能含有氯离子。配好的 $AgNO_3$ 溶液应储存于棕色瓶中，滴定时使用棕色酸式滴定管。

（2）如果 pH > 10.5，产生 Ag_2O 沉淀。pH < 6.5 时则大部分 CrO_4^{2-} 转变成 $Cr_2O_7^{2-}$，使终点推迟出现。如果有铵盐存在，为了避免产生 $Ag(NH_3)_2^+$，滴定时溶液的 pH 值应控制在 6.5 ~ 7.0 的范围内，当 NH_4^+ 的浓度大于 $0.1mol \cdot L^{-1}$ 时，便不能用莫尔法进行测定。

五、实验数据记录与处理

（1）$0.01mol \cdot L^{-1}$ $AgNO_3$ 准确浓度的计算。

（2）自来水中 Cl^- 含量的计算。

六、思考题

1. 滴定中试液的酸度宜控制在什么范围？为什么？有 NH_4^+ 存在时，在酸度控制上为什么要有所不同？

2. 滴定中对 K_2CrO_4 指示剂的用量是否要控制？为什么？

3. 在滴定过程中为什么要充分摇动溶液，如果不充分摇动，对测定结果有何影响？

实验二十七　硫氰酸铵标准溶液的配制与标定、烧碱中
氯化钠含量的测定（佛尔哈德法）

一、实验目的

（1）掌握沉淀滴定法中佛尔哈德法的方法、原理及其应用。

（2）熟悉 NH_4SCN 标准溶液的配制和标定。

（3）掌握佛尔哈德法滴定终点的判断。

二、实验原理

硫氰酸铵试剂一般含有杂质，且易潮解，所以只能用标定法配制标准溶液。

标定 NH_4SCN 溶液最简便的方法是取一定体积的 $AgNO_3$ 标准溶液，用铁铵矾作指示剂，用配制的 NH_4SCN 溶液滴定。

用 NaCl 作基准试剂，采用佛尔哈德法，可以同时标定 $AgNO_3$ 和 NH_4SCN 两种溶液。先准确称取一定量的优级 NaCl 溶于水，加入一定体积过量的 $AgNO_3$ 溶液，再用 NH_4SCN 溶液直接滴定一定体积的 $AgNO_3$ 溶液，测得两溶液的体积比。由以上测定结果即可计算两种溶液的准确浓度。

佛尔哈德法测定烧碱中 NaCl 含量的原理：

在酸性溶液中，给待测组分加入准确量的 $AgNO_3$ 标准溶液，然后以 Fe^{3+} 为指示剂，用 NH_4SCN 标准溶液滴定剩余的 $AgNO_3$ 标准溶液的量，反应式如下：

$$Cl^- \; + \; Ag^+ \; \longrightarrow \; AgCl\downarrow \; + \; Ag^+$$

待测　　一定量过量　　　白色　　　剩余量

$$Ag^+ \; + \; SCN^- \; \Longrightarrow \; AgSCN\downarrow$$

剩余　　标准溶液　　　　白色

$$Fe^{3+} \; + \; 3SCN^- \Longrightarrow Fe(SCN)_3$$

指示剂　　微过量　　　　血红色

微过量的 SCN^- 与指示剂 Fe^{3+} 形成血红色的配合物(在浓度稀时为浅粉色),以指示终点的到达。佛尔哈德法只适用于酸性溶液,因在中性或碱性溶液中指示剂 Fe^{3+} 将生成沉淀。

由于 AgCl 和 AgSCN 沉淀都易吸附 Ag^+,所以在终点前需剧烈摇荡,以减少 Ag^+ 的被吸附作用。但到终点时要轻轻摇动,因为 AgSCN 沉淀的溶解度比 AgCl 小,剧烈的摇动又易使 AgCl 转化为 AgSCN,从而引入误差。

三、仪器与试剂

仪器:滴定分析仪器 1 套。

试剂:$0.1mol \cdot L^{-1}AgNO_3$ 溶液(配制及标定方法见实验二十六)、$6mol \cdot L^{-1}HNO_3$ 溶液、40% 铁铵矾溶液、NH_4SCN 固体、烧碱试样。

四、实验步骤

1. $0.1mol \cdot L^{-1}NH_4SCN$ 溶液的配制

称取 NH_4SCN ＿＿＿＿＿ g 溶于 250mL 水,储存于试剂瓶中。

2. $0.1mol \cdot L^{-1}NH_4SCN$ 溶液的标定

用移液管移取 $AgNO_3$ 标准溶液 20.00mL 于 250mL 锥形瓶中,加 $6mol \cdot L^{-1}HNO_3$ 溶液 3mL、铁铵矾指示剂 1mL;在充分摇动下,用 NH_4SCN 标准溶液滴定,直至溶液出现浅红色摇动也不褪去,即为终点。平行测定 3 次。

根据 $AgNO_3$ 标准溶液的浓度和体积及滴定用去的 NH_4SCN 溶液的体积,计算 NH_4SCN 溶液的准确浓度。

3. 烧碱中 NaCl 含量的测定

准确移取液体烧碱试样 10.00mL 于 100mL 容量瓶中,以酚酞为指示剂,用 HNO_3 中和至红色消失,再用水稀释至刻度,摇匀。

移取上述试液 20.00mL 于 250mL 锥形瓶中,加入 $6mol \cdot L^{-1}HNO_3$ 溶液 3mL,在充分摇动下,自滴定管准确加入 25.00mL $0.1mol \cdot L^{-1}AgNO_3$ 标准溶液,再加入铁铵矾指示剂 1mL、石油醚 5mL,用力摇动使 AgCl 沉淀凝聚,并被石油醚所覆盖,以 $0.1\ mol \cdot L^{-1}NH_4SCN$ 标准溶液滴定至溶液呈浅红色即为终点。

平行测定 3 次,计算液体烧碱样品中 NaCl 的含量。

注:(1)由于 AgSCN 会吸附 Ag^+,故滴定时要剧烈摇动,直至浅红色不消失时,才算到达了终点。

(2)因为银的化合物很贵,所以用过的银盐溶液及沉淀不要弃去,须倒在特备的容器内。

(3)滴定应在酸性介质中进行,如果在中性或碱性介质中滴定,则指示剂 Fe^{3+} 生成 $Fe(OH)_3$ 沉淀,同时在碱性条件下,Ag^+ 也形成 Ag_2O 沉淀。如果酸度过大,则部分 SCN^- 形成 HSCN。反应如下:

$$SCN^- + H^+ \Longrightarrow HSCN(Ka = 1.4)$$

滴定时 HNO_3 的浓度应控制在 $0.2 \sim 0.5mol \cdot L^{-1}$ 最为适宜。

五、实验数据记录与处理

(1) $0.1mol \cdot L^{-1}NH_4SCN$ 准确浓度的计算。

(2) 烧碱中 $NaCl$ 含量的计算。

六、思考题

1. 用佛尔哈德法测定 Ag^+ 时，滴定时为什么必须剧烈摇动？

2. 用返滴定法测定 Cl^- 时，是否应该剧烈摇动？为什么？如果用返滴定法测定 Br^-、I^- 时，可否剧烈摇动？为什么？

3. 佛尔哈德法测定可溶性氯化物中氯含量的主要误差来源是什么？用哪些方法可以防止？本实验中如何防止？

实验二十八　氯化物中氯含量的测定(法扬司法)

一、实验目的

(1) 掌握法扬司法的方法和原理。

(2) 了解吸附指示剂的应用。

二、实验原理

法扬司法是利用荧光黄、二氯荧光黄等吸附指示剂指示终点的沉淀滴定法。

当以 $AgNO_3$ 标准溶液滴定 Cl^- 时，生成凝乳状的 $AgCl$ 沉淀。在化学计量点前，由于 Cl^- 过量，沉淀吸附 Cl^-，表面带负电荷。化学计量点后由于 Ag^+ 过量，沉淀则吸附 Ag^+，故表面带正电荷。带正电荷的沉淀能吸附指示剂离解出的阴离子，因其变形而发生颜色的转变。例如，荧光黄的阴离子呈黄绿色，而吸附了荧光黄阴离子的 $AgCl$ 沉淀则呈粉红色。吸附作用随着沉淀的表面积增大而加强，因此，将指示剂配成糊精(或淀粉)溶液以保持 $AgCl$ 呈胶体状态。

以 $HFIn$ 表示指示剂荧光黄，其反应式如下：

$$Ag^+ + Cl^- =\!=\!= AgCl\downarrow$$
$$终点时\ AgCl + Ag^+ =\!=\!= AgCl \cdot Ag^+$$
$$AgCl \cdot Ag^+ + FIn^- =\!=\!= AgCl \cdot Ag \cdot FIn$$
$$(黄绿色) \qquad\qquad (粉红色)$$

荧光黄为有机弱酸，因此，如果溶液呈酸性，则荧光黄的阴离子浓度降低，因而没有足够的指示剂阴离子被吸附，致使终点不敏锐；如果溶液呈碱性，则产生 Ag_2O 沉淀，所以，应当在中性溶液中滴定。

若试液为碱性，用酚酞作指示剂，滴加稀 HNO_3 溶液至红色刚消失；若试液为酸性，滴加稀 $NaOH$ 溶液至粉红色，再滴加稀 HNO_3 溶液至红色刚消失。

此法不适用于 Cl^- 浓度太稀的溶液，因为这时产生的 $AgCl$ 沉淀量较少，因而吸附作用也弱，终点不够敏锐。

三、仪器与试剂

仪器：滴定分析仪器 1 套。

试剂：$0.1mol \cdot L^{-1}AgNO_3$ 标准溶液(配制及标定方法见实验二十六)、1% 糊精溶液(称取糊精 1g，用少量水调成糊状，另取 100mL 蒸馏水于 250mL 烧杯中，加热至沸，在搅拌下注入已调好的糊精煮沸；放冷，储存于试剂瓶中)、0.02% 荧光黄指示剂、食盐(粗样品)。

四、实验步骤

准确称取食盐试样_____ g，置于小烧杯中，加少量水溶解，移入 100mL 容量瓶中，加水至刻度摇匀。用移液管吸取试液 20.00mL 于 250mL 锥形瓶中，加入糊精溶液 10mL，荧光黄指示剂 1mL，用 0.1mol·L⁻¹AgNO₃ 标准溶液滴定至黄绿色荧光消失，出现淡红色即为终点。平行测定 3 次。

根据 AgNO₃ 标准溶液的浓度和体积，即可求出待测食盐样品中氯的含量。

注：（1）酒精溶液可以增加终点观察的灵敏度。

（2）AgCl 易感光析出灰色金属银，影响终点的观察，所以滴定时应避免日光照射。

五、实验数据记录与处理

（1）0.1mol·L⁻¹AgNO₃ 浓度的计算。

（2）粗食盐中氯含量的计算。

六、思考题

1. 比较法扬司法与莫尔法及佛尔哈德法的优缺点。

2. 叙述荧光黄作为吸附指示剂的原理及应用条件。

3. 加入糊精溶液的作用是什么？

实验二十九　BaCl₂·2H₂O 中钡的测定

一、实验目的

（1）测定试剂 BaCl₂·2H₂O 中钡的含量。

（2）掌握沉淀、过滤、洗涤及灼烧等重量分析基本操作技术。

（3）加深理解晶形沉淀的沉淀理论。

二、实验原理

测定 BaCl₂·2H₂O 中钡的含量，利用下式反应：

$$Ba^{2+} + SO_4^{2-} \Longrightarrow BaSO_4 \downarrow$$

BaSO₄ 是典型的晶形沉淀，沉淀初生成时常是细小的晶体，在过滤时易透过滤纸。因此，为了得到比较纯净而较粗大的 BaSO₄ 晶体，在沉淀 BaSO₄ 时，应特别注意选择有利于形成粗大晶体的沉淀条件。测定步骤概括如下：

BaCl₂·2H₂O 试样 ⟶ 称量 ⟶ 加水溶解稀释 ⟶ 加稀 HCl ⟶ 加热近沸 ⟶ 缓慢地加入热的稀 H₂SO₄ 不断搅拌

⟶ 陈化 ⟶ 过滤 ⟶ 将沉淀定量转移放到坩埚中 ⟶ 干燥 ⟶ 灼烧 ⟶ 冷却 ⟶ 称量 ⟶ 直至恒重。

当沉淀从溶液中析出时，由于其沉淀现象使沉淀沾污，如 NO₃⁻、ClO₃⁻ 和 Cl⁻ 等阴离子常以钡盐的形式共沉淀，而碱金属离子 Ca²⁺ 和 Fe³⁺ 等阳离子常以硫酸盐或硫酸氢盐的形式共沉淀。至于在实验中哪些离子共沉淀及其影响的大小，取决于杂质离子的浓度及其所形成沉淀的性质，如溶解度、离解度等。

加入 HCl 溶液，一方面为了防止产生碳酸钡、磷酸钡、氢氧化钡等共沉淀；另一方面降低溶液中 SO₄²⁻ 的浓度，有利于获得较粗大的晶形沉淀。

测定 Ba²⁺ 时，选用稀 H₂SO₄ 作沉淀剂，为了使 BaSO₄ 沉淀完全，H₂SO₄ 必须过量。由于高温灼烧时 H₂SO₄ 可挥发除去，沉淀带下的 H₂SO₄ 不致引入误差，因此，沉淀剂用量可过量

50% ~ 100%。

三、仪器和试剂

仪器：称量瓶 1 个、150mL 烧杯 1 个、250mL 和 400mL 烧杯各 2 个、9cm 表面皿 2 块、10mL 和 100mL 量筒各 1 个、小试管 2 个、玻璃棒 2 根、漏斗架、长颈漏斗 2 个、坩埚 2 个、坩埚钳、干燥器、定量滤纸 2 张。

试剂：$BaCl_2 \cdot 2H_2O$（固体）、$2mol \cdot L^{-1}$ HCl 溶液、$2mol \cdot L^{-1}$ H_2SO_4 溶液、$2mol \cdot L^{-1}$ HNO_3 溶液、$0.01mol \cdot L^{-1}$ $AgNO_3$ 溶液。

四、实验步骤

本实验做两份平行测定。

1. 试样的称取及溶解

取一干燥洁净的称量瓶，在台称上称取约 $1.0gBaCl_2 \cdot 2H_2O$，再在分析天平上准确称量。将约一半（$0.4 \sim 0.6g$）的固体，倒入洁净的 250mL 烧杯（烧杯应洗涤到内壁不挂水珠，并在烧杯上分别编号）中，再称量剩余的固体及称量瓶重，两次重量之差，即为倒入烧杯中试样的重量。然后从剩余的固体中再倒出约 $0.4 \sim 0.6g$ 至另一烧杯中，称量剩余的固体及称量瓶重，即得第二份试样的重量。分别用约 100mL 蒸馏水溶解。

2. 用 H_2SO_4 沉淀 Ba^{2+}

（1）在所得的第一份溶液中加入 3mL $2mol \cdot L^{-1}$ HCl 溶液，用小火加热至近沸（不使溶液沸腾，因为产生的蒸气可能把液滴带走或引起液体飞溅而使溶液损失）。

（2）在另一个 150mL 烧杯中，放入 $3 \sim 5mL$ $2mol \cdot L^{-1}$ H_2SO_4 溶液用 30mL 蒸馏水稀释，加热近沸。

（3）左手用滴管将 H_2SO_4 热溶液逐滴地（开始大约每秒钟加入 $2 \sim 3$ 滴，待有较多沉淀析出时可稍快些）加入氯化钡热溶液中，同时右手持玻璃棒不断地搅拌。搅拌时玻璃棒不要碰烧杯底或内壁以免划损烧杯，且使沉淀粘附在烧杯壁上，难以洗下，待只剩下数滴 H_2SO_4 后，用表面皿将烧杯盖好，静置数分钟。

（4）当沉淀沉积于烧杯底时，沿烧杯壁加入 $1 \sim 2$ 滴 H_2SO_4 溶液，检验 Ba^{2+} 是否沉淀完全。如果上层清液中有浑浊出现，必须再加入 H_2SO_4 溶液，直到沉淀完全为止，然后将烧杯用表面皿盖好（不要取出玻璃棒，为什么？）。

取第二份溶液，按上述步骤进行沉淀。

沉淀完毕后，放置陈化到下次实验，放置时间不少于 12h。

3. 空坩埚的灼烧和恒重

取两个洁净、干燥的坩埚放入已恒温的高温电炉中灼烧，灼烧温度为 $800 \sim 850℃$。第一次灼烧时间为 30min，坩埚冷却至室温（时间为半小时），然后迅速进行称量，重复灼烧 $15 \sim 20min$，冷却半小时，再称量，直到恒重。

4. 沉淀的过滤和洗涤

（1）滤器的装置。取一张致密的无灰滤纸，折叠好放在漏斗中并形成"水柱"。将漏斗放在漏斗架上，漏斗下放一洁净的 400mL 烧杯接收滤液。

（2）用倾注法过滤和洗涤。配制 400mL 洗涤液（每 100mL 水中加入 $2mol \cdot L^{-1}$ H_2SO_4 溶液 2mL）。先将沉淀上层清液倾注在滤纸上，再用倾注法洗涤沉淀 3 次。每次用洗涤液约

10mL(为什么用稀的 H_2SO_4 溶液洗涤?),然后把沉淀定量地转移到滤纸上,继续用少量稀 H_2SO_4 溶液洗涤 7~8 次,并使沉淀集中在滤纸圆锥体的底部。

用洁净的试管接取滤液数滴,加 2 滴稀 HNO_3 溶液,1 滴 $AgNO_3$ 溶液,观察是否有白色 $AgCl$ 浑浊出现。沉淀必须洗涤到滤液中不含 Cl^- 为止(为什么?)。

5. 沉淀的灼烧和称量

小心取出装有沉淀的滤纸,按图 4-9 包好后放入已灼烧到恒重的空坩埚内。先在电炉上加热,待滤纸灰化后在 800~850℃的高温电炉内灼烧,然后冷却、称量、直至恒重。

灼烧 $BaSO_4$ 沉淀时的注意事项:

(1)在滤纸未灰化前,温度不要太高,以免沉淀颗粒随火焰飞散;

(2)滤纸灰化时空气要充足,否则硫酸盐易被滤纸的碳还原。反应如下:

$$BaSO_4 + 4C \longrightarrow BaS + 4CO\uparrow$$

$$BaSO_4 + 4C \longrightarrow BaS + 4CO_2\uparrow$$

如果发生这种现象,将使结果偏低。

(3)灼烧温度不能太高,如超过 900℃,$BaSO_4$ 也会被碳还原。如超过 950℃,部分 $BaSO_4$ 将按下式分解。

$$BaSO_4 \longrightarrow BaO + SO_3\uparrow$$

必须指出,在整个实验过程中,应使用同一台天平和同一盒砝码(为什么?)。

五、实验数据记录与处理

质量分析的结果常以试样中被测组分的百分含量来表示。

本实验所测 $BaCl_2 \cdot 2H_2O$ 中钡的含量,可根据所得 $BaSO_4$ 沉淀的质量和试样 $BaCl_2 \cdot 2H_2O$ 质量来计算。

因为 Ba 的质量$(Ba/BaSO_4)\times BaSO_4$ 的质量,式中$(Ba/BaSO_4)$是被测组分的式量与称量形式的式量之比,它是一个常数,这一比值称为"化学因数"或"换算因数"。

试样中 Ba 的百分含量为:

$$Ba\% = \frac{\frac{Ba}{BaSO_4} \times BaSO_4 \text{ 的质量(g)}}{\text{试样的质量(g)}} \times 100\%$$

六、思考题

1. 本实验用稀 H_2SO_4 溶液作沉淀剂,能否改用 Na_2SO_4?为什么?

2. 沉淀 $BaSO_4$ 时,为什么要在钡盐溶液中加少量稀 HCl 溶液?

3. 开始沉淀时,为什么要逐滴加入热的稀 H_2SO_4 溶液,还要不断搅拌?

4. 为什么洗涤沉淀时,每次用少量洗涤液,而洗涤的次数要多?为什么要等有一份洗涤液尽量流出后才加入下一份洗涤液?

5. 如果钡盐溶液中含有相同浓度的 NO_3^- 和 Cl^-,哪一种离子和 $BaSO_4$ 共沉淀较多?为什么?

6. 本实验 $BaCl_2 \cdot 2H_2O$ 试样称取 0.4~0.6g 是根据什么?如果称取更多或更少有什么关系?沉淀剂的用量是怎样计算的?为什么要稍过量?

7. 如果以 $BaCl_2$ 为沉淀剂测定 SO_4^{2-},从以下试剂中选择合适的洗涤剂洗涤 $BaSO_4$ 沉淀:①H_2O;②$BaCl_2$;③H_2SO_4;④NH_4NO_3。

实验三十　氯化钡中结晶水的测定（气化法）

一、实验目的

(1) 掌握气化法测定结晶水的方法。

(2) 掌握恒重的概念及操作。

二、实验原理

用气化法测定 $BaCl_2 \cdot 2H_2O$ 试样中的结晶水。

气化法是通过加热或其他方法使试样中某种挥发性组分逸出后，根据试样减轻的质量计算该组分的含量。例如，测定试样中湿存水或结晶水时，可将一定质量的试样在电热干燥箱中加热烘干除去水分，试样减少的质量即为所含水分的质量。

三、仪器与试剂

仪器：扁形称量瓶、电热干燥箱、干燥器

试剂：$BaCl_2 \cdot 2H_2O$ 试样。

四、实验步骤

取洗净的扁形称量瓶 2 个，将瓶盖横放在瓶口上，置于干燥箱中在 125℃烘干 1h。取出放入干燥器中冷却至室温（约 20min）称量，再烘一次，冷却、称量，重复进行直至恒重（两次称量之差小于 0.2mg）。

将氯化钡试样 1g 放入已恒重的称量瓶中，盖上瓶盖，准确称量，然后将瓶盖斜立在瓶口上，于 125℃烘干 2h，取出稍冷，放入干燥器中冷却至室温，称量，再烘一次，冷却、称量，重复烘干称量，直至恒重。

五、实验数据记录与处理

实验数据记录与处理见表 5 - 13。

表 5 - 13　$BaCl_2 \cdot 2H_2O$ 结晶水的测定

序　次　记录项目	1	2
空称量瓶质量/g		
称量瓶 + 试样质量/g（烘干前）		
试样质量/g		
称量瓶 + 试样质量/g（烘干后）		
水分质量/g		
结晶水/%		

$$H_2O\% = \frac{m_1 - m_2}{m} \times 100\%$$

式中　m_1——烘干前氯化钡试样与称量瓶质量，g；

m_2——烘干后氯化钡与称量瓶质量，g；

m——氯化钡质量，g。

六、思考题

1. 在称量分析中何谓恒重？应如何进行恒重？

2. 称试样的称量瓶为什么要事先烘干至恒重？

3. 为什么在125℃烘干？温度过高，过低会造成什么影响？

实验三十一　合金钢中镍的测定

一、实验目的
掌握丁二酮肟镍质量法测镍的原理和方法。

二、实验原理
镍是合金钢中的重要元素之一，它可以增加钢的弹性、延展性、抗蚀性，使钢具有较高的机械性能。

镍在钢中主要以固熔体和碳化物状态存在。大多数含镍的合金钢都溶于酸，生成 Ni^{2+}，在氨性溶液中与丁二酮肟生成鲜红色沉淀。

$$Ni^{2+} + 2CH_3-\underset{\underset{CH_3-C=NO_4}{|}}{C=NO_4} + 2NH_4OH \Longrightarrow \qquad\downarrow + 2NH_4^+ + 2H_2O$$

通常在 pH≈8～9 的氨性溶液中进行沉淀，由于丁二酮肟为二元弱酸，用 H_2D 表示：

$$H_2D \underset{H^+}{\overset{OH^-}{\rightleftharpoons}} HD^- \underset{}{\overset{OH^-}{\rightleftharpoons}} D^{2-}$$

其中，只有 HD^- 与 Ni^{2+} 反应生成沉淀，可见酸度大时，使沉淀溶解度增大；但氨的浓度不能太大，否则生成镍氨铬离子，增大沉淀的溶解度。

由于丁二酮肟在水中的溶解度小，但易溶于乙醇中，所以应在溶液中加入适量乙醇，以免丁二酮肟本身的共沉淀产生；但乙醇浓度过大，丁二酮肟镍沉淀的溶解度也会增大。

实践证明，乙醇浓度为溶液总体积的 33% 为宜。

Cu^{2+} 和 Co^{2+} 与丁二酮肟生成可溶性络合物，不仅消耗沉淀剂而且沉淀现象很严重。因此，可多加入一些沉淀剂并将溶液冲稀，在热溶液中进行沉淀，以减少共沉淀，必要时可将沉淀过滤，洗涤之后用酸溶解，再沉淀。

三、仪器与试剂
仪器：恒温水浴锅，4 号微孔玻璃坩埚。

试剂：混合酸（$HCl:HNO_3:H_2O=3:2:1$）、50% 酒石酸、50% 柠檬酸、丁二酮肟 1% 乙酸溶液、氨水（1:1）、氨－氧化铵洗涤液（每 100mL 水中加 1mL 氨水和 1g 氯化铵）、$0.01mol \cdot L^{-1}$ $AgNO_3$ 溶液。

四、实验步骤
(1) 准确称取适量试样两份，分别置于 500mL 烧杯中，加入 30mL 混合酸，温热溶解，煮沸；各加入酒石酸溶液 10mL；滴加 1:1 氨水呈碱性，溶液转变为蓝绿色；如有不溶物，应过滤除去，并用热的氨－氯化铵溶液洗涤数次，残渣弃去。

(2) 滤液用 1:1 盐酸酸化，加热水稀释至约 300mL，加热到 70～80℃加入适量的丁二酮肟沉淀剂（每毫克镍约需 1mL 沉淀剂，最后再多加 40～60mL），在不断搅拌下滴加 1:1 氨水，使溶液 pH=8～9，在 70℃左右保温 30～40min。

（3）稍冷后用已恒重的 4 号微孔玻璃坩埚过滤，用微氨性的 2% 的酒石酸溶液洗涤烧杯和沉淀 8～10 次，再用水洗涤沉淀至无 Cl⁻ 为止（HNO_3 酸化后，以 $AgNO_3$ 溶液检验）。

（4）抽干后，在 110～120℃ 的烘箱中烘干 1h，移入干燥器中冷却至室温，准确称重，再烘干、冷却、称量，直至恒重。

五、实验数据记录与处理

$$Ni\% = \frac{G \times 0.2032}{\text{试样重}/g} \times 100\%$$

式中　0.2032——丁二酮肟镍换算成镍的换算因数；

　　　G——丁二酮肟镍沉淀，g。

六、思考题

1. 丁二酮肟镍质量法测镍，应注意哪些沉淀条件？为什么？
2. 加入酒石酸或柠檬酸的作用是什么？加入过量沉淀剂并稀释的目的何在？

第六章　仪器分析法

仪器分析法是以近代物理或物理化学原理为基础，应用光学、电子学及机械等技术测量物质的光、热、电、声、磁等物理量，以求出被分析物质的组成、含量、结构的分析方法。仪器分析和分析化学联系紧密，但又有其独特之处。随着科学技术的飞速发展，各种分析仪器的应用已经十分普遍。本章讨论分光光度法和气相色谱法。

第一节　分光光度法

分光光度法是根据物质对光具有选择吸收的特性而建立起来的分析方法。根据所用仪器的不同可以分为可见及紫外分光光度法、红外分光光度法、原子吸收分光光度法等。

可见及紫外分光光度法是通过测定物质的溶液，对来自可见光区或紫外光区的单色光的吸光度来测定物质含量的。主要用于定量分析，定性分析中也有一定的应用。

一、基本原理

1. 物质对光的选择吸收

光是一种电磁辐射，不同波长的光具有不同的能量。可见光的波长范围为 380 ~ 780nm。由不同波长组合而成的光称为复合光，一般的日光、白炽光都是复合光。让一束白光（日光）通过棱镜时，由于棱镜对不同波长光的折射能力不同，白光便色散为红、橙、黄、绿、青、蓝、紫等颜色的光。若在棱镜的后面装置一个狭缝，则由狭缝射出的便是波长范围很窄的单色光。物质对不同波长光的吸收是有选择性的，如果用不同波长的单色光照射一定浓度的吸光物质的溶液，测量该溶液对各单色光的吸收程度（即吸光度 A），以波长（λ）为横坐标，吸光度（A）为纵坐标作图，可得到一条光吸收曲线。其中吸光度最大处之波长叫做最大吸收波长，常用 λ_{max} 表示。显然在最大吸收波长测量溶液的吸光度，灵敏度最高。由于物质对光的选择吸收与物质分子结构有关，故每种物质具有自己特征的光吸收曲线。图 6 - 1 是 3 个不同浓度的 1，10 - 邻二氮菲亚铁溶液的光吸收曲线。可以看出，溶液的浓度愈大，吸光度愈大，且 λ_{max} 均在 508nm 处。

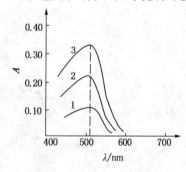

图 6 - 1　1,10 - 邻二氮菲亚铁溶液的光吸收曲线

因此，根据物质对不同波长单色光的吸收程度不同，可以对物质进行定性和定量分析，这就是分光光度法。

2. 光的吸收定律

实验和理论推导都已证明：当一束平行单色光（光强度为 I_0）垂直照射到任何均匀、非散射的溶液时，光的一部分被吸收，剩余部分透过溶液（光强度为 I_t）。不同物质的溶液对光的吸收程度（吸光度 A）与溶液的浓度（c）、液层厚度（b）及入射光的波长等因素有关。

当入射光的波长一定时，其定量关系可用朗伯－比耳定律表示：

$$A = \lg \frac{I_0}{I_t} = \lg \frac{1}{T} = \varepsilon b c$$

式中　A——吸光度；

　　I_t / I_0——称为透光率，用 T 表示；

　　　ε——摩尔吸光系数，$L \cdot cm^{-1} \cdot mol^{-1}$；

　　　c——溶液中吸光物质的浓度，$mol \cdot L^{-1}$；

　　　b——吸收池内溶液的厚度，cm。

　ε 与入射光的波长、溶液的性质和温度等因素有关，称为吸光系数，当溶液的浓度 C 以摩尔浓度表示，液层厚度 b 以厘米表示，则此系数称为摩尔吸光系数，其值愈大，溶液对该波长的光吸收灵敏度愈大。

　当液层厚度 b 为定值，吸光度 A 与样品浓度 c 成正比关系，称为比耳定律，表达式为 $A = Kc$，它是吸光光度法定量分析的基本定律。

　3. 分析方法

　分光光度法常用的定量方法有比较法和标准曲线法。

　（1）直接比较法。

　这种方法是采用已知浓度为 c_S 的待测化合物的标准溶液，测量其吸光度 A_S，然后测量未知液的吸光度 A_x，根据朗伯－比尔定律可计算出未知液的浓度 c_x，所以这种方法又叫计算法。公式推导如下：

$$A_S = \varepsilon b c_S$$

$$A_x = \varepsilon b c_x$$

由于溶液性质相同，所以摩尔吸光系数 ε 相同，比色皿厚度一样，故有：

$$\frac{A_S}{A_x} = \frac{c_S}{c_x}$$

$$c_x = \frac{A_x}{A_S} c_S$$

由此式可以计算未知溶液的浓度 c_x。

　（2）工作曲线法。

　该方法是先配制一系列浓度不同的标准溶液，在一定的操作条件下测出各标准溶液的吸光度，将吸光度值（A）与对应浓度（c）作图，得到一条直线，如图 6－2 称为工作曲线或标准曲线。测定试样时，只要用相同的方法测出被测试液的吸光度，再从工作曲线上可查出试样的浓度。

　在工厂的例行分析中，样品成分变化不大，每天甚至每班都要进行同样的分析，利用工作曲线法比较方便。只要确保分析条件不变，工作曲线可反复使用，不必在每次分析时作曲线，一般在环境有变化或仪器修理后要重新绘制曲线。必要时每月或

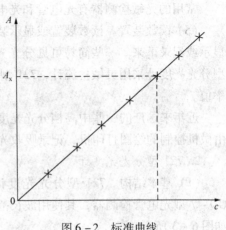

图 6－2　标准曲线

每季度对曲线作一次校正。

工厂分析中，直接比较法和工作曲线法应用较为普遍。工作中，一般需要分析某成分的含量，但上述定量方法只能算出试液的浓度，必须结合取样量、稀释倍数等计算试样的含量。

二、仪器部分

1. 仪器的组成

分光光度计的种类较多，在分析过程中有广泛的应用。无论哪一种类型分光光度计，其基本构造都是相似的，通常都由五部分组成，即光源、单色器、吸收池、检测器以及读数装置。

（1）光源。光源的作用就是发射一定强度的紫外或可见光以照射样品溶液。对光源的要求是能够在广泛的光谱区内发射出足够强度的连续光谱，稳定性好，使用寿命长。

紫外可见分光光度计上备有两种光源，一种用于可见光区，一种用于紫外光区。可见分光光度计上只有可见光源。

可见光区的光源一般用钨灯，其发射光谱波长范围在 320~1000nm。此外还有卤钨灯如碘钨灯、溴钨灯等，其强度高，稳定性好，寿命长。

紫外光区的光源一般用氢灯或氘灯，其发射光谱波长范围约在 160~350nm。

（2）单色器。单色器的作用是从光源中发出的连续光谱中，分离出所需要的波段足够狭窄的单色光，它是分光光度计的关键部件。

对单色器的要求是色散率高、分辨率大、集光本领强。

常用的色散元件有棱镜和光栅。

（3）吸收池。吸收池又称比色皿，其作用是用来盛放溶液，吸收池材料有玻璃和石英两种，玻璃吸收池用于可见光区测定，石英吸收池用于紫外光区测定。

吸收池的厚度有 0.5cm、1cm、2cm、3cm、5cm 等不同规格，可根据实际需要选择。

（4）光敏检测器。光敏检测器的作用就是接收光辐射信号，并将光能转换为相应的电信号，以便于测量。

对光敏检测器的要求是灵敏度高、响应快、响应线性范围宽，对不同波长的光应具有相同的响应可靠性；噪声低，稳定性好；输出放大倍率高。

常用的光敏检测器有光电管和光电倍增管。

（5）读数装置。读数装置或显示装置的作用就是检测光电流的大小，并将有关分析数据显示或记录下来。一些简易可见分光光度计常用灵敏检流计或微安表作为指示仪表，如 72 型分光光度计采用灵敏检流计，721 型可见分光光度计采用微安表，上面刻有吸光度和透光率值。

近年来国产的一些中高档分光光度计多采用数字显示器作为读数装置，并利用记录仪或由微机控制的绘图打印机，记录吸收光谱曲线，打印输出数据，制订数据表格。

2. 721 型分光光度计

（1）基本结构。721 型分光光度计是通用型仪器，采用钨丝灯光源、棱镜单色器和 GD-7 型光电管检测器，其使用波长范围在 360~800nm，由电表直接显示读数。仪器外观如图 6-3 所示。

① 波长调节器（λ）：由波长选择旋钮和读数盘组成。转动波长选择旋钮，读数盘上指示选择的单色光波长。

② 调 $0T$ 电位器（0）：仪器接通电源后，打开吸收池暗箱盖，用此旋钮将电表指针调至 $T=0（A=\infty）$ 位置。

③ 调 $100\%T$ 电位器（100）：调节此旋钮可连续改变光源亮度，控制入射光通量。当空白溶液置于光路时，用此旋钮将电表指针调至 $T=100\%$ 位置（$A=0$）。

④ 吸收池架拉杆：共有 4 档，用于将架上放置的 4 个吸收池依次送入光路。

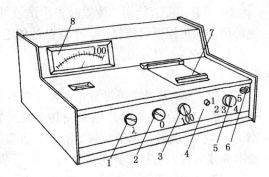

图 6-3 721 型分光光度计外观

1—波长选择旋钮；2—调 $0T$ 旋钮；3—调 $100\%T$ 旋钮；
4—吸收池架拉杆；5—灵敏度选择旋钮；
6—电源开关；7—吸收池暗箱盖；8—显示电表

⑤ 灵敏度选择钮：用于改变仪器灵敏度，共分 5 档，其中"1"档灵敏度最低，依次逐渐提高。选择的原则是当空白溶液置于光路能调节至 $T=100\%$ 的情况下，尽可能采用低档次。当改变灵敏度档次后，要重新校正 0 和 $100\%T$。

⑥ 电源开关：外接 220V 交流电源，开关开启后，由内部的变压器和稳定器转变为 12V 给光源供电。

⑦ 吸收池暗箱：内放吸收池架和吸收池，暗箱盖通过机械装置连动光电管前面的光路闸门，电源开启后，只在调 $100\%T$ 和测量时才关暗箱盖（这时光路闸门自动开启，光电管受光）。

⑧ 显示电表：是一灵敏电流表，上面标有透光率 T 从 0~100% 的线性刻度和吸光度 A 从 0~∞ 的对数刻度。测量时通常读取吸光度 A 的数值。

（2）操作步骤：

① 打开电源开关 6，指示灯亮，开启吸收池暗箱盖 7（光闸门自动关闭），预热 20min。

② 调节波长选择旋钮 1，选定所需单色光波长。用旋钮 5 选择适宜的灵敏度档，微调 $0T$ 旋钮 2 使电表指针恰指在 $T=0（A=\infty）$ 位置。

③ 将空白溶液和被测溶液装入吸收池，依次放入吸收池架中，盖上吸收池暗箱盖（光闸门自动开启），使光电管受光（此时空白溶液在光路中），顺时针旋转调 $100\%T$ 旋钮，使电表指针指在 $100\%T（A=0）$ 位置。若指针达不到，可增大灵敏度档次。

④ 按上述步骤反复调节 $0T$ 和 $100\%T$，直至稳定不变。

⑤ 拉动吸收池架拉杆 4，将待测溶液依次送入光路，由电表读出吸光度 A。

⑥ 测定完毕，切断电源。取出吸收池，在暗箱中放入干燥剂袋，盖好暗箱盖。

（3）注意事项：

① 用空白溶液调节 $100\%T$ 时，应先将旋钮 3 逆时针旋到底，然后盖上暗箱盖，再按顺时针方向慢慢调节旋钮 3，至电表指示 $T=100\%$。

② 非测量状态应开启暗箱盖，让光路自动切断，避免光电管过度"疲劳"导致读数漂移。

③ 如果大幅度改变测定波长，在调 0 和 $100\%T$ 后，需稍等片刻（钨丝灯在急剧改变亮度后需要一段热平衡时间），待指针稳定后重新调 0 和 $100\%T$。

④ 吸收池规格有 5cm、3cm、2cm、1cm、0.5cm 等可供选用。同一规格的吸收池之间有

"池差"，必须配套使用。测量时先用试液冲洗 2~3 次，注入待测液的量以 2/3 池高为宜。池外的沾污可用擦镜纸拭净，手应持池的毛面。

3. WFZ-800 紫外-可见分光光度计

（1）仪器简介：

WFZ-800 紫外-可见分光光度计具有卤钨灯和氘灯两种光源，分别适用于波长 200~350nm 和 350~800nm。采用光栅作分光元件，光电倍增管作检测元件，测量系统配制了 Z80 单片机，能进行调节及数据测量、数据处理等操作，能输入标准溶液的浓度数据，建立校准曲线方程，可打印分析报告。

（2）基本功能：

技术规格：

T：0%~110%（透光度）；

A：-0.041~3.000（吸光度）；

c：0.000~9999（浓度）；

$c(A)$：1~20 点（用最小二乘法建立回归工作曲线）；

CELL：≤20 个比色皿测量值（记忆比色皿配对误差）；

E：0.00~9.99（相对能量）；

光学系统：单光束；

C-T 型光栅单色仪；

计算机：Z80A 单板专用计算机；

光源：氘灯（H）200~350nm、溴钨灯（W）350~800nm。

该仪器的基本功能：①吸光度测量（-0.041~3.000）；②透光度测量（0~110%）；③浓度直读（0~9999）；④浓度因子计算（1~20 个点，用最小二乘法建立回归工作曲线）；⑤比色皿配对测量（记忆 20 个以内的比色皿配对误差）；⑥打印记录（15 种组合打印格式）；⑦能量相对测量（0.00~9.99）。

（3）操作提要：

①开机及关机：

a. 将已连接好的主机和打印机接上 220V 电源。

b. 启动打印机，然后打开主机电源开关，同时开启所需的光源（氘灯或钨灯），此时主机进入预热状态，读数显示器显示"800-3"，预热十分钟。

c. 预热完毕后，读数显示"HELLO"表示仪器可以进入工作状态，在预热过程中如想中止预热直接进入工作状态，只须按下"STOP"键就可以进入"HELLO"工作状态，适当增加预热时间可使仪器工作更稳定。

d. 开机后不允许再关闭打印机或重新启动打印机，否则会使仪器的计算机程序出错。

e. 工作完毕后应首先关闭光源开关及主机开关，最后再关闭打印机，以免使主机发生故障。

②工作状态：

a. 当仪器进入工作状态后，选择滤光片、波长及狭缝宽度，然后即可进行测量。

b. 按下所需的功能状态键如 A（吸光度）或 T（透光度）后，显示功能定义符号，进入相关的测量状态。功能键之间可任意用键转换，也可以用"STOP"键转换到"HELLO"状态再选择其他功能。

c. 放入参比和样品溶液，将装有参比溶液的石英比色皿置于光路中，按下"ABS 0"键调零，待显示 A. 0. 000 后，将比色皿架拉出一格，使测量溶液在光路中，然后按一下"ENTER"，显示 A. *. ***，依次将其他溶液送入光路测量吸光度。

d. 在测定完成后，按一下"RD"（记忆读出）键，可以依次显示所测溶液的吸光度值，如要打印可输入相应的打印命令，如"5. PR"命令可以打印包含仪器号、日期、时间、分析者、样品、参比、带宽、波长及吸光度等内容。

e. 当对内存数据第 n 个需要删除时，可输入"n DEL"；如想删除全部数据时，可输入"0 DEL"即可。当发现输入数据有错误而未按记忆键时，可以用"CE"键删除。

f. 当操作出现错误时，显示器显示"EX - **"，可查错误故障表，纠正错误后用"CE"键转出继续操作。当计算机程序出现错误时，可以用"RESET"键使整机复位，重新预热，原来内存的全部数据将丢失（要慎用）。

（4）操作注意事项：

① 光源适宜的波长范围：氘灯（H）200～350nm，钨灯（W）350～800nm。

② 滤光片使用范围：红色标记 - 橙色滤光片在 590～800nm 使用，白色标记 - 紫色滤光片在 300～380nm 使用。

③ 使用控制键盘时要轻触轻按，手不要长时间按压键盘，当显示错误时请查阅错误故障表，找出原因再继续操作。

④ 将石英比色皿放入样品池架时，要检查定位是否平稳准确，不能出现歪、斜现象，透光面要正对光路。

⑤ 主机运行期间，不允许开关机内的风扇，调制电机及打印机的开关，并注意主机周围大型用电器的启停工作状态，以免引起干扰使主机工作不正常。

⑥ 主机工作后为保护光电倍增管，请不要用手开关保护光闸片。

⑦ 为延长光源的使用寿命，一情况下不要同时开两个灯，在准备用灯前 5min 开灯可以保证一般测量使用，氘灯关闭后要等 5min 后才能重新启动。

⑧ 当计算机执行程序发生错误时，请用"RESET"键复位。如不能复位，关闭主机电源，几分钟后再启动，如仍不能正常工作请关机检查是否计算机损坏。

⑨ 石英比色皿使用时，要注意保护透光面，不要用手或其他硬物擦拭，测量有机试样时必须加盖后才能放入仪器，比色皿和盖是配套使用的不要混用。

（5）故障错误识别表：故障错误识别表见表 6 - 1。

表 6 - 1　故障错误识别表

EX - 01	数字键输入格式错误	EX - 02	显示值超出限定范围
EX - 03	无工作曲线或采样信号为负值	EX - 04	无数据
EX - 05	TS 功能操作错误（T，A，E 外用 TS）	EX - 06	TS 功能操作错误（TS 键前数值）
EX - 07	C(A)状态输入格式错误	EX - 08	曲线修正次数大于 $n-1$ 次
EX - 09	C(A)状态下记忆格式错误	EX - 10	比色皿扣误差操作错误
EX - 11	未调 ABS 0 即测量	EX - 12	存储记忆溢出
EX - 13	算术溢出	EX - 14	光路或信号电路能量过低
EX - 15	C(A)状态下多余操作错误	EX - 16	C(A)下 A 与 C 数据个数不等
EX - 17	吸光度 $A>3$，透光度 $T>110\%$	EX - 18	C(A)T，A，C 同状态输入

(6) 打印格式及操作：

① 打印格式由以下八部分组成：

<1> MEASURE RESULTS　　　　　　　　　　　　　　　　　　　（测量结果）

WFZ800 – D3　　　　　　　（仪器号）

DATA：　　　　　　　（日期）

TIME：　　　　　　　　　　　　　　　　　　　　　　　　　　（时间）

ANALYST：　　　　　　　　　　　　　　　　　　　　　　　　（分析者）

SAMPLE：　　　　　　　　　　　　　　　　　　　　　　　　（样品）

REFERENCE：　　　　　　　　　　　　　　　　　　　　　　（参比）

<2> PARAMETER：　　　　　　　　　　　　　　　　　　　　（参数）

SLIT：　　　　　　　　　　　　　　　　　　　　　　　　　（带宽）

WL：　　　　　　　　　　　　　　　　　　　　　　　　　　（波长）

<3> MEASURE CELL　　　　　　　　　　　　　　（测量比色皿）

NO　　　　　　　　　　　　　$T(\%)$　　　　　　　　　　　ABS

<4> MEASURE STANDARD　　　　　　　　　　　（测量标准液）

NO　　　　　　　　　　　CONC（浓度）　　　　　　　　　ABS

<5> CONC = K * ABS + B　　　　　　　　　　（回归方程）

FACTOR　　　　　　　　　　　　　　　　　　　　　　　（系数）

$K = \ldots\ldots$

$B = \ldots\ldots$

$R = \ldots\ldots$

Amax $= \ldots\ldots$

DELTION SAMPLE　　　　　　　　　　　　　　（删除的标准液）

NO：……

（回归图略）

<6> NO：　　　　　　　　An – Ac　　　（测试点与回归线之差）

<7> MEASURE SAMPLE　　　　　　　　　　　　（测量样品）

NO　　　　　　　　　　　CONC　　　　　　　　　　　ABS

<8> MEASURE SAMPLE　　　　　　　　　　　　（测量样品）

NO　　　　　　　　　　　$T(\%)$　　　　　　　　　　　ABS

② 打印操作。

0 格式：0 PR　打印现场：分 T、A、C 三种；

1 格式：1 PR　<1> <2> <3> <4> <5> <6> <7> 组合；

2 格式：2 PR　<1> <2> <3> <4> <5> <7> 组合；

3 格式：3 PR　<1> <2> <3> <8> 组合；

4 格式：4 PR　<1> <2> <7> 组合；

5 格式：5 PR　<1> <2> <8> 组合；

11 格式：11 PR 1 格式续打；

12 格式：12 PR 2 格式续打；

13 格式：13 PR 3 格式续打；

14 格式：14 PR 4 格式续打；

15 格式：15 PR 5 格式续打。

三、分析步骤与方法

有些物质本身有色，能够吸收一定波长的可见光；有些物质虽无色，但能吸收一定波长的近紫外光，这些情况可以直接用分光光度计测定其吸光度。多数物质本身不吸收光，需要利用显色反应生成吸光物质，才能进行光度测定。因此，吸光光度定量分析一般需要经过显色和测定溶液吸光度等一系列步骤。

1. 显色

能与待测物质生成有色化合物的试剂叫做显色剂。同一物质可与不同的显色剂反应，生成各种不同的有色化合物。在选择显色反应时，应尽量选择灵敏度高、选择性好、生成的有色化合物稳定、反应条件易于控制的反应。近年来研制出不少高灵敏度和高选择性的显色剂，推动了吸光光度法的应用和发展。

对于给定的待测物质，已研究过的显色反应和显色剂，可查阅杭州大学编《分析化学手册》第三分册，更为详细的资料需查阅原始文献或有关专著。例如，对于微量铁的测定已有多种方法：

（1）磺基水杨酸法：磺基水杨酸与 Fe^{3+} 在氨碱性溶液中（pH 值 8 ~ 11）生成黄色配合物。若在酸性介质中（pH 值 2 ~ 3），则生成红色配合物 $\varepsilon_{520} = 1.6 \times 10^3$。

（2）硫氰酸盐法：硫氰酸盐与 Fe^{3+} 在酸性条件下生成血红色配合物，$\varepsilon_{480} = 7.0 \times 10^3$。

（3）1，10 - 邻二氮菲法：1，10 - 邻二氮菲与 Fe^{2+} 在 pH 值 2 ~ 9 的溶液中生成橙红色配合物，$\varepsilon_{510} = 1.1 \times 10^4$。该显色反应灵敏度高，选择性强，是目前广泛应用的测铁方法。

（4）2，2′ - 联吡啶法：2，2′ - 联吡啶与 Fe^{2+} 在 pH 值 3 ~ 9 的溶液中生成红色配合物，$\varepsilon_{522} = 5.6 \times 10^4$，适用于有机物中微量铁的测定。

2. 选择光度测量条件

（1）测定波长：一般根据显色溶液的吸收曲线，选择最大吸收波长（λ_{max}）作为测定波长。如果干扰物质（包括显色剂）在此波长也有吸收，那么可选择灵敏度稍低的另一波长进行测定。但要尽可能选择吸收曲线较平滑的部分，以保证测定的精密度。

（2）空白溶液：空白溶液又叫参比溶液，用于调节吸光度零点（$T = 100\%$）。一般选择试剂溶液作参比，当试液中其他共存组分有色或所用显色剂有色时，可以使用试液空白或显色剂空白。

3. 读数范围

由 721 型分光光度计显示电表的标尺可以看到，被测溶液吸光度值太小或太大都会影响测量的准确度。在标尺右端，吸光度太小，测量的相对误差必然很大；在标尺左端，吸光度刻度很密，难以读准。因此应创造条件使吸光度读数适中，最好控制吸光度读数范围为 0.2 ~ 0.8。通过调整溶液的浓度或选择适当厚度的吸收池，可使吸光度读数落在适宜的范围内。

4. 测绘校准曲线

根据光吸收定律，当波长一定的入射光通过液层厚度一定的吸光物质溶液时，吸光度与溶液中吸光物质的浓度成正比。若以吸光度对浓度作图，应得到一条直线。为测绘这种直线关系，需要配制一组不同浓度的吸光物质的标准溶液，用同样的吸收池分别测量其吸光度。在方格坐标纸上，以浓度为横坐标，相应的吸光度为纵坐标作图，得到一条直线，该直线称为校准曲线或标准曲线。也可以根据实测数据，利用线性最小二乘法求出若干个实验点的回归方程，如 $A = Mc + N$ 或 $c = KA$ 形式，以便在测定试样时，由试液吸光度值在校准曲线上查出，或按回归方程式计算出试液中被测组分的含量。

需要注意：当显色溶液浓度高时，可能出现实测点偏离直线的情况，偏离直线的区域显然不能用于定量分析，即定量分析要求必须在校准曲线的线性范围内进行。

5. 试样的处理与测定

称取一定质量的试样，经溶解处理稀释至一定体积，取其全部或一部分稀释试液加入显色剂和其他试剂。按照测绘校准曲线相同的条件，测定试液的吸光度，并从校准曲线上查出对应的浓度。或者按照校准曲线的回归方程计算出试液的浓度。报告分析结果时，尚须换算为原始试样中被测物质的含量，一般以质量分数或质量浓度表示。

应该指出，吸光光度法测定的往往是试样中的某种微量成分，而试样中的其他成分对测定可能有干扰，处理试样必须考虑消除干扰的问题。消除干扰的方法很多，现列举以下几种：

（1）加入掩蔽剂。例如，用 NH_4SCN 作显色剂测定 Co^{2+} 时，Fe^{3+} 的干扰可借加入 NaF 使其生成无色的 FeF_6^{3-} 而消除。

（2）控制溶液酸度。例如，用磺基水杨酸测 Fe^{3+} 时，若溶液 pH 值为 8～10，Cu^{2+}、Al^{3+}、Mn^{2+} 有干扰，若控制溶液 pH 值为 2～3，就可避免这些离子的干扰。

（3）改变干扰离子的价态。例如，用铬天青 S 作显色剂测定 Al^{3+} 时，Fe^{3+} 有干扰。加入抗坏血酸使 Fe^{3+} 还原为 Fe^{2+}，即可消除其干扰。

如果利用上述方法尚不能排除干扰，就需要采用分离的方法。近年来常把萃取分离和吸光光度法结合在一起，以提高分析的灵敏度和选择性。

实验三十二　邻二氮菲分光光度法测定微量铁

一、实验目的
（1）学习分光光度法测定微量铁的原理和方法。
（2）学习吸收曲线的测定，理解最大吸收波长的含义。
（3）学习并掌握分光光度计的结构及使用方法。

二、实验原理
邻二氮菲（又称邻菲罗啉）是测定微量铁的一种较好的试剂，在 pH =2～9 的溶液中，邻二氮菲与亚铁离子生成稳定的橙红色配合物 $[(C_{12}H_8N_2)_3Fe]^{2+}$。该配合物的 $\lg K_稳 = 21.3$，摩尔消光系数为 $\lambda = 11000$。该配合物的最大吸收波长在 508nm 处，此反应可用来测定微量的亚铁离子。

$$Fe^{2+} + 3 \quad \rule{0pt}{0pt} \Longleftarrow \quad \left[\quad \right]_3^{2+} Fe$$

如果铁以 Fe^{3+} 形式存在，在显色前必须先用还原剂如盐酸羟胺把 Fe^{3+} 转化为 Fe^{2+}，其反应式如下：

$$4Fe^{3+} + 2NH_2OH \Longleftarrow 4Fe^{2+} + N_2O + H_2O + 4H^+$$

Bi^{3+}、Cd^{2+}、Hg^{2+}、Ag^+、Zn^{2+} 等离子与显色剂生成沉淀，Cu^{2+}、Ca^{2+}、Ni^{2+} 等离子则形成有色配合物。因此当这些离子共存时，应注意它们的影响。

三、仪器与试剂

（1）仪器：721 型分光光度计（或 72 型分光光度计）、2cm 比色皿、50mL 容量瓶、5mL 吸量管、吸耳球、烧杯等。

（2）试剂：$100\mu g \cdot mL^{-1}$ 的铁标准溶液：准确称取 0.864g 分析纯 $NH_4Fe(SO_4)_2 \cdot 12H_2O$ 置于一烧杯中，用适量水溶解，加 2.5mL 硫酸，移入 1000mL 容量瓶中，稀释至刻度，摇匀备用。该溶液含铁 $100\mu g \cdot mL^{-1}$。

10% 盐酸羟胺溶液（不稳定，需用时再配制）、0.1% 邻二氮菲溶液（新近配制）、1mol/L NaAc 溶液。

四、操作步骤

1. 溶液的配制

（1）取 10.00mL $100\mu g \cdot mL^{-1}$ 的铁标准溶液于 100mL 容量瓶中，用蒸馏水稀释至刻度，摇匀。该溶液的浓度为含铁 $10\mu g \cdot mL^{-1}$。

（2）在 6 个 50mL 的容量瓶中，分别准确加入 $10\mu g \cdot mL^{-1}$ 的铁标准溶液（mL）0.0、2.0、4.0、6.0、8.0 和 10.0 于各容量瓶中，各加入 1mL 10% 的盐酸羟胺溶液，摇匀。2min 后再各加入 $1mol \cdot L^{-1}$ 的 NaAc 溶液 5mL 及 0.1% 的邻二氮菲溶液 3mL，用蒸馏水稀释至刻度，摇匀。

2. 吸收曲线的测量和绘制

在 721 型（或 72 型）分光光度计上，用 2cm 比色皿，在其中之一装入已配制好的空白溶液（0.0mL 铁标液）为参比溶液，另取两只比色皿分别装入 2.0mL 和 4.0mL 铁标准溶液，从 440～600nm 间测定样品的吸光度。

测定时在波长 440～480nm 和 540～600nm 之间每隔 20nm 测定一个数据，波长在 480～540nm 之间则每隔 5nm 或 10nm 测一个数据。以波长为横坐标，吸光度为纵坐标绘制吸收曲线，由吸收曲线可以得到邻二氮菲测定铁时的适宜波长（一般情况下都选择最大吸光度所对应的波长，个别有干扰的情况下选择其他波长）。

3. 标准曲线的测量和绘制

将仪器的波长调节到由吸收曲线得到的最佳波长，用 2cm 比色皿以空白溶液为参比，由小到大依次测定标准样品的吸光度。以 50mL 容量瓶中的含铁量为横坐标，以吸光度为纵坐标，绘制邻二氮菲法测铁的标准曲线，由标准曲线的斜率求出邻二氮菲 $-Fe^{2+}$ 配合物的消光系数。

4. 未知溶液中微量铁的测定

用移液管移取 1.00mL 未知液于 50mL 容量瓶中，依次加入 1mL 盐酸羟胺、5mL 1mol·L^{-1} NaAc 溶液、2mL 0.1% 的邻二氮菲溶液，用蒸馏水稀释至刻度，摇匀。在与标准曲线相同的条件下测定未知样品的吸光度，在标准曲线上由测得的吸光度可得到未知样中的含铁量。

五、数据记录及处理

（1）吸收曲线的数据可记入表 6-2 中。

表 6-2　吸收曲线数据

波　长/nm	
吸光度/A	

（2）标准曲线的数据可填下表 6-3 中。

表 6-3　标准曲线数据

样品编号	1	2	3	4	5	未知样
浓　度						
吸光度 A						

（3）试样中铁的质量浓度按下式计算，以 mg/L 为单位表示。

$$c_{Fe} = \frac{m}{V} \times 10^3$$

式中　m——由试样溶液的吸光度在标准曲线上查出的铁含量，mg；

　　　V——实验所取的试样水体积，mL。

六、思考题

1. 在本实验中为什么要在显色前加盐酸羟胺？如测定一般铁盐的亚铁量是否要加盐酸羟胺？

2. 在吸收曲线测定的过程中，所测的样品浓度不同时，最大吸收峰的位置有无变化？吸收曲线有何区别？

3. 根据自己所测得的数据，计算在最佳波长下邻二氮菲-铁配合物的摩尔吸光系数。

实验三十三　混合液中 Co^{2+} 和 Cr^{3+} 双组分的光度法测定

一、实验目的

掌握分光光度法测定双组分的原理和方法。

二、实验原理

当试样溶液中含有多种吸光物质，一定条件下分光光度法不经分离即可对混合物进行多组分分析。这是因为吸光度具有加和性，在某一波长下总吸光度等于各个组分吸光度的总和。

如果混合物中各组分的吸收带互有重叠，只要它们能符合朗伯-比耳定律，对 n 个组分即可在 n 个适当波长进行 n 次吸光度测定，然后解 n 元联立方程，可求算出各个组分的含量。

现以简单的二元组分混合物为例，若测定时用 1cm 比色皿，从下列方程组可求得 a、b 二元组分的浓度 c_a 和 c_b。

$$A_{\lambda 1}^{a+b} = A_{\lambda 1}^{a} + A_{\lambda 1}^{b} = \varepsilon_{\lambda 1}^{a} \cdot c_a + \varepsilon_{\lambda 1}^{b} \cdot c_b$$

$$A_{\lambda 2}^{a+b} = A_{\lambda 2}^{a} + A_{\lambda 2}^{b} = \varepsilon_{\lambda 2}^{a} \cdot c_a + \varepsilon_{\lambda 2}^{b} \cdot c_b$$

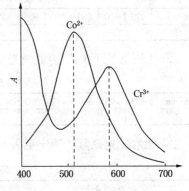

式中，$A_{\lambda 1}^{a+b}$、$A_{\lambda 2}^{a+b}$ 为所选两个波长下的测定值，λ_1、λ_2 一般选各组分的最大吸收波长。$\varepsilon_{\lambda 1}^{a}$、$\varepsilon_{\lambda 1}^{b}$、$\varepsilon_{\lambda 2}^{a}$、$\varepsilon_{\lambda 2}^{b}$ 依次代表组分 a 及组分 b 分别在 λ_1 及 λ_2 处的摩尔吸光系数，可用已知浓度的 a、b 组分溶液分别测定，测定各 ε 值时最好采用标准曲线法，以标准曲线的斜率作为 ε 值较准确。

本实验测定 Co^{2+} 及 Cr^{3+} 的有色混合物的组成，Co^{2+} 和 Cr^{3+} 的吸收曲线见图 6 – 4 所示。

图 6 – 4　Co^{2+} 和 Cr^{3+} 的吸收曲线

三、仪器及试剂

1. 仪器

72 型或 721 型分光光度计、容量瓶(50mL)、吸量管(10mL)。

2. 试剂

0.350mol · L^{-1} Co(NO_3)$_2$ 标准溶液、0.100mol · L^{-1} Cr(NO_3)$_3$ 标准溶液。

四、实验步骤

1. 比色皿间读数误差检验

在一组 2cm 比色皿中加入蒸馏水或某浓度的溶液，在一定波长下，选其中透光率最大(吸光度最小)的比色皿为参比，测定并记下其他比色皿的透光率值，要求各比色皿间透光率之差不超过 0.5%。

2. 溶液的配制

取 4 个 50 mL 容量瓶，分别加入 2.5mL、5.0mL、7.5mL、10.0mL 0.350mol · L^{-1} 的 Co(NO_3)$_2$ 溶液，另取 4 个 50mL 容量瓶，分别加入 2.5mL、5.0mL、7.5mL、10.0 mL 0.100 mol · L^{-1} Cr(NO_3)$_3$ 标准溶液，用水稀释至刻度，摇匀。

另取一个 50mL 容量瓶，加入未知试样溶液 5.0mL，用水稀释至刻度，摇匀。

3. 波长的选择

分别取含 Co(NO_3)$_2$ 标准溶液 5.0 mL 及 Cr(NO_3)$_3$ 标准溶液 5.0mL 的两个容量瓶的溶液测绘吸收曲线，用 2cm 比色皿，以蒸馏水为参比溶液，从 420nm 到 700nm，每隔 20nm 测一次吸光度，吸收峰附近应多测几个点，两种溶液的吸收曲线绘在同一坐标系内，根据吸收曲线选择最大吸收峰的波长 λ_1 和 λ_2。

4. 吸光度的测量

以蒸馏水作参比，使用检验合格的一组 2cm 比色皿，在波长 λ_1 和 λ_2 处，分别测量上述配制好的 9 个溶液的吸光度。

五、数据记录及处理

(1) 数据记录：

仪器型号：_____、比色皿厚度：_____；

比色皿间透光度最大差值_____。

① 不同波长下 Co^{2+} 溶液吸光度见表 6 – 4。

表 6 - 4　不同波长下 Co^{2+} 溶液的吸光度

λ/nm	420	440	460	480	500	505	510	515	520	540	560	580	600	620	640	660	680	700
A																		

② 不同波长下 Cr^{3+} 溶液吸光度见表 6 - 5。

表 6 - 5　不同波长下 Cr^{3+} 溶液的吸光度

λ/nm	420	440	460	480	500	505	510	515	520	540	560	580	600	620	640	660	680	700
A																		

③ 摩尔吸光系数的测定见表 6 - 6。

表 6 - 6　摩尔吸光系数的测定

标准溶液			$0.350mol \cdot L^{-1}$ Co$(NO_3)_2$			$0.100mol \cdot L^{-1}$ Cr$(NO_3)_3$		
体积/mL	2.5	5.0	7.5	10.0	2.5	5.0	7.5	10.0
稀释后浓度/$(mol \cdot L^{-1})$								
$A_{\lambda 1}$								
$A_{\lambda 2}$								

④ 试样溶液中 Co^{2+} 和 Cr^{3+} 的测定见表 6 - 7。

表 6 - 7　试样溶液中 Co^{2+} 和 Cr^{3+} 的测定

测定波长/nm	λ_1	λ_2
A_{Co+Cr}		

(2) 绘制 Co^{2+} 和 Cr^{3+} 溶液的吸收曲线，选择测定波长 λ_1 和 λ_2。

(3) 绘制 Co$(NO_3)_2$ 溶液和 Cr$(NO_3)_3$ 标准溶液分别在 λ_1 与 λ_2 处测得的标准曲线(共 4 条)。绘制时坐标分度的选择应使标准曲线的倾斜度在 45° 左右，求出 4 条直线的斜率 $\varepsilon_{\lambda 1}^{a}$、$\varepsilon_{\lambda 1}^{b}$、$\varepsilon_{\lambda 2}^{a}$、$\varepsilon_{\lambda 2}^{b}$。

(4) 通过解方程组，计算出试液中 Co^{2+} 和 Cr^{3+} 的浓度及原始浓度$(mol \cdot L^{-1})$。

六、思考题

1. 同时测定两组分时，一般应如何选择波长？

2. 吸光系数和哪些因素有关？如何求得？

实验三十四　工业废水中挥发酚含量的测定

一、实验目的

(1) 掌握可见分光光度计的使用方法。

(2) 掌握 4 - 氨基安替比林光度法测定挥发酚的原理和方法。

(3) 了解废水预蒸馏的目的。

二、实验原理

在碱性介质中有氧化剂存在下，酚类化合物与 4 - 氨基安替比林作用生产红色的吲哚安替比林染料。其反应如下：

常用铁氰化钾或过二硫酸钾做氧化剂，用氨－氯化铵缓冲溶液保持微碱性。

由于工业废水成分复杂，可能有色、浑浊或存在对本方法有干扰的物质如 S^{2-} 等，故将废水进行预蒸馏，让挥发酚类化合物随水蒸气蒸出，收集馏出液进行显色和分光光度测定。当挥发酚含量低于 $0.5\ mg \cdot L^{-1}$（以苯酚计）时，可采用氯仿萃取，直接对橙黄色萃取液进行分光光度测定。

三、仪器和试剂

1. 仪器

分光光度计 1 台、蒸馏装置 1 套。

2. 试剂

（1）酚标准溶液 I（$1.00\ mg \cdot L^{-1}$）：称取 1.000g 无色苯酚，溶于水，移入 1000mL 容量瓶中，稀释至标线，摇匀作储备液。

酚标准溶液 II（$10\mu g \cdot L^{-1}$）：移取酚标准溶液 I 1.00mL 置于 100mL 容量瓶中，以水稀释至标线，摇匀（用时配制）。

（2）4－氨基安替比林溶液：$20g \cdot L^{-1}\ C_{11}H_{13}ON_3$ 水溶液，避光保存。

（3）铁氰化钾溶液：$80g \cdot L^{-1}\ K_3[Fe(CN)_6]$ 水溶液，避光保存。

（4）缓冲溶液（pH = 10）：称取 20g 氯化铵，溶于 150mL 氨水中。

（5）85% 磷酸、$10g \cdot L^{-1}$ 硫酸铜溶液、$1g \cdot L^{-1}$ 甲基橙指示液。

四、实验步骤

（1）预蒸馏：取 250mL 废水试样于蒸馏瓶中，加数粒沸石以防暴沸；加 2 滴甲基橙指示液，用磷酸调节 pH = 4（溶液呈橙红色），加 5mL 硫酸铜溶液，装好蒸馏装置，通冷却水，加热蒸馏，接取馏出液。当蒸馏出 225mL 时，停止加热，放冷，向蒸馏瓶中加 25mL 水，继续蒸馏至馏出液为 250mL 为止。

（2）在一组 50mL 容量瓶中，分别加入 0.00mL、1.00mL、2.00mL、4.00mL、6.00mL、8.00mL、10.00mL 酚标液 II，在另一个 50 mL 容量瓶中加入 10～20mL 含酚馏出液（根据废水中酚含量决定取样量）。分别向各瓶中加蒸馏水 20mL，缓冲溶液 0.5mL，4－氨基安替比林溶液 1.0mL。每加一种试剂都要摇匀，最后加入铁氰化钾溶液 1.0mL，充分摇匀，用水稀释至刻度，放置 10min。

（3）用 2cm 比色皿，取配制的酚标准系列显色液，以未加酚标准溶液的试剂溶液作参比，于波长 510nm 测量吸光度。

（4）取含酚馏出液的显色液，与标准系列同时测定吸光度。

所有配制的显色液应在 30min 内完成测定。

五、数据处理

（1）绘制吸光度对苯酚含量的标准曲线。

（2）根据测得的吸光度值，在标准曲线上查出试样水中苯酚的含量（μg）。

（3）按下式计算废水中的酚含量。

$$废水中酚含量 = \frac{m}{V}\quad (mg \cdot L^{-1})$$

式中　m——从标准曲线上查出试样水中苯酚的含量，μg；

　　　V——实验所取馏出水的体积，mL。

六、思考题

1. 废水试样为什么要预蒸馏？蒸馏前加入磷酸和硫酸铜溶液的目的是什么？

2. 水溶液显色光度法测定挥发酚，为什么强调标准溶液与试样馏出水要同时显色，同时测定吸光度？

第二节　气相色谱法

气相色谱法是以气体作流动相的柱色谱技术，主要适合于分离气体及操作温度下能够气化的有机化合物，具有分离效能高、灵敏度高、分析速度快等特点，已成为广泛应用的分离分析手段。

一、基本原理

气相色谱法的原理是利用混合物中各组分在流动相和固定相中具有不同的溶解和解析能力（指气液色谱），或不同的吸附和脱附能力（指气固色谱），或其他亲和性能作用的差异，当两相作相对运动时，样品各组分在两相中反复多次受到上述各种作用力的作用，从而使混合物中的组分获得分离。

由于各组分在固定相中的溶解和解析或吸附与脱附能力有差异，各组分在色谱柱中的滞留时间也就不同，即它们在柱中的运行速度不同。随着载气的不断流过，组分在柱中两相间经过反复多次的分配和平衡，当运行一定的柱长后，样品中的各组分得到分离。当组分离开色谱柱的出口进入检测器时，在记录仪上就得到组分的色谱峰。

1. 色谱图及相关术语

被分析样品从进样开始经色谱分离到组分全部流过检测器后，在此期间所记录下来的响应信号随时间而分布的图像称为色谱图。图6-5表示一个典型的二组分试样的气相色谱图，现以图6-5为例说明有关术语。

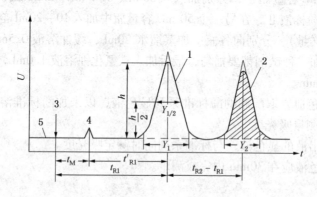

图6-5　色谱图

1—组分1；2—组分2；3—进样开始；4—空气峰；5—基线

（1）基线：没有样品组分进入检测器时记录仪画出的线就是基线，稳定的基线是一条平行于时间坐标轴的直线。

（2）保留时间（t_R）：被测组分从进样开始到检测器出现其浓度最大值所需的时间。

（3）死时间（t_M）：不与固定相作用的组分（如空气）的保留时间。

（4）调整保留时间（t_R'）：扣除死时间后的保留时间，即：$t_R' = t_R - t_M$。

（5）峰高（h）：峰的顶点到基线的距离。

（6）峰底宽度（Y）：指通过色谱峰两侧的拐点所做切线在基线上的截距，如图 6 – 5 中 Y_1，Y_2。

（7）半峰宽（$Y_{1/2}$）：指 1/2 峰高处色谱峰的宽度。

（8）峰面积（A）：某组分色谱图与基线延长线之间所围成的面积。图 6 – 5 画有斜线的区域即为组分 2 的峰面积。

2. 定性分析

在一定的色谱条件下，每种物质都有各自确定的保留值。可以通过比较未知物与纯物质保留值是否相同来定性。

（1）绝对保留值法：在相同的色谱条件下，分别测定并比较未知物和纯物质的保留值（t_R' 或 t_R）。保留值相同时，可能就是同一物质。

（2）相对保留值法：相对保留值仅与固定相及柱温有关，不受其他操作条件的影响，文献上已经发表了多种物质的相对保留值。在规定的固定相及柱温条件下，测出未知组分对基准物的相对保留值，与文献数据对照即可做出定性判断。

在试样中加入适量的某纯物质，进样后峰高增加的色谱峰可能与加入的纯物质为同一物质。

（3）双柱（或多柱）定性：不同物质在同一色谱柱上可能具有相同的保留值。采用两根（或多根）性质不同的色谱柱做色谱试验，观察未知物与纯物质的保留值是否总是相同，即可得出可靠的定性结果。

利用保留值定性有一定的局限性。近年来发展了气相色谱与质谱、红外光谱联用技术，使色谱的高分离效能和质谱、红外光谱的强鉴别能力相结合，加上电子计算机对数据的快速处理及检索，为未知试样的定性分析开辟了新的前景。

3. 定量分析

在仪器操作条件一定时，被测组分的进样量与它的色谱峰面积成正比，这是色谱定量分析的基本依据。即：

$$m_i = f_i A_i$$

式中　m_i——组分 i 的质量；

　　　f_i——组分 i 的校正因子；

　　　A_i——组分 i 的峰面积。

由上式可见，色谱定量分析需要解决三个问题：准确测量峰面积，确定校正因子，用适当的定量计算方法，将色谱峰面积换算为试样中组分的含量。

（1）峰面积的测量：

① 峰高乘半峰宽法：当峰形对称时，可按下式求出色谱峰的面积：

$$A = h \times Y_{1/2}$$

② 峰高乘平均峰宽法：在峰高的 0.15 和 0.85 处分别测出峰宽，取平均值得平均峰宽，按下式计算峰面积：

$$A = \frac{1}{2} \times h \times (Y_{0.15} + Y_{0.85})$$

对于不对称的色谱峰，此法可得到较准确的结果。

③ 剪纸称量法：对于不规则的色谱峰，可沿着色谱图剪下记录纸，用天平称量。以相应记录纸的质量代表峰面积。

④ 用峰高表示峰面积：当操作条件稳定不变时，在一定的进样量范围内，对称峰的半峰宽不变。这种情况下可用峰高 h 代替面积 A 进行定量分析，适用于试样中微量组分的测定。

(2) 定量校正因子：绝对校正因子（$f_i = \dfrac{m_i}{A_i}$）表示单位峰面积所代表的组分 i 的进样量。由于受到实验技术的限制，绝对校正因子不易准确测定。在定量分析中常用相对校正因子（f_i'），即某组分的绝对校正因子（f_i'）与某种基准物的绝对校正因子（f_s）之比。

$$f_i' = \frac{f_i}{f_s} = \frac{m_i/A_i}{m_s/A_s} = \frac{m_i A_s}{m_s A_i}$$

式中　A_i、A_s——组分 i、基准物 s 的峰面积；

　　　m_i、m_s——组分 i、基准物 s 的质量。

可见只要准确称取一定量待测组分的纯物质（m_i）和基准物（m_s），混匀（m_i/m_s 一定），进样，分别测出相应的峰面积 A_i、A_s，即可求出组分 i 的相对校正因子 f_i'。国内外的色谱工作者在这方面已经做了大量工作，测出了多种物质的相对校正因子数据，发表于文献中。我们可以由《分析化学手册》第四分册（上册）和《气相色谱实用手册》中查到有关数据。当查不到待测组分的数据时，需自行测定。

需要注意：在《分析化学手册》上查出的相对质量校正因子和相对摩尔校正因子，分别用于质量分数和体积分数的计算。

(3) 常用的定量方法：

① 归一化法。把所有出峰组分的质量分数之和按 1.00 计的定量方法称为归一化法。其计算式为：

$$w_i = \frac{m_i}{m_1 + m_2 + \cdots + m_n} = \frac{f_i' A_i}{f_i' A_1 + f_i' A_2 + \cdots + f_n' A_n}$$

式中　　　　　w_i——试样中组分 i 的质量分数；

m_1、m_2、$\cdots$、m_n——各组分的质量；

A_1、A_2、$\cdots$、A_n——各组分的峰面积；

　　　　　　　f_i'——各组分的相对校正因子。

若试样各组分 f_i' 值近乎相等，如同系物中沸点接近的组分，用上式计算时可略去 f_i'，直接用面积归一化法。

此法简便、准确，进样量和操作条件变化时，对分析结果影响很小。但要求试样中所有组分都必须流出色谱柱，并且分离良好。

② 内标法。当只要求测定试样中某几个组分，或试样中所有组分不能全部出峰时，可采用本法定量。将已知量的内标物（试样中没有的一种纯物质）加入到试样中，进样出峰后根据待测组分和内标物的峰面积及相对校正因子计算待测组分的含量。

设　m——称取试样的质量；

　　m_s——加入内标物的质量；

A_i、A_s——待测组分、内标物的峰面积；

f_i、f_s——待测组分、内标物的校正因子。

则：
$$\frac{m_i}{m_s}=\frac{f_iA_i}{f_sA_s}$$

$$m_i=\frac{f_i}{f_s}\times\frac{A_i}{A_s}m_s=f'_{i/s}=\frac{A_im_s}{A_s}$$

故：
$$w_1=\frac{m_i}{m}=f'_{i/s}\frac{A_im_s}{A_sm}$$

$f'_{i/s}$是组分 i 相对于内标物 s 的相对校正因子，可由实验测得。

内标法定量准确，不像归一化法有使用上的限制。但需要称量试样和内标物的质量，不适于快速控制分析。

③ 外标法。所谓外标法就是校准曲线法。利用待测组分的纯物质配成不同含量的标准样，取一定体积标准样进样分析，测绘峰面积对含量的标准曲线。分析试样时，在同样的操作条件下，注入相同体积的试样，根据待测组分的峰面积，从校准曲线上查出其含量。

当被测组分含量变化范围不大时，也可以不绘制校准曲线，而用单点校正法。即配制一个和被测组分含量接近的标准样，分别准确进样，根据所得峰面积直接计算被测组分的含量。

$$w_i=\frac{A_i}{A'_i}w'_i$$

式中　w_i、w'_i——试样、标样中待测组分的含量；

A_i、A'_i——试样、标样中待测组分的峰面积。

外标法操作和计算都简便，适用于生产控制分析。但要求操作条件稳定，进样量必须相同。

二、气相色谱仪系统简介

（一）气相色谱流程

一台完整的气相色谱仪主要包括气路系统、进样系统、分离系统、检测系统、记录及数据处理系统等。两种典型的气相色谱流程如图 6-6、图 6-7 所示。

图 6-6 为单柱单气路气相色谱仪气路流程，载气由高压气瓶供应，经减压、净化，调至适宜的压力和流量，流经进样-气化室、色谱柱和检测器。试样用注射器由进样口注入气化室，气化了的样品由载气携带经过色谱柱进行分离，被分离的各组分依次流入检测器，在此将各组分的浓度或质量的变化转换为电信号，并在记录仪上记录出色谱图。国产 102G 型、1490 型、HP 4890 型气相色谱仪即属于这种类型。

图 6-7 为双柱双气路气相色谱仪气路流程。载气经净化、稳压后分成两路，分别进入两根色谱柱。每个色谱柱前装有进样-气化室，柱后连接检测器。双气路能够补偿气流不稳及固定液流失对检测器产生的影响，特别适用于程序升温。新型双气路仪器的两个色谱柱可以装入性质不同的固定相，供选择进样。国产 SP2305 型、1890 型及 SP3400 型系列气相色谱仪都属于这种类型。

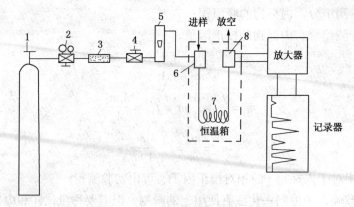

图 6-6 单气路气相色谱仪流程

1—载气钢瓶；2—减压阀；3—净化器；4—气流调节阀；

5—转子流量计；6—气化室；7—色谱柱；8—检测器

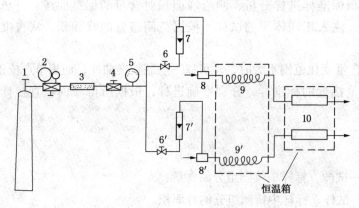

图 6-7 双气路气相色谱仪流程

1—载气钢瓶；2—减压阀；3—净化器；4—稳压阀；5—压力表；6、6′—稳流阀；

7、7′—转子流量计；8、8′—进样–气化室；9、9′—色谱柱；10—检测器

由于气化室、色谱柱和检测器都需要调控温度，故仪器设有加热装置及温度控制系统，分别控制气化室、柱箱和检测器的加热温度。

（二）系统简介

1. 气路系统

载气是气相色谱的流动相，其作用是把样品输送到色谱柱和检测器，常用的载气有 N_2、H_2、Ar、He 等。这些气体一般由高压气瓶供给，压力为 $10 \sim 15 MPa$，纯度为 $99.9\% \sim 99.99\%$。其中 H_2 也可由电解水的氢气发生器供给。但不论是载气，还是检测器需要的燃气（H_2）或助燃气，在使用前必须经过适当净化。在气相色谱中所用载气的纯度主要取决于色谱柱、检测器和分析的要求。

从色谱柱来看，载气中的水分会影响色谱柱的活性、寿命和分离效率，所以要除去水分或控制一定的含量，在室温下可用硅胶和 5A 分子筛净化。对于载气中的烃类化合物，可使用活性炭净化，净化用的干燥管通常为内径 $50 mm$、长 $200 \sim 250 mm$ 的金属管。

从检测器来看，热导池检测器要求载气中水分含量控制在 $30 \sim 50 \mu g \cdot g^{-1}$；氢火焰离

子化检测器要求把载气、燃气、助燃气中的烃类组分除去；电子捕获检测器，要除去载气中电负性强的组分（如氧的含量要尽量低）。通常用硅胶、分子筛、活性炭按顺序分段填充干燥管。

为了保持气相色谱分析的准确度，载气的流量要求恒定，其变化小于1%，通常用减压阀、稳压阀、针形阀等来控制气流的稳定性。

为了保证定量分析结果的重复性，应保持准确的流速。转子流量计是目前色谱仪中常用的流速计，其结构简单、操作方便、使用可靠、安全。转子流量计是利用气体由下而上流动时产生的浮力，以及浮力和转子重力的平衡位置与流速成比例的关系，在玻璃管上有刻度，根据转子停留位置的读数指示出载气流速。由于转子流量计装在色谱柱之前，所以指示的是柱前流速。

皂膜流量计是一种常用的准确测量载气流速的玻璃仪器，常用来准确测量柱出口载气流速。其下端接一只小胶帽，内装有肥皂水，当气体自流量计底部进入时，产生皂膜，并沿管壁自下而上移动，用秒表测定皂膜在管内移动一定体积时所需的时间，就可计算出气体流速。由此测出的流速通常还要进行水的饱和蒸气压、温度及压力的校正。

2. 进样系统

进样系统包括进样装置和气化室。

液体进样一般采用微量注射器，常用的微量注射器有 $0.5\mu L$、$1\mu L$、$10\mu L$、$50\mu L$ 等规格，目前，液体进样可实现用微机控制自动取样。分析气体样品时，则常用六通阀切换进样，进样体积可通过更换定量管来改变。另外，气样也可用医用 $1\sim5mL$ 注射器进样。

气化室的作用是将液体或固体样品瞬间气化为蒸气。要求气化室死空间小，热容量大，载气在进入气化室与样品接触前最好经过足够的预热，样品气化不良将使色谱峰前沿平坦，后沿陡峭，同时色谱区域宽度也相应变宽。在保证试样不分解的情况下，适当提高气化温度对分离及定量有利，一般选择气化温度比柱温高 $30\sim70℃$。

3. 分离系统

（1）色谱柱分类：色谱柱是气相色谱的心脏，样品中各组分在色谱柱中得到分离。气相色谱柱分为填充柱和毛细管柱两大类。

① 填充柱。在柱内装着固定相填料的色谱柱称为填充柱，一般柱长 $0.5\sim5m$，柱内径 $2\sim6mm$。由于填充柱的制备和使用方法都比较容易掌握，而且有多种填料可供选择，能满足一般样品的分析要求，因此，填充柱是应用最普遍的一种色谱柱。填充柱的缺点是渗透性较差，传质阻力较大，柱子不能过长，故其分离效能受到一定限制。

② 毛细管柱。系指柱径在 $1mm$ 以下，固定相涂布在柱管内壁上而中间为空心的色谱柱。经典毛细管柱是在内径 $0.25\sim1.5mm$ 的空心毛细管内壁涂以固定液。新型的多孔涂层毛细管柱是在空心毛细管内壁涂一薄层多孔载体，然后涂渍固定液或进行化学键合处理。由于毛细管柱渗透性好、柱效率高、可以使用较长的柱子（$30\sim300m$），适宜于分离组成复杂的混合物。

（2）固定相：填充柱中的固定相一般分为三类，固体固定相、液体固定相及多孔聚合物。

① 固体固定相：气固色谱柱填充的是活性固体吸附剂（通常称为固体固定相），它分析的主要对象是永久性气体和低相对分子质量烃类等气态混合物。新的和改良的吸附剂已用于

分析高沸点和极性样品。

固体固定相包括炭质材料(包括活性炭、炭分子筛和石墨化炭黑)、氧化铝、硅胶和分子筛等。固体固定相的优点是有较大的比表面积、较好的选择性、良好的稳定性,几乎不存在柱流失,因此可在高温下操作,使用方便,使用分离效能降低后,经再生处理仍可复用。

② 液体固定相——固定液:在气液色谱中,固定相是液体。它是一种高沸点有机物液膜,很薄且均匀地涂在惰性固体支持物即载体(或担体)上。

固定液被涂在载体上,要求在操作温度下呈液体状态;在操作柱温下固定液的黏度要低,以保证固定液能均匀地分布在载体上;在柱温下要有足够的化学稳定性;固定液与组分不发生不可逆反应,且有适当的溶解能力,否则组分起不到分配作用;对样品中各组分应有足够的分离能力和高的柱效。气相色谱常用的固定液的性质及主要分析对象见表6-8。

表6-8 气液色谱常用固定液

名 称	牌 号	极性	最高使用温度/℃	溶 剂	分 析 对 象
异三十烷	SQ	非	150	乙醚	$C_1 \sim C_8$ 烃类
邻苯二甲酸二壬酯		弱	130	乙醚、甲醇	烃、醇、醛、酮、酸、酯
甲苯聚硅氧烷	SE-30	弱	350	氯仿、甲苯	多核芳烃、脂肪酸、金属整合物
	OV-101		350		
	DC-200		250		
苯基(25%)甲基聚硅氧烷	OV-17	弱	300	丙酮、苯	高沸点极性化合物及芳烃
	DC-550		225		
三氟丙基(50%)甲基聚硅氧烷	QF-1	中等	250	氯仿	含卤化合物,金属整合物
	OV-210		250		
β-氰乙氧基(25%)甲基聚硅氧烷	XE-60	中等	275	氯仿	苯酚、醚、芳胺、生物碱、甾类化合物
	OV-225		275		
聚乙二醇	PEG-400	强	200	丙酮、氯仿、二氯甲烷	醇、酯、醛、腈、芳烃
	PEG-20M				
聚乙二酸二乙二醇	DEGA	强	250	氯仿、二氯甲烷	$C_1 \sim C_{24}$脂肪酸甲酯,甲酚异构体
1,2,3-三(α-氰乙氧基)丙烷	TCEP	强	175	甲醇、氯仿	胺类、不饱和烃、环烷烃、芳烃,脂肪酸异构体

根据"相似相溶"原则,通常利用固定液与待测组分极性相似的规律选择固定液。例如,分离非极性混合物,一般选用非极性固定液,各组分按沸点次序先后流出色谱柱;分离极性混合物,显然应该选用极性固定液,各组分按极性弱、强次序出峰;分离非极性和极性或易被极化的混合物,一般选用极性固定液,非极性组分先出峰;分离复杂的混合物或异构体,可以采用混合固定液。

载体是负载固定液的惰性多孔颗粒(常用60~80目),一般由天然硅藻土煅烧制成。红色硅藻土载体(如6201型)适用于涂非极性固定液,白色硅藻土载体(如101型)适用于涂极性固定液。前述多孔聚合物微球也可以作载体使用。

将一定量的固定液溶于适当溶剂中,加入载体,搅拌均匀,再挥发掉溶剂,固定液就以液膜形式分布在载体表面上。这样涂渍好的固定相均匀装入柱管,安装到仪器上,通载气"老化"数小时,即可投入使用。

③ 多孔聚合物类固定相。聚合物固定相是近年来发展很快的一种新型固定相，由于其特殊的色谱分类性能，受到色谱工作者的广泛重视。这种多孔物质，对水及乙二醇等极性物质有着十分理想的分离能力。例如，水可以在乙烷及丙烷之间流出，时间较早，且峰形很对称，它既是载体又起着固定液的作用。

这种固定相主要是以二乙烯基苯为单体交联聚合而成的小球，或是用各种不同单体与二乙烯基苯共聚而得的不同极性的产品。改变聚合原料和反应条件可以合成极性、孔径、分离性能不同的微球，如 GDX－1、2 型为非极性固定相，GDX－3、4 型为极性固定相。

4. 检测系统

目前，检测器的种类多达 50 多种，但最常用的是热导检测器和氢火焰离子化检测器。

热导检测器(TCD)是利用载气中混入其他气体或蒸气时，混合气体热导率发生变化的原理制成的。在热导池中有两条气路通道如图 6 - 8、图 6 - 9 所示，每个通道中各装有两个电阻值相同的铼钨丝作热敏元件，这四个热敏元件组成惠斯登电桥的四个臂，在电桥上纯载气流过的两个臂叫做参考臂；载气携带被测组分流过的两个臂叫做测量臂。未进试样时，流经参考臂和测量臂的都是载气，热导系数相同，热敏元件电阻值也相同，电桥平衡，无信

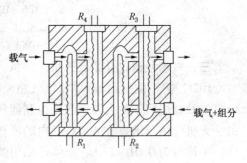

图 6 - 8　热导池

号输出；当载气携带被测组分流经测量臂时，由于混合气体热导系数变化，导致测量臂电阻变化，电桥即输出不平衡信号，在记录仪上画出相应的色谱峰。热导检测器结构简单、稳定性好，不论对无机物还是有机物都有响应，是广泛应用的一种检测器。

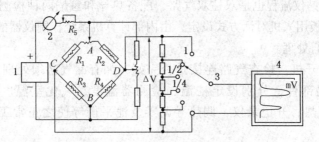

图 6 - 9　热导检测器的电路原理

1—直流稳压电源；2—毫安表；3—衰减开关；4—记录仪

氢火焰离子化检测器简称氢焰检测器(FID)，它是基于有机物蒸气在氢火焰中燃烧时生成的离子，在电场作用下产生电流信号。一般以氮作载气，以氢作燃气。载气携带被分离组分从色谱柱流出，与氢气混合一起进入离子室，同时通入空气使氢气燃烧。在火焰附近设置两个电极，形成一直流电场。火焰中被测组分电离产生的离子在电场作用下形成电流 $(10^{-6} \sim 10^{-14} A)$，经放大在记录仪上描绘出色谱图。

氢焰检测器对绝大多数有机物具有很高的灵敏度，对于在氢焰中不能电离的无机气体和水没有响应，如图 6 - 10 所示。

5. 记录及数据处理系统

气相色谱记录仪常用满标量程为 5mV 或 10mV 的电子电位差计或积分仪，也可以配备

色谱数据处理机或色谱工作站。

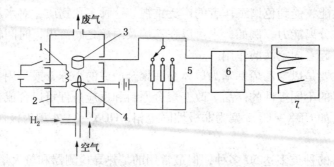

图 6-10　氢焰离子化检测器
1—点火线圈；2—离子室；3—收集极；4—极化极；
5—高电阻；6—放大器；7—记录仪

三、气相色谱仪介绍及开机、关机

102G 型气相色谱仪是单柱单气路流程，由热导、氢焰两种检测器、气路调节系统、热导电源及氢焰离子放大器、温度控制器和记录仪等组成，采用积木式单元组合结构。可对有机、无机气体及沸点在 400℃ 以内的液体样品作常量、微量分析。气体样品可用六通阀进样，进样量为 0.01～2mL，液体样品用微量注射器手动进样，进样量为 0.01～10μL。

SP-2305E 型气相色谱仪是典型的双柱双气路流程，装有热导检测器和氢火焰离子化检测器。色谱柱箱和检测器箱可以分别在 50～300℃ 范围内的给定温度上保持恒温。仪器可用于分析气体、沸点低于 350℃ 的液体样品以及能溶于溶剂中的固体样品。特别适用于碳氢化合物的分析。

3400 型气相色谱仪流程也是双柱双气路，配备热导和氢焰两种检测器，仪器的操作条件可以通过控制面板用人机对话方式设定，由内部计算机系统控制仪器的运行，分析数据由色谱数据工作站进行处理。

气相色谱仪的开机：检查气路连接是否完好，如有漏气必须处理，通载气；调节压力及流量；开控温部件，分别设定柱温、检测器温度、气化室温度；开热导检测器，给定桥路电流并预热；开记录仪，调热导调零及池平衡等使之正常工作，基线走直线；进样。

如使用氢焰检测器时，设定温度后开氢焰检测器，设定灵敏度，预热；通空气和氢气，点火，用基流补偿调节纪录笔位置；走基线；进样分析。

气相色谱仪的关机与开机过程基本相反。如果柱温较高，在关闭加热后继续通载气，使柱温下降，最后关闭载气开关。

四、气相色谱操作条件

进样分析的前提是仪器工作稳定，基线为直线。气相色谱仪的操作条件较多，有些条件影响分离效果，有些条件影响检测器的正常工作，现就有关条件加以讨论。

1. 载气及其流速

选用何种气体作载气，与所采用的检测器有关。一般热导检测器用氢气或氮气作载气，氢焰检测器用氮气作载气。

载气流速对柱效率影响很大。提高流速可以减小样品分子的自身扩散作用，提高柱效率；但随着载气流速增大，加剧了分配过程不平衡引起的谱峰展宽，又对分离不利。由于载气流速的变化引起了互相矛盾的影响，因此存在一个最佳流速，该最佳载气流速可通过试验求出。用氮气作载气时，一般实用线速度为 $10 \sim 12cm \cdot s^{-1}$；用氢气作载气时，则实用线速度为 $15 \sim 20cm \cdot s^{-1}$。

2. 柱温

柱温是一个主要的操作参数，直接影响分离效能和分析速度。首先要考虑到每种固定液都有一定的使用温度，柱温不能高于固定液的最高使用温度，否则固定液挥发流失。

柱温对分离效果影响很大，提高柱温可使各组分的挥发度相接近，不利于分离。所以，降低柱温有利于分离，但柱温过低导致峰形变宽，延长了分析时间。对于气态样品，柱温可选在50℃左右，对于液态样品，柱温通常选择低于或接近样品组分的平均沸点，对于沸程较宽的多组分混合物，可以采用程序升温的办法，即在分析过程中按一定速率逐渐升温，使沸点差别较大的组分都能得到良好的分离。

3. 柱长

增加柱长，组分在固定相和载气之间进行的分配过程次数增多，有利于分离；但也延长了流出时间。在满足分离要求的前提下，应使用尽可能短的柱子，一般填充柱柱长为 $0.5 \sim 5m$。

4. 进样条件

进样条件包括气化温度、进样量和进样技术。进样后要有足够的气化温度，使液态样品迅速完全气化并随载气进入色谱柱。一般选择气化温度比柱温高 $30 \sim 70℃$。

进样量与固定相总量及检测器灵敏度有关，允许的进样量应控制在峰面积与进样量呈线性关系的范围内。液态样品一般进样 $0.1 \sim 5\mu L$，气态样品 $0.1 \sim 10mL$。

5. 检测器工作条件

影响热导检测器的条件有载气、桥电流、检测器温度等。

从提高检测器灵敏度的角度考虑，选用热导系数大的气体，如 H_2 或 He 作载气能得到较大的响应，N_2 的热导系数与被测组分接近，作载气使灵敏度较低，有时会出现倒峰。

热导池的灵敏度与桥电流的三次方成正比，增大电流可提高灵敏度。但电流过大噪音增大，基线不稳。用 H_2 作载气时控制在 $150 \sim 200mA$，用 N_2 作载气时控制在 $110 \sim 150mA$。

热导检测器对温度变化十分敏感，必须严格控制检测室温度，精度要求达到 $\pm 0.1℃$。同时池体温度不能低于柱温，以避免样品冷凝。

氢火焰离子化检测器要求火焰燃烧稳定，必须控制载气、氢气和空气三者之间的流量。

五、气相色谱进样技术

气相色谱仪分析的样品是液体和气体，必须掌握正确的进样技术。液体样品用微量注射器，气体进样可以用 $1 \sim 5mL$ 常规注射器，也可以使用六通阀。

1. 微量注射器及注射器进样操作要点

微量注射器是很精密的器件，容量精度高，误差小于 $\pm 5\%$，气密性达 $2kgf \cdot cm^{-2}$ （0.2MPa）。它由玻璃和不锈钢材料制成，如图 6-11 所示。

液体进样用微量注射器的进样操作方法如下：

（1）洗涤微量注射器：以丙酮为洗涤液，将针尖插入液面下，抽取，稍停；取出注射器，将废液排到滤纸上。如此反复，洗涤 $5 \sim 7$ 次，再用样品洗几次。

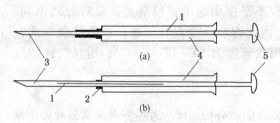

图 6 – 11　微量注射器

(a)具有死角的固定针尖式注射器；(b)无死角的注射器
1—不锈钢丝芯子；2—硅橡胶垫圈；
3—针头；4—玻璃管；5—顶盖

（2）抽取样品：与洗涤方法相同。先吸取过量，取出后将针尖向上，赶去可能存在的气泡，调至所需数值。针头外面沾附的样品，可用滤纸擦净（注意勿使针头内样品流失）。

（3）进样：将注射器垂直对准进样孔，一手捏住针头协助插入进样孔，另一手平稳迅速地推送针筒，将样品注入。

进样器硅橡胶密封垫圈进样 20～30 次后，应加以更换。必须掌握好用微量注射器进样的技术，否则会对数据的重复性带来影响。微量注射器要保持清洁，轻拿轻放，使用微量注射器时，切记不要把针芯拉出针筒外，注射器注射时切勿用力太猛，以免把针芯顶弯，不要用手接触针芯。

2. 气体进样用六通阀的使用方法

用常规注射器气体进样操作基本与微量注射器的操作相同。

六通阀有平面旋转式和推拉式两种，平面六通阀如图 6 – 12 所示。它是目前定量阀中比较理想的阀件，使用温度较高，寿命长，耐腐蚀，体积小，气密性好，可在低压下使用；缺点是阀面加工精度要求高，转动时驱动力较大。

平面六通阀由阀座和阀盖（阀瓣）两部分组成，阀盖和阀座由弹簧压紧，以保证气密性。阀座上有六个孔，阀盖内加工有三个通道，在固定位置下阀盖内的通道将阀座上的六个孔两两相互联通，这些孔和阀座上的接头相通，再外接管路，当转动阀盖时，就可达到气路切换的目的。

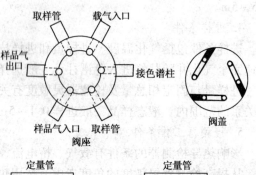

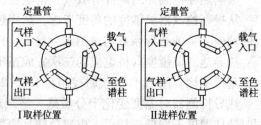

图 6 – 12　六通阀

当阀盖在位置 I 时，可使气样进入定量管，即为取样位置。当阀盖转动 60°达位置 II 时，载气就将定量管中的样品带入色谱柱，即为进样位置。

安装定量管时，先要将管的两端套入螺母、垫圈和橡胶密封圈，然后将管插入阀体的接头孔中并用螺母旋紧。

连接六通阀时，需将分析用气路上的 U 形连接管取下，然后将六通阀装在卸下连接管的位置上。此时，要防止机械杂质进入六通阀气路，以免将阀的密封面损坏。

实验三十五　苯系物的分析

一、实验目的

（1）掌握色谱分析基本操作和液体进样操作技术。

（2）熟悉用归一化法计算各组分的含量。

二、实验原理

苯系物是指苯、甲苯、乙苯、二甲苯(包括对位、间位和邻位异构体)乃至异丙苯、三甲苯等，在二甲苯的工业品中常含有这些组分。使用有机皂土作固定液，可以使间位和对位二甲苯分开，但不能使乙苯和对二甲苯分开，因此在有机皂土固定液中配入适量的邻苯二甲酸二壬酯作固定液即能将各组分分离。出峰次序是苯、甲苯、乙苯、对二甲苯、间二甲苯和邻二甲苯，如果样品中含环己烷，则最先出峰的是环己烷。用面积归一化法可将各组分的含量计算出来。

三、仪器和试剂

(1) 仪器：气相色谱仪 1 台、10μL 微量注射器、氢气钢瓶。

(2) 试剂：有机皂土 – 34、邻苯二甲酸二壬酯、101 白色担体(60 ~ 80 目)、苯(GR)。

四、实验步骤

1. 色谱柱的制备

固定相配比：有机皂土 – 34：邻苯二甲酸二壬酯：101 白色担体 = 3：2.5：100。

称取 101 白色担体约 40g，另用两个小烧杯分别称取有机皂土 – 34 约 1.2g 和邻苯二甲酸二壬酯 1.0g。先加少量苯于有机皂土中，用玻璃棒调成糊状至无结块为止；另用少量苯将邻苯二甲酸二壬酯溶解。然后将二者混合均匀，再用苯稀释至体积略大于担体的体积，然后将此溶液加入配有回流冷凝器的烧瓶中，将称好的担体加入，在水浴上于 78℃ 加热回流 2h，再将固定相倒入蒸发皿中，在通风橱里使大量的苯挥发，然后于 60℃ 烘 6h，置干燥器中冷却，用 60 ~ 80 目筛筛过，保存在干燥器中备用。

装柱及老化：将固定相用真空泵抽的方法装入长 2m 内径 4mm 的不锈钢色谱柱中，装在仪器上，通载气于 95℃ 老化 8h，至热导基线符合要求为止。

2. 操作条件

检测器：热导，载气：氢气，载气流速：50mL·min^{-1}，柱温：80℃，检测器：110℃，汽化室：120℃，桥电流：200mA，衰减：适量，进样量：1μL。

3. 分析

待仪器稳定后进样分析。

五、测量及计算

依次测量每个峰的峰高及半峰宽，计算出每个峰的峰面积，用归一化法计算出每个组分的质量百分含量。

$$c_i\% = \frac{A_i f_i}{\sum A_i f_i} \times 100\%$$

苯系物各组分的质量校正因子(热导检测器)列表见表 6 – 9。

表 6 – 9　苯系物各组分的质量校正因子

组分	环己烷	苯	甲苯	乙苯	对二甲苯	间二甲苯	邻二甲苯
f_i'	0.94	0.78	0.79	0.82	0.81	0.81	0.84

六、思考题

1. 苯系物中主要包括哪些组分？为什么说用色谱方法分析最好？

2. 质量校正因子和相对质量校正因子之间有什么区别？二者如何换算？

实验三十六　乙醇中少量水分的测定

一、实验目的

(1) 学习气相色谱内标定量法。

(2) 学习色谱定量校正因子测定的方法。

(3) 了解聚合物固定相的应用。

二、基本原理

有机高分子聚合物固定相在气相色谱分析中有着广泛的应用。国产牌号有 GDX 系列（天津产）和有机载体系列（上海产）等，主要是二乙烯基苯的交联共聚物或二乙烯基苯与苯乙烯、乙基乙烯基苯、丙烯腈等的共聚物，具有憎水性，能够分析永久性气体、微量水、醇、醛、氨水及高沸点液体等，最高使用温度可达 270℃。使用这类固定相时不用涂渍固定液，直接将一定粒度的固定相装柱老化即可使用。

测定醇类化合物中水时，一般水峰在前，出峰较快，醇类化合物出峰在后，且按相对分子质量的大小顺序出峰。

内标法是色谱定量分析中常用的方法，准确度高，进样量不必精确测量，也没有归一化法使用上的那些限制。内标法的操作是将一定量的内标物 m_s 加到一定量的试样 m 中，均匀混合，进样。设待测物质的量为 m_i，测出 i 和 s 物质的峰面积 A_i 和 A_s，则有：

$$\frac{m_i}{m_s} = \frac{A_i f_i}{A_s f_s}$$

试样中组分的百分含量为：

$$m_i\% = \frac{m_i}{m} = \frac{A_i f_i m_s}{A_s f_s m_i} = \frac{A_i m_s}{A_s m_i} f'_{i,s}$$

式中　$f'_{i,s}$——峰面积相对校正因子。

内标法中常以峰高 h 定量，则测量中 i 组分的百分含量为：

$$m_i\% = \frac{h_i m_s}{h_s m} f''_{i,s}$$

式中　$f''_{i,s}$——峰高相对校正因子。

内标法的关键是选择合适的内标物。对内标物的要求应是样品中不存在的纯物质；内标物的性质应与待测物性质相近，出峰与待测物出峰接近并与之完全分离；应与样品完全互溶；加入量也要与待测物的量接近。

本实验采用甲醇为内标物，其色谱峰在水与乙醇之间。如果配制内标标准溶液时以体积计量，则结果用体积分数来表示，如果以质量计量，则结果用质量分数来表示。

三、仪器和试剂

1. 仪器

气相色谱仪（热导检测器）、10μL 微量注射器、带胶盖的小药瓶。

2. 药品

GDX – 104　60～80 目。

无水乙醇：在分析纯试剂无水乙醇中，加入 500℃加热处理过的 5A 分子筛，密封放置一日，以除去试剂中的微量水分。

无水甲醇：按照无水乙醇同样方法做脱水处理。

3. 色谱柱的制备

将 60~80 目的聚合物固定相 GDX – 104 装入长 2m 的不锈钢柱或玻璃柱，于 150℃ 老化处理数小时。

四、实验步骤

1. 仪器操作条件

柱温：90℃，汽化温度：120℃，检测温度：120℃，载气：H_2，流速：30mL·min^{-1}，桥电流：150mA。

2. 峰高相对校正因子的测定

将带胶盖的小药瓶洗净、烘干。加入约 5mL 无水乙醇，称量（称准至 0.0001g，下同），再加入蒸馏水和无水甲醇各约 0.1mL，分别称量，混匀。

吸取 5.0μL 上述配制的标准溶液，进样，记录色谱图，测量水和甲醇的峰高。平行进样 2 次。

3. 乙醇试样的测定

将带胶盖的小药瓶洗净、烘干、称量。加入 5mL 试样乙醇，称量；再加入适量体积的无水甲醇（视试样中水含量而定，应使甲醇峰高接近试样中水的峰高），称量。混匀后吸取 5μL 进样，记录色谱图，测量水和甲醇的峰高。平行进样 2 次。

五、数据处理

1. 用下式求峰高相对校正因子

$$f'_{(水/甲醇)} = \frac{m_水 h_{甲醇}}{m_{甲醇} h_水}$$

式中　$m_水$、$m_{甲醇}$——水、甲醇的质量，g；

　　　$h_水$、$h_{甲醇}$——水、甲醇的峰高，mm。

2. 乙醇试样中水的质量分数

$$w_水 = f'_{(水/甲醇)} = \frac{m_水}{h_{甲醇}} \times \frac{m_{甲醇}}{m}$$

式中　$f'_{(水/甲醇)}$——水对甲醇的峰高相对校正因子；

　　　m——乙醇试样的质量，g；

　　　$m_{甲醇}$——加入甲醇的质量，g；

　　　$h_水$、$h_{甲醇}$——水、甲醇的峰高，mm。

六、思考题

1. 本实验为什么可以用峰高定量？试推导求峰高相对校正因子的计算式。

2. 欲求乙醇试样中水的体积分数，应如何进行操作和计算？

实验三十七　车间空气中苯含量的分析

一、实验目的

（1）练习并掌握配制标准气体的方法。

（2）掌握定点计算外标定量法。

二、实验原理

苯、氯苯、甲苯、二甲苯等是化工厂及实验室常见的毒物，这些物质在空气中的浓度较大时，对工作人员是有害的，国标规定：苯在空气中的允许浓度为 $5mg \cdot m^{-3}$，甲苯、二甲苯为 $100mg \cdot m^{-3}$。这些物质在空气中的浓度常采用气相色谱法分析。

空气中的苯、甲苯等经邻苯二甲酸二壬酯(分析二甲苯时须加有机皂土)或阿皮松 L (Apiezon greaseL)分离后，用 TCD 或 FID 检测器测定，以保留时间定性，以峰高或峰面积定量。本实验学习空气中苯、甲苯的色谱分析方法。

三、仪器和试剂

(1) 仪器：气相色谱仪(TCD 或 FID)，注射器：$10\mu L$、$50\mu L$、$100mL$，容量瓶：$10mL$。

(2) 试剂：苯、甲苯(均为色谱纯试剂)。

四、操作条件及步骤

1. 操作条件

色谱柱：邻苯二甲酸二壬酯：6201 担体 $=5:100$，$2m \times 4mm$ 不锈钢柱，柱温：室温，气化室温度：室温，检测器温度：室温，载气：氢气，桥电流：$180mA$，衰减：适量。

2. 混合标准溶液的配制

用微量注射器分别吸取苯 10mg(由相应的相对密度计算出取样体积)，于两个 10mL 容量瓶中用二硫化碳稀释至刻度。此溶液含上述物质浓度为 $1mg \cdot mL^{-1}$，再吸取此溶液 $100\mu L$ 稀释至 10mL，制得浓度为 $0.01mg \cdot mL^{-1}$ 的标准溶液。

3. 混合标准气的配制

在 100mL 注射器中先放入一块直径约 2cm 的锡箔，吸取洁净空气约 20mL，在注射器口套一个小胶皮帽，用微量注射器吸取上述配制的标准溶液，从胶帽处注入，抽动注射器使管内成负压，液体即汽化，将针筒倒立，去掉胶帽，抽入洁净空气至 100mL，再套好胶帽，反复摇动针筒，使其混合均匀。吸取的混合标准溶液的体积应使所得峰高和实验样品峰高近似。

4. 采样

直接用 100mL 注射器在现场采样。采样前先用现场气抽洗注射器 3~5 次，采气后注射器宜垂直放置，使其中的气体受到微压。

5. 分析

用注射器分别抽取样品气、标准气各 1mL，分别进样分析，测量相应各峰峰高。

五、数据处理

(1) 样品出峰次序：溶剂二硫化碳出峰最早且最大，其次为苯或甲苯。

(2) 标准样品气的浓度：

$$c_{标} = V \times 0.01/100 = 100V$$

式中 $c_{标}$——标准气体中各组分的浓度，$mg \cdot mL^{-1}$；

V——配制标准气时吸取的标准溶液的数量，mL。

(3) 计算样品中物质的量：

$$c_{样} = \frac{h_{样}}{h_{标}} \times c_{标}$$

式中 $c_{样}$——空气中各组分的浓度，$mg \cdot mL^{-1}$；

$h_{样}$——样品组分峰高，cm 或 mm；

$h_{标}$——标准气组分峰高，cm 或 mm。

六、思考题

1. 本实验这种定量分析方法对进样操作有何要求？

2. 试比较用峰高和峰面积的计算结果有何差异？为什么？

附　录

附录 1　常用酸碱的密度和浓度

试 剂 名 称	密度/$(g \cdot mL^{-1})$	ω/%	c/$(mol \cdot L^{-1})$
盐　酸	1.18 ~ 1.19	36 ~ 38	11.6 ~ 12.4
硝　酸	1.39 ~ 1.40	65 ~ 68	14.4 ~ 15.2
硫　酸	1.83 ~ 1.84	95 ~ 98	17.8 ~ 18.4
磷　酸	1.69	85.0	14.6
高氯酸	1.68	70.0 ~ 72.0	11.7 ~ 12.0
冰乙酸	1.05	99.0 ~ 99.8	17.4
氢氟酸	1.13	40.0	22.5
氢溴酸	1.49	47.0	8.60
氨　水	0.88 ~ 0.90	25.0 ~ 28.0	13.3 ~ 14.8

附录 2　常见化合物的摩尔质量 M/$(g \cdot mol^{-1})$

$AgBr$	187.77	$Ca_3(PO_4)_2$	310.18
$AgCl$	143.32	$CaSO_4$	136.14
$AgCN$	133.89	$CdCO_3$	172.42
$AgSCN$	165.95	$CdCl_2$	183.32
Ag_2CrO_4	331.73	CdS	144.47
AgI	234.77	$Ce(SO_4)_2$	332.24
$AgNO_3$	169.87	$CoCl_2$	129.84
$AlCl_3$	133.34	$Co(NO_3)_2$	182.94
$AlCl_3 \cdot 6H_2O$	241.43	CoS	90.99
$Al(NO_3)_3$	213.01	$CoSO_4$	154.99
$Al(NO_3)_3 \cdot 9H_2O$	375.13	$CO(NH_2)_2$	60.06
Al_2O_3	101.96	$CrCl_3$	158.36
$Al(OH)_3$	78.00	$Cr(NO_3)_3$	238.01
$Al_2(SO_4)_3$	342.14	Cr_2O_3	151.99
$Al_2(SO_4)_3 \cdot 18H_2O$	666.46	$CuCl$	99.00
As_2O_3	197.84	$CuCl_2$	134.45
As_2O_5	229.84	$CuCl_2 \cdot 2H_2O$	170.48
As_2S_3	246.02	$CuSCN$	121.62
$BaCO_3$	197.34	CuI	190.45
$BaCl_2$	208.24	$Cu(NO_3)_2$	187.56
BaC_2O_4	225.32	$Cu(NO_3)_2 \cdot 3H_2O$	241.60
$BaCrO_4$	253.32	CuO	79.55
BaO	153.33	Cu_2O	143.09
$Ba(OH)_2$	171.34	CuS	95.61
$BaSO_4$	233.39	$CuSO_4$	159.60
$BiCl_3$	315.34	$CuSO_4 \cdot 5H_2O$	249.68
$BiOCl$	260.43	$FeCl_2$	126.75
CO_2	44.01	$FeCl_2 \cdot 4H_2O$	198.81
CaO	56.08	$FeCl_3$	162.21
$CaCO_3$	100.09	$FeCl_3 \cdot 6H_2O$	270.30
CaC_2O_4	128.10	$FeNH_4(SO_4)_2 \cdot 12H_2O$	482.18
$CaCl_2$	110.99	$Fe(NO_3)_3$	241.86
$Ca(NO_3)_2 \cdot 4H_2O$	236.15	$Fe(NO_3)_3 \cdot 9H_2O$	404.01
$Ca(OH)_2$	74.09	FeO	71.85
Fe_2O_3	159.69	$K_2Cr_2O_7$	294.18

Fe_3O_4	231.54	$K_3Fe(CN)_6$	329.25
$Fe(OH)_3$	106.87	$K_4Fe(CN)_6$	368.35
FeS	87.91	$KFe(SO_4)_2 \cdot 12H_2O$	503.28
Fe_2S_3	207.87	$KHC_2O_4 \cdot H_2O$	146.15
$FeSO_4$	151.91	$KHSO_4$	136.18
$FeSO_4 \cdot 7H_2O$	278.03	$KHC_8H_4O_4(KHP)$	204.22
$Fe(NH_4)_2(SO_4)_2 \cdot 6H_2O$	392.13	KI	166.00
H_3AsO_3	125.94	KIO_3	214.00
H_3AsO_4	141.94	$KMnO_4$	158.03
H_3BO_3	61.83	$KNaC_4H_4O_6 \cdot 4H_2O$	282.22
HBr	80.91	KNO_3	101.10
HCN	27.03	KNO_2	85.10
$HCOOH$	46.03	K_2O	94.20
CH_3COOH	60.05	KOH	56.11
H_2CO_3	62.03	K_2SO_4	174.25
$H_2C_2O_4 \cdot 2H_2O$	126.07	$LiBr$	86.84
HCl	36.46	LiI	133.85
HF	20.01	$MgCO_3$	84.31
HI	127.91	$MgCl_2$	95.21
HIO_3	175.91	$MgCl_2 \cdot 6H_2O$	203.31
HNO_3	63.01	MgC_2O_4	112.33
HNO_2	47.01	$Mg(NO_3)_2 \cdot 6H_2O$	256.41
H_2O	18.016	$MgNH_4PO_4$	137.32
H_2O_2	34.02	MgO	40.30
H_3PO_4	98.00	$Mg(OH)_2$	58.32
H_2S	34.08	$Mg_2P_2O_7$	222.55
H_2SO_3	82.07	$MgSO_4 \cdot 7H_2O$	246.49
H_2SO_4	98.07	$MnCO_3$	114.95
$Hg(CN)_2$	252.63	$MnCl_2 \cdot 4H_2O$	197.91
Hg_2Cl_2	472.09	$Mn(NO_3)_2 \cdot 6H_2O$	287.04
$HgCl_2$	271.50	MnO	70.94
HgI_2	454.40	MnO_2	86.94
$Hg(NO_3)_2$	324.60	MnS	87.00
$Hg_2(NO_3)_2$	525.19	$MnSO_4$	151.00
$Hg_2(NO_3)_2 \cdot 2H_2O$	561.22	NH_3	17.03
HgO	261.59	NO	30.01
HgS	232.65	NO_2	46.01
$HgSO_4$	296.65	NH_4Cl	53.49
Hg_2SO_4	497.24	$(NH_4)_2CO_3$	96.09
$KAl(SO_4)_2 \cdot 12H_2O$	474.41	CH_3COONH_4	77.08
KBr	119.00	$(NH_4)_2C_2O_4$	124.10
$KBrO_3$	167.00	NH_4SCN	76.12
KCl	74.55	NH_4HCO_3	79.06
$HClO_3$	122.55	$(NH_4)_2MoO_4$	196.01
$HClO_4$	138.55	NH_4NO_3	80.04
KCN	65.12	$(NH_4)_2HPO_4$	132.06
$KSCN$	97.18	$(NH_4)_2S$	68.14
K_2CO_3	138.21	$(NH_4)_2SO_4$	132.13
K_2CrO_4	194.19	NH_4VO_3	116.98
Na_3AsO_3	191.89	PbO_2	239.20
$Na_2B_4O_7$	201.22	Pb_3O_4	685.6
$Na_2B_4O_7 \cdot 10H_2O$	381.42	$Pb_3(PO_4)_2$	811.54
$NaBiO_3$	279.97	PbS	239.26
$NaCN$	49.01	$PbSO_4$	303.26
$NaSCN$	81.07	$SbCl_3$	228.11
Na_2CO_3	105.99	$SbCl_5$	299.02

续表

化合物	摩尔质量	化合物	摩尔质量
$Na_2C_2O_4$	134.0	Sb_2O_3	291.50
$NaCl$	58.44	Sb_2S_3	339.68
CH_3COONa	82.03	SO_3	80.06
$NaClO$	74.44	SO_2	64.06
$NaHCO_3$	84.01	SiF_4	104.08
$Na_2HPO_4 \cdot 12H_2O$	358.14	SiO_2	60.08
$Na_2H_2Y \cdot 2H_2O$	372.24	$SnCl_2 \cdot 2H_2O$	225.63
$NaNO_2$	69.00	$SnCl_4 \cdot 5H_2O$	350.58
$NaNO_3$	85.00	SnO_2	150.7
Na_2O	61.98	SnS_2	150.75
Na_2O_2	77.98	$SrCO_3$	147.63
$NaOH$	40.00	SrC_2O_4	175.64
Na_3PO_4	163.94	$SrCrO_4$	203.61
Na_2S	78.04	$Sr(NO_3)_2$	211.63
Na_2SO_3	126.04	$Se(NO_3)_2 \cdot 4H_2O$	283.69
Na_2SO_4	142.04	$SrSO_4$	183.68
$Na_2S_2O_3 \cdot 5H_2O$	248.17	$ZnCO_3$	125.39
$NaHSO_4$	120.07	ZnC_2O_4	153.40
$NiCl_2 \cdot 6H_2O$	237.69	$ZnCl_2$	136.29
NiO	74.69	$Zn(CH_3COO)_2$	183.47
$Ni(NO_3)_2 \cdot 6H_2O$	290.79	$Zn(NO_3)_2$	189.39
NiS	90.75	$Zn(NO_3)_2 \cdot 6H_2O$	297.51
$NiSO_4 \cdot 7H_2O$	280.85	ZnO	81.38
OH	17.01	ZnS	97.44
P_2O_5	141.95	$ZnSO_4$	161.44
$PbCO_3$	267.21	$ZnSO_4 \cdot 7H_2O$	287.57
PbC_2O_4	295.22	$(C_9H_7N)_3H_3(PO_4 \cdot 12MoO_3)$	2212.74
$PbCl_2$	278.11	磷钼酸喹啉	
$PbCrO_4$	323.19	$NiC_8H_{14}O_4N_4$	288.91
$Pb(CH_3COO)_2$	325.29	丁二酮肟镍	
PbI_2	461.01	TiO_2	79.90
$Pb(NO_3)_2$	331.21	V_2O_5	181.88
PbO	223.20	WO_3	231.85

附录 3 相对原子量表(1985)

原子序数	元素名称	符号	相对原子量	原子序数	元素名称	符号	相对原子量
1	氢	H	1.00794	19	钾	K	39.0983
2	氦	He	4.002602	20	钙	Ca	40.078
3	锂	Li	6.941	21	钪	Sc	44.955910
4	铍	Be	9.012182	22	钛	Ti	47.88
5	硼	B	10.811	23	钒	V	50.9415
6	碳	C	12.011	24	铬	Cr	51.9961
7	氮	N	14.00674	25	锰	Mn	54.93805
8	氧	O	15.9994	26	铁	Fe	55.847
9	氟	F	18.9984032	27	钴	Co	58.93320
10	氖	Ne	20.1797	28	镍	Ni	58.69
11	钠	Na	22.989768	29	铜	Cu	63.546
12	镁	Mg	24.3050	30	锌	Zn	65.39
13	铝	Al	26.981539	31	镓	Ga	69.723
14	硅	Si	28.0855	32	锗	Ge	72.61
15	磷	P	30.973762	33	砷	As	74.92159
16	硫	S	32.066	34	硒	Se	78.96
17	氯	Cl	35.4527	35	溴	Br	79.904
18	氩	Ar	39.948	36	氪	Kr	83.80

续表

原子序数	元素名称	符号	相对原子量	原子序数	元素名称	符号	相对原子量
37	铷	Rb	85.4678	65	铽	Tb	158.92534
38	锶	Sr	87.62	66	镝	Dy	162.50
39	钇	Y	88.90585	67	钬	Ho	164.93032
40	锆	Zr	91.224	68	铒	Er	167.26
41	铌	Nb	92.90638	69	铥	Tm	168.93421
42	钼	Mo	95.94	70	镱	Yb	173.40
43	锝	Tc	98.9062	71	镥	Lu	174.967
44	钌	Ru	101.07	72	铪	Hf	178.49
45	铑	Rh	102.90550	73	钽	Ta	180.9479
46	钯	Pd	106.41	74	钨	W	183.85
47	银	Ag	107.8682	75	铼	Re	186.207
48	镉	Cd	112.411	76	锇	Os	190.2
49	铟	In	114.82	77	铱	Ir	192.22
50	锡	Sn	118.710	78	铂	Pt	195.08
51	锑	Sb	121.75	79	金	Au	196.96654
52	碲	Te	127.60	80	汞	Hg	200.59
53	碘	I	126.90447	81	铊	Tl	204.3833
54	氙	Xe	131.29	82	铅	Pb	207.2
55	铯	Cs	132.90543	83	铋	Bi	208.98037
56	钡	Ba	137.327	84	钋	Po	〔210〕
57	镧	La	138.9055	85	砹	At	〔210〕
58	铈	Ce	140.115	86	氡	Rn	〔222〕
59	镨	Pr	140.90765	87	钫	Fr	〔223〕
60	钕	Nd	144.24	88	镭	Ra	226.0254
61	钷	Pm	〔145〕	89	锕	Ac	227.0278
62	钐	Sm	150.36	90	钍	Th	232.0381
63	铕	Eu	151.965	91	镤	Pa	231.03588
64	钆	Gd	157.25	92	铀	U	238.0289

附录4　不同标准溶液浓度的温度补正值

温度补正值/℃ \ 标准溶液种类	水和 0.05mol·L^{-1} 以下的各种水溶液	0.1mol·L^{-1}和 0.2mol·L^{-1} 各种水溶液	0.5mol·L^{-1} 盐酸溶液	1mol·L^{-1} 盐酸溶液	硫酸溶液 0.5mol·L^{-1} 氢氧化钠溶液	硫酸溶液 1mol·L^{-1} 氢氧化钠溶液
5	+1.38	+1.7	+1.9	+2.3	+2.4	+3.6
6	+1.38	+1.7	+1.9	+2.2	+2.3	+3.4
7	+1.36	+1.6	+1.8	+2.2	+2.2	+3.2
8	+1.33	+1.6	+1.8	+2.1	+2.2	+3.0
9	+1.29	+1.5	+1.7	+2.0	+2.1	+2.7
10	+1.23	+1.5	+1.6	+1.9	+2.0	+2.5
11	+1.17	+1.4	+1.5	+1.8	+1.8	+2.3
12	+1.10	+1.3	+1.4	+1.6	+1.7	+2.0
13	+0.99	+1.1	+1.2	+1.4	+1.5	+1.8
14	+0.88	+1.0	+1.1	+1.2	+1.3	+1.6
15	+0.77	+0.9	+0.9	+1.0	+1.1	+1.3
16	+0.64	+0.7	+0.8	+0.8	+0.9	+1.1
17	+0.50	+0.6	+0.6	+0.6	+0.7	+0.8
18	+0.34	+0.4	+0.4	+0.4	+0.5	+0.6
19	+0.18	+0.2	+0.2	+0.2	+0.2	+0.3

温度补正值/℃　标准溶液种类	水和 0.05mol·L⁻¹ 以下的各种水溶液	0.1mol·L⁻¹和 0.2mol·L⁻¹ 各种水溶液	0.5mol·L⁻¹ 盐酸溶液	1mol·L⁻¹ 盐酸溶液	硫酸溶液 0.5mol·L⁻¹ 氢氧化钠溶液	硫酸溶液 1mol·L⁻¹ 氢氧化钠溶液
20	0.00	0.00	0.00	0.00	0.00	0.00
21	-0.18	-0.2	-0.2	-0.2	-0.2	-0.3
22	-0.38	-0.4	-0.4	-0.5	-0.5	-0.6
23	-0.58	-0.6	-0.7	-0.7	-0.8	-0.9
24	-0.80	-0.9	-0.9	-1.0	-1.0	-1.2
25	-1.03	-1.1	-1.1	-1.2	-1.3	-1.5
26	-1.26	-1.4	-1.4	-1.4	-1.5	-1.8
27	-1.51	-1.7	-1.7	-1.7	-1.8	-2.1
28	-1.76	-2.0	-2.0	-2.0	-2.1	-2.4
29	-2.01	-2.3	-2.3	-2.3	-2.4	-2.8
30	-2.30	-2.5	-2.5	-2.6	-2.8	-3.2
31	-2.58	-2.7	-2.7	-2.9	-3.1	-3.5
32	-2.86	-3.0	-3.0	-3.2	-3.4	-3.9
33	-3.04	-3.2	-3.3	-3.5	-3.7	-4.2
34	-3.47	-3.7	-3.6	-3.8	-4.1	-4.6
35	-3.78	-4.0	-4.0	-4.1	-4.4	-5.0
26	-4.10	-4.3	-4.3	-4.4	-4.7	-5.3

注：（1）本表数值是以20℃为标准温度以实测法测出。

（2）表中带有"＋"、"－"号的数值是以20℃为分界，室温低于20℃的补正值均为"＋"，高于20℃的补正值均为"－"。

（3）本表的用法：如1L硫酸溶液（$c_{\frac{1}{2}H_2SO_4} = 1mol·L^{-1}$）由25℃换算为20℃时，其体积修正值为-1.5mL，故40.00mL换算为20℃的体积为 $V_{20} = 40.00 - 1.5/1000 × 40.00 = 39.94(mL)$。

附表5　不同温度时各标准缓冲溶液的 pH 值

温度/℃　标准缓冲液	邻苯二甲酸氢钾 （KHC₈H₄O₄）标准缓冲溶液	混合磷酸盐 （KH₂PO₄ - NaHPO₄） 标准缓冲溶液	硼砂 （Na₂B₄O₇·10H₂O） 标准缓冲溶液
10	4.00	6.92	9.33
15	4.00	6.90	9.28
20	4.00	6.88	9.23
25	4.00	6.86	9.18
30	4.01	6.86	9.14
35	4.02	6.84	9.11

物理化学部分

第一章　误差和实验数据处理

物理化学实验是物理化学学科的重要组成部分，它运用物理及化学的实验方法和技术，研究物质的性质、相态变化和相互间化学变化的规律，观察物理化学的实验现象，测定物理化学常数。在实验研究工作中，一方面要研究实验方案，选择适当的测量方法，进行各物理量的直接测量；另一方面还必须将直接测量值进行整理、归纳，计算一些间接测量值，以寻求被研究的变量间的规律。不论是测量工作，还是数据处理工作，树立正确的误差概念是十分必要的。应该说，一个实验工作者具有正确表达实验结果及处理数据的能力和具有精细的进行实验工作的本领，是同等重要的。

一、基本概念

1. 直接测量和间接测量

直接测量是利用测量仪器对某物理量进行的测量，测量结果直接用实验数据表达。例如，用尺测量长度，用天平测量质量，用滴定管测量液体体积等。

间接测量是指根据若干个直接测量结果，通过某些方程式的计算，得到所求量的测量。例如，用直接测量的质量与体积计算得到液体的密度。物理化学实验所求结果大都要由间接测量而得，如摩尔质量、化学反应热、化学平衡常数、反应速率常数等测定都是间接测量。

2. 误差

在实际测量过程中，由于受测量工具、测量方法、测量条件及测量者等主观因素的影响，测量结果和真值之间总是存在或大或小的差值。测量值和真值之差，称为误差或绝对误差。误差反映了测量值偏离被测物理量真值的程度，误差越小，测量值越接近真值。

由于任何测量都有误差，一般情况下真值是得不到的，常用高精度测量值、多次测量结果的算术平均值或用文献手册所载的公认值代替真值。

3. 准确度和精密度

准确度表示测量值和真值的接近程度，反映测量结果的正确性，精密度表示同一物理量多次测量结果的彼此符合程度，反映测量结果的重复性和再现性。它们是表示测量结果可靠程度的两个不同的概念。精密度高的测量结果，多次测量重复性好，但并不一定准确度高，可能与真值有较大的偏差，这是由于相同的因素引起恒定误差所致。准确度高的测量结果必须有好的精密度来保证，否则，精密度不高说明测量值本身就不可靠，当然不能说准确度高。

二、误差的来源和分类

根据误差的来源及性质，可将误差分为系统误差、偶然误差和过失误差三类。

1. 系统误差

系统误差是由于一定原因引起的，它对测量结果的影响是固定的或是有规律变化的。它使测量结果总是偏向一方，即总偏大或偏小。这类误差的数值或是基本不变，或是按一定规律变化。因而，在多数情况下，它们对测量结果的影响可以用修正值来消除。

系统误差按产生原因的不同可分为：

（1）仪器误差：这是由于仪器结构上的缺陷引起的，如天平砝码不准确，气压计的真空度不高，仪器刻度划分不准确等。这类误差可用标定的方法加以校正。

（2）试剂误差：是在化学实验中，所用试剂纯度不够而引起的误差。在某些情况下，试剂所含杂质可能给实验结果带来严重影响。消除这类误差的方法是换用纯度合乎要求的试剂。

（3）方法误差：这是由于实验方法的理论依据有缺点而引起的。例如，根据理想气体状态方程测定气体摩尔质量时，由于实际气体对理想气体的偏差，使所得摩尔质量有误差。只有用多种方法测量同一物理量，所得数据相一致时，才可认为方法误差已基本消除，结果是可靠的。

（4）个人误差：这是由于测量者的习惯或主观因素引起的误差。如观测某一信号的时间总是滞后，读取仪器示值时眼睛位置总是偏向一边，判定滴定终点的颜色各人不同等。

（5）环境误差：是由于实验过程中外界温度、压力、湿度等变化所引起的误差。如使用恒温槽可以减小由于环境温度变化所引起的误差，但事实上恒温槽的温度并不完全恒定，而且由于传热引起的温差总是存在的，不可能完全消除环境温度的影响。环境的其他因素如压力、湿度的影响同样不可能完全消除。

因为系统误差的数值可能比较大，所以必须消除系统误差的影响，才能有效提高测量的精度。实验工作者的重要任务之一就是发现系统误差的存在，找出系统误差的来源，选择有效的消除或减小系统误差的办法。

2. 偶然误差

即使系统误差已被修正，在同一条件下对某一个量进行多次重复测量时，多次测量值之间仍会存在微小的差异。这些差异是由于一些暂时未能掌握的或不便掌握的微小因素所引起的，这类差异称为偶然误差。这类误差的出现没有确定的规律，即前一次测量误差出现后，不能预料下一次测量误差的大小和方向，但就其总体而言，具有统计规律性。

若对一个物理量 S 做了多次测量，测量值分布在一定数值范围内。若将此数值范围分成若干等分，每个间隔值为 ΔS，将多次测量结果在每一个测量范围 $S_i \to (S_i + \Delta S)$ 中出现的次数 ΔN_i 对 S_i 作图，得图 1-1 所示的直方图。当测量次数足够多，ΔS 足够小时，可得一条曲线。如果系统误差已被消除，则曲线的最高点所对应的 S_i 值为 S_0，它等于真值。由图 1-1 看出：

（1）同样大小的正误差和负误差的出现次数相等。

（2）结果中误差小的值出现次数多，误差大的值出现次数少。

偶然误差的这种分布称为正态分布，多数测量的偶然误差是服从这种规律的。正是由于偶然误差中出现误差的机会相同，故人们常用多次测量结果的算术平均值作为接近真值的测量结果。

3. 过失误差

这种误差实际上是由实验者的过失引起的偏差，

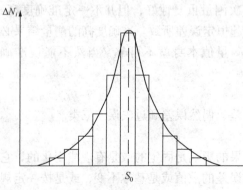

图 1-1　偶然误差分布

如配错溶液、读错或写错数据。若在实验中发现过失，应及时将其测量结果舍弃，重新测量。

系统误差和过失误差是可以设法避免或减小的，而偶然误差则不能消除，因此，最佳实验结果应仅含有微小的偶然误差。

三、误差的表示方法

1. 绝对误差与相对误差

误差可以用绝对误差和相对误差来表示。它们都是测量值准确度的度量，误差绝对值越小，测量值的准确度越高。绝对误差等于测量值减真值，它具有与测量值相同的单位。相对误差等于测量值的绝对误差在真值中所占的分数或百分数，它是无因次量。

$$绝对误差 = 测量值 - 真值$$
$$相对误差 = 绝对误差/真值$$

绝对误差可以评定测量值与真值的偏差大小。例如，用分析天平称量两个样品的质量，测量值分别为 1.0001g 及 0.1001g，若真值分别为 1.0000g 及 0.1000g，则它们的绝对误差都是 0.0001，说明与真值偏离了相同的值。但它们的相对误差分别为 0.01% 及 0.1%，相差 10 倍，说明前一样品测量准确度更高。此外，相对误差可以比较不同物理量测定的准确度大小，而绝对误差则不能。

计算误差时都需要用到真值，物理化学实验中常将文献值、手册值作为真值，有时也用更精确的仪器测量真值，或用更精确的方法测量的结果作为真值。

2. 多次测量的误差表示法

有些物理量在实验中可对同一量值进行多次等精度重复测量。由于偶然误差的存在，每个测量值一般都不相同，它们围绕着这组测量结果的算术平均值有一定的分散。这个分散程度说明了单次测量值的不可靠性，故有必要找一个数值作为这组测量值中单次测量值不可靠性的评定标准。

若对一真值为 S_0 的物理量作了 n 次测量，在消除系统误差后，n 次测量结果分别为 $S_i(i=1、2、\cdots、n)$。由于真值 S_0 常不可知，可用所有 S_i 值的算术平均值 $\bar{S}$ 代替。

$$\bar{S} = \frac{S_1 + S_2 + \cdots + S_n}{n} = \frac{1}{n}\sum_{i=1}^{n} S_i$$

为了反映 n 次测量的精密度和准确度，常用以下几个概念：

平均误差

$$\delta = \frac{1}{n}\sum_{i=1}^{n} |S_i - \bar{S}|$$

相对平均误差

$$\delta_{相对} = \frac{\delta}{S}$$

标准误差

$$\sigma = \sqrt{\frac{1}{n - \sum_{i=1}^{n}(S_i - \bar{S})^2}}$$

相对标准误差

$$\sigma_{相对} = \frac{\delta}{S}$$

平均误差和标准误差都可以表示测量结果的精密度。平均误差或标准误差越小，精密度越高。实验结果可以表示为：

$$\bar{S} \pm \delta \text{ 或 } \bar{S} \pm \sigma$$

由于偶然误差服从正态分布规律，标准误差比平均误差能更好地体现测量的精密度。在标准误差计算中，单次测量误差平方以后，更突出了较大误差的作用。因此，标准误差小，说明单次测量的可靠性大，测量精度高。标准误差可以作为单次测量不可靠性的评价标准。例如，两个学生甲、乙对同一试样的分析结果见表 1 - 1。

表 1 - 1　分析试样对比

	甲				乙		
i	S_i	$\|S_i - \bar{S}\|$	$\|S_i - \bar{S}\|^2$	i	S_i	$\|S_i - \bar{S}\|$	$\|S_i - \bar{S}\|^2$
1	257.6	2.6	6.76	1	256.1	1.01	1.21
2	257.4	2.4	5.76	2	255.0	0	0
3	253.0	2.0	4.00	3	258.9	3.9	15.21
4	253.5	1.5	2.25	4	250.2	4.8	23.04
5	253.5	1.5	2.25	5	254.8	0.2	0.04
Σ	1275.0	10.0	21.02	Σ	1275.0	10.0	39.53
$\bar{S} = 255.0$	$\delta = 2.0$	$\sigma = 2.3$		$\bar{S} = 255.0$	$\delta = 2.0$	$\sigma = 3.1$	

从表 1 - 1 中数据可知，甲的测量精密度比乙高，但两人的平均误差都是 2.0，而标准误差却分别为 2.3 及 3.1。所以，准确地表示测量精密度应使用标准误差。由于标准误差的计算比较繁琐，常用平均误差表示精密度，尤其是当测量次数很少时。

有时也用相对平均误差或相对标准误差表示测量结果的精密度。

四、有效数字

任何直接或间接测量值的有效数字都说明其准确度，一般最后一位有效数字是可疑数字，前面各位均为可靠数字。因此，不论是读取、记录实验数据还是进行实验数据处理，正确取舍有效数字都是十分重要的。

一个数从左边第一位不为零的数字至最后一位数字称有效数字。一般情况下，数中小数点位于有效数字之间或最后时，此数字可直接表示，否则用科学记数法表示。科学记数法的 10^n 不是有效数字。

读取直接测量值时，根据测量仪器示数部分的刻度读出数值的可靠数字，再由刻度间估计一位可疑数字。如某个温度测量值为 $12.0℃$，表示它是用 $1°$ 分度温度计测量的，最后一位"0"是根据水银柱在刻度间的位置估计的。而 $12.00℃$ 表示是使用 $0.1°$ 分度温度计测量的，可以认为其读数误差为 $±0.01℃$ 或 $±0.02℃$。

在数值运算中有效数字保留规则简述如下：

（1）加减运算：运算结果只保留第一位可疑数字，第二位可疑数字四舍五入，后面各位舍弃。例如：

$$19.3(5) + 3.24(5) - 20.1(0) = 2.4(9)(5)$$

取 2.50，式中括号内数字为可疑数字。

（2）乘除运算：计算结果有效数字位数与因数中有效数字位数最少者相同。如果因数中有效数字位数最少者的首位数大于或等于 8 时，计算结果可多取一位有效数字。例如：

$$5.32 \times 2.3/28.00 = 0.44$$

$$2.430 \times 0.0601/8.1 = 1.80 \times 10^{-2}$$

（3）对数及指数运算：对数尾数的有效数字应与真数的有效数字位数相同。例如：

$$\lg 401.2 = 2.6032$$

$$e^{32.46} = 1.3 \times 10^{14}$$

（4）在多步计算中，对于运算中间值，通常比原应有的有效数字多保留一位，以免四舍五入对最终结果影响太大。最终结果应按上述规则只保留应有的有效数字。

（5）计算平均值时，对参加平均的数为 4 个或 4 个以上者，平均值的有效数字多取 1 位。

（6）计算式中的常数，如圆周率、摩尔气体常数、阿伏加德罗常数或单位换算系数等，取的有效数字位数应较式中各物理量测量值的有效数字位数多 1 位以上，以减少由于常数取值不当带来的误差。

（7）表示误差的数值有效数字最多取两位。测量值的末尾数与绝对误差的末尾数要对应。例如可表示为：

$$237.46 \pm 0.13 \qquad (1.234 \pm 0.009) \times 10^{5}$$

五、误差的传递

前面讨论的误差主要是直接测量某物理量时的情况。物理化学实验中多数为间接测量，需要对几个物理量进行测量，然后通过一定的函数关系加以运算，才能得到所需的结果。因此，每一个直接测量值的误差都会反映到最后的间接测量结果中。误差的传递就是讨论间接测量误差与直接测量误差间的关系。

设有函数 $N = f(x, y)$，其中 x、y 是可直接测量的物理量，其绝对误差分别是 Δx 和 Δy。物理量 N 可由 x 和 y 间求得，ΔN 代表由 x、y 的绝对误差引起的 N 的绝对误差。

为求 N 的相对误差先取 N 的对数：

$$\ln N = \ln f(x, y)$$

再取微分：

$$\mathrm{d}\ln N = \mathrm{d}\ln f(x, y)$$

$$\frac{\mathrm{d}N}{N} = \frac{1}{f(x, y)} \mathrm{d}f(x, y)$$

$$\mathrm{d}f(x, y) = \left(\frac{\partial N}{\partial x}\right)_y \mathrm{d}x + \left(\frac{\partial N}{\partial y}\right)_x \mathrm{d}y$$

$$\frac{\mathrm{d}N}{N} = \frac{1}{f(x, y)}\left[\left(\frac{\partial N}{\partial x}\right)_y \mathrm{d}x + \left(\frac{\partial N}{\partial y}\right)_x \mathrm{d}y\right]$$

设各直接测量值及间接测量值的绝对误差很小，可代替它们的微分值。并考虑到各误差可正可负，为求最大可能的误差，将各误差的绝对值加和。

$$\Delta N = \left|\frac{\partial N}{\partial x}\right| \cdot |\Delta x| + \left|\frac{\partial N}{\partial y}\right| \cdot |\Delta y|$$

$$\frac{\Delta N}{N} = \frac{1}{f(x, y)}\left[\left|\frac{\partial N}{\partial x}\right| \cdot |\Delta x| + \left|\frac{\partial N}{\partial y}\right| \cdot |\Delta y|\right]$$

表 1－2 列出了部分函数的绝对误差及相对误差。

表1-2　部分函数的绝对误差与相对误差

项　　目	函数关系	绝 对 误 差	相 对 误 差
加法	$N = x + y$	$\Delta N = \pm \left(\lvert \Delta x \rvert + \lvert \Delta y \rvert \right)$	$\dfrac{\Delta N}{N} = \pm \left(\dfrac{\lvert \Delta x \rvert + \lvert \Delta y \rvert}{x + y} \right)$
减法	$N = x - y$	$\Delta N = \pm \left(\lvert \Delta x \rvert + \lvert \Delta y \rvert \right)$	$\dfrac{\Delta N}{N} = \pm \left(\dfrac{\lvert \Delta x \rvert + \lvert \Delta y \rvert}{x - y} \right)$
乘法	$N = xy$	$\Delta N = \pm \left(\lvert y \Delta x \rvert + \lvert x \Delta y \rvert \right)$	$\dfrac{\Delta N}{N} = \pm \left(\left\lvert \dfrac{\Delta x}{x} \right\rvert + \left\lvert \dfrac{\Delta y}{y} \right\rvert \right)$
除法	$N = x/y$	$\Delta N = \pm \left(\dfrac{\lvert y \Delta x \rvert + \lvert x \Delta y \rvert}{y^2} \right)$	$\dfrac{\Delta N}{N} = \pm \left(\left\lvert \dfrac{\Delta x}{x} \right\rvert + \left\lvert \dfrac{\Delta y}{y} \right\rvert \right)$
指数	$N = x^2$	$\Delta N = \pm \left(n x^{n-1} \Delta x \right)$	$\dfrac{\Delta N}{N} = \pm \left(\dfrac{\Delta x}{x \ln x} \right)$
对数	$N = \ln x$	$\Delta N = \pm \left(\dfrac{\Delta x}{x} \right)$	$\dfrac{\Delta N}{N} = \pm \left(\dfrac{\Delta x}{x \ln x} \right)$

　　通过对误差传递情况的分析，找出间接测量值误差的主要来源，可以指导选择正确的实验方法，合理配置测量仪器，确定有利的测量条件，抓住测量的关键，得到较好的结果。

　　例如，在用凝点降低法测定溶质摩尔质量的实验中，计算公式如下：

$$M = \frac{1000 K_f}{T_0 - T} \cdot \frac{W_B}{W_A}$$

式中　　K_f——溶剂的凝点降低常数；

W_A、W_B——溶剂、溶质的质量；

　　T_0、T——纯溶剂、溶液的凝点。

　　其中 W_A、W_B、T_0 和 T 为直接测量值。以一次实测为例，各直接测量结果见表1-3所列。

表1-3　测量结果

初测物理量	测 量 结 果	测 量 仪 器	测 量 精 度
溶质质量	$W_B = 0.1505\text{g}$	分析天平	$\pm 0.0002\text{g}$
溶剂质量	$W_A = 20.35\text{g}$	工业天平	$\pm 0.05\text{g}$
溶剂凝点	$T_0 = 5.800℃$	贝克曼温度计	$\pm 0.002℃$
	$5.790℃$		
	$5.802℃$		
溶液凝点	$T = 5.499℃$	贝克曼温度计	$\pm 0.002℃$
	$5.502℃$		
	$5.493℃$		

对计算溶质摩尔质量 M 的公式两侧求对数：

$$\ln M = \ln(1000K_f) + \ln W_B - \ln W_A - \ln(T_0 - T)$$

取微分：

$$d\ln M = d\ln W_B - d\ln W_A - d\ln(T_0 - T)$$

$$\left|\frac{\Delta M}{M}\right| = \left|\frac{\Delta W_B}{W_B}\right| + \left|\frac{\Delta W_A}{W_A}\right| + \frac{|\Delta T_0| + |\Delta T|}{|T_0 - T|}$$

根据表 1-3 中数据可知：

$$\overline{T_0} = \frac{5.800 + 5.791 + 5.802}{3} = 5.798℃$$

每次测量的绝对误差为：

$$|\Delta T_{01}| = |5.800 - 5.798| = 0.002℃$$
$$|\Delta T_{02}| = |5.791 - 5.798| = 0.007℃$$
$$|\Delta T_{03}| = |5.802 - 5.798| = 0.004℃$$

平均误差为：

$$\overline{\Delta T_0} = \frac{0.002 + 0.007 + 0.004}{3} = \pm0.004℃$$

同理得：

$$\overline{T} = 5.498℃$$
$$\overline{\Delta T} = \pm0.003℃$$
$$\frac{\Delta M}{M} = \pm\left(\frac{0.0002}{0.1505} + \frac{0.05}{20.35} + \frac{0.004 + 0.003}{5.798 - 5.498}\right)$$
$$= \pm(0.13 \times 10^{-2} + 0.25 \times 10^{-2} + 2.3 \times 10^{-2})$$
$$= \pm3 \times 10^{-2}$$
$$= \pm3\%$$

计算结果表明，此实验结果的误差主要来源是温度测量。欲提高测量的准确度，必须采用更精密的测温仪器（如热敏电阻），提高称量的准确度并不能增加测定摩尔质量的准确度。因此，用工业天平称量质量较大的溶剂已足够准确，过分的准确称量是没有意义的。对于质量较小的溶质，应用分析天平称量。

应该指出，上述计算中温度是进行了三次测量，故其绝对误差用平均绝对误差，而质量测量只有一次测量值，则以仪器测量精度作为绝对误差。仪器测量精度是由仪器提供的有限准确度，如天平的感量。若仪器没有专门提供有限准确度，也可用最小分度间隔中可实际估计的最小值确定。例如，1℃刻度的温度计，若两个相邻分度刻度间距足够大，有限准确度可取0.1℃。用仪器测量精度作为绝对误差是一种近似办法，只有当测量的实际误差与仪器测量精确度相符时才是完全正确的，但实际上常常不是如此。如上例中表1-3贝克曼温度计的测量精度是±0.002℃，而两个温度的实际测量平均误差分别为0.004℃及0.003℃。

六、实验数据的表示方法

实验数据表示法通常有列表法、图形法、方程式法三种，这三种方法各有优缺点。同一组数据，不一定需用三种方法表示，表示方法的选择需依经验及理论知识确定。

1. 列表法

许多测量常常包括两个或两个以上变量，其中有自变量及因变量两种。列表法就是将一组实验数据中的自变量、因变量的各个数值以一定形式和顺序一一对应列出。列表法的优点为简单易作，形式紧凑，同一表内可以同时表示几个变量间的变化而不混乱；数据易于比较，表示直接，不引入处理误差。列表时应注意以下事项：

（1）表的名称及其说明：每一表格应有简明而完备的名称。如名称过简，不足以说明其原意时，则在名称下面或表的下面附加说明，并注出数据来源。

（2）行名及单位：在表的每一行或每一列的第一栏，应注明本行或本列数据的名称及单位。

（3）表中数据应化为最简单的形式，公共因子可在第一栏的名称下注明。

（4）注意同样仪器测量结果应有相同的有限准确度，一般有效数字最后一位的位置应相同。如果它们写成一列，应将小数点对齐。数据为零时记作"0"，数据空缺时记作"—"。

（5）原始数据可与处理结果并列于同一表中，在表下注明处理方式，最好给出计算示例。

（6）在表内或表外适当位置列出实验条件及环境情况，如室温、大气压、湿度、实验日期和测定者签字等。

2. 作图法

实验数据图形表示法是根据解析几何原理，用几何图形将实验数据表示出来。作图法的优点是形象、直观、简明，能直接显示数据的规律性和特征，如极大、极小、转折点、周期性等，并可对数据做进一步处理，如求内插值、外推值、经验方程常数等。因此，作图法是一种非常重要的数据表示方法，用途很广，应熟练掌握。作图的一般步骤和规则如下：

（1）坐标纸的选择：通常使用直角坐标纸，有时选用单对数坐标纸或双对数坐标纸。某些特殊情况下，还可使用极坐标纸或三角坐标纸。

（2）坐标轴和坐标分度选择：用直角坐标作图时，一般以自变量为横轴，因变量为纵轴，坐标轴的读数不要求一定从零开始，可视具体情况而定。

坐标轴的分度选择非常重要，它直接影响图的位置、大小和形状。若选择不当，可使曲线变形，看不出数据的规律性，甚至使极大、极小或转折点等特殊部分显示不出来，导致错误的结论。分度的选择一般遵循下列规则：

① 坐标分度应能表示全部的有效数字，使测量值的最后一位有效数字在图中也能估计出来，做到既不夸大也不缩小实验误差。

② 选定的坐标分度应便于读数和计算。通常应使最小分度所代表的变量值为1、2、5及其倍数，在一般情况下3、7、9是不宜使用的。应以略低于最小测量值的整数坐标值的起点，略大于最大测量值的整数坐标值的上限。注意不要将实验数据标在坐标轴上。

③ 在基本满足上述条件的前提下，直角坐标的两个变量的全部变化范围在两个坐标轴上表示的长度要相近，不可相差太悬殊。在坐标分度及起点确定后，画出坐标轴，注明其代表的变量名称及单位。并在纵轴左边及横轴下面每隔一段相同距离标注该处代表的变量值。一般横轴读数从左到右增大，纵轴从下到上增大。

（3）描点：将测量的数据标在图上相应的位置，数据的位置一般不用单纯的点表示，而用"×、○、△、□"等符号表示，符号大小应粗略代表该数据的测量绝对误差。如果一张图上画几组不同的测量值时，各组测量值应以不同的符号表示其位置，并在图的适当位置或以图注形式注明各符号代表的意义，以便区分。

（4）画线：把点描好后，用曲线尺或直尺作出尽可能和各实验点都接近的均匀、光滑、连续的曲线。不要求曲线通过所有各实验点，但各点在曲线两侧的分布要均匀。即两侧实验点数目基本相等，各点与曲线的距离尽可能小且相近。

（5）图名和图注：图做好以后，应写上清楚、完整的图名以及坐标分度值。必要时应注明测量条件、测量者的姓名、实验日期等。

作图法在实验数据处理上应用非常广泛，其中常用的方法如下：

（1）求内插值：根据实验数据，作出两变量间的函数关系曲线，就可由一个变量的值在图上找到对应的另一变量的值。例如，在"二元液系相图的绘制"实验中，先测定并描绘出溶液组成和折射率之间关系的标准工作曲线，然后每测定一个未知溶液样品的折射率，就可在工作曲线上找到该溶液的组成。

（2）求外推值：在某些特定条件下，可根据测量数据间的线性关系，外推求得测量范围以外的数值。例如，强电解质无限稀释摩尔电导值无法直接测定，但浓度很稀时，强电解质溶液摩尔电导与溶液浓度 c 服从下列关系：$\hat{m} = \hat{\infty}_m - A\sqrt{c}$。

因此，测定浓度很稀的溶液的摩尔电导，按 $\hat{m}$ 与 c 关系作出直线，外推至 $c=0$ 处，即可得到 $\hat{\infty}_m$ 值。

（3）求转折点和极值：物理量的极大值、极小值及变化过程中的转折点，在图上表现得非常直观和准确。因此，常用作图法处理有关极值和转折点实验的数据。例如，二元液系相图中最低恒沸点及其组成的确定，二元凝聚系冷却曲线中凝点的确定等。

（4）求线性方程中常数：如果两物理量间存在线性关系或可线性化的函数关系，线性关系式为 $y = mx + b$，则可通过测定一系列对应的 x、y 值，作图画直线。由所得直线上任意两点 1、2（这两点距离应尽量大些）的坐标值可计算斜率 m 及截距 b。

$$m = \frac{y_2 - y_1}{x_2 - x_1}$$

$$b = y_1 - mx_1$$

例如，平衡常数 k_p^ϕ 和反应温度 T 的关系为：

$$\ln k_p^\phi = \frac{\Delta rH_m^\phi}{RT} + C$$

根据实验数据作 $\ln k_p^\phi - \frac{1}{T}$ 图，可得一直线，由直线斜率可求得平均反应热 ΔrH_m^ϕ。某些其他非线性方程也可用类似方法直线化，用作图法处理。

3. 方程式法

方程式法就是将实验数据间的相互关系用数学方程的形式表示出来。这种方法的优点是表达形式简单、记录方便、易于进一步处理（如求导数、积分、差值等）。另外，建立经验方程有利于揭示所测物理量间更本质的联系和规律。

在各种数学方程中，直线方程是比较简单的一种，这里主要介绍直线方程的建立方法。某些可以直线化的方程式，可在直线化后用这里介绍的方法建立方程。表 1 - 4 中举出了某些可以直线化的方程式。

表 1 - 4　可以直线化的方程式

原方程式	变 量 变 换		直线化后方程式
	y^*	x^*	
$y = ab^x$	$\ln y$	x	$y^* = \ln a + \ln b \cdot x^*$
$y = ae^{bx}$	$\ln y$	x	$y^* = \ln a + bx^*$
$y = e^{a+bx}$	$\ln y$	x	$y^* = a + bx^*$
$y = ax^b$	$\ln y$	$\ln x$	$y^* = \ln a + bx^*$
$y = \dfrac{1}{a + bx}$	$1/y$	x	$y^* = a + bx^*$
	x/y	x	$y^* = a + bx^*$
$y = \dfrac{x}{a + bx}$	$1/y$	$1/x$	$y^* = b + ax^*$

　　建立直线方程 $y = mx + b$ 的任务是由实验测定的 x、y 数值，求出最合理的斜率 m 和截距 b 的值。求 m、b 值的常见方法有图解法和计算法两种，图解法前面已经说明，下面简要介绍计算法中较准确的最小二乘法。

　　最小二乘法的依据是实验值对拟合直线的绝对偏差的平方和最小的原则。这样找出的直线方程应是符合该组实验数值的最佳直线方程。设实验测得 n 组数据分别为 (x_1, y_1)、(x_2, y_2)、(x_3, y_3)、$\cdots$、(x_n, y_n)，以下述方程回归。

$$Y = mx + b$$

每次测量结果的偏差 $\delta_i = (mx_i + b) - y_i$

n 次测量偏差的平方和：

$$S = \sum_{i=1}^{n} \delta_i^2 = \sum_{i=1}^{n} (mx_i + b - y_i)^2$$

　　根据函数存在极值的条件，若使偏差平方和最小时，必然将上面两式联立即可解出 m 和 b 的值。

$$\left(\frac{\partial S}{\partial b} \right)_m = 2 \sum_{i=1}^{n} (mx_i + b - y_i) = 0$$

$$\left(\frac{\partial S}{\partial b} \right)_b = 2 \sum_{i=1}^{n} \left[x_i (mx_i + b - y_i) \right] = 0$$

式中，$\sum$ 都代表 $\sum_{i=1}^{n}$，将各测量值代入上述二式可求出直线方程的最佳常数值。

　　最小二乘法计算复杂，但结果比较准确，人为因素小。随着微型计算机的普及，用最小二乘法处理数据的方法已被更广泛地采用。

第二章　实验仪器

仪器1　气压计

气压计的种类很多，实验室最常用的是动槽式和定槽式气压计。

一、气压计的构造

动槽式气压计（见图2-1）主要是一根长90cm、一端封闭的玻璃管1。管中盛有汞，倒插在下面汞槽2中，玻璃管中汞面上部为真空，汞槽底部为一羊皮袋3，可以借助下面的螺旋4调节其中汞面的高度，汞面的高度正好与固定在槽顶的象牙针尖5接触。这个面就是测定汞柱高度的基准面，也就是铜管标尺的零点。黄铜管标尺上附有可上下滑动的游标尺7。

二、气压计的使用方法

1. 调节汞槽中汞的基准面

慢慢旋转底部螺旋4，使汞槽中的汞面与象牙针尖恰好接触。

2. 调节游标尺

转动旋钮6使游标7的下沿高于汞柱面，然后慢慢下降，直到游标尺的下沿和汞柱的凸面相切，这时观察者的眼睛、游标尺的下沿和汞柱的凸面应在同一水平面上。

3. 读取气压计数值

从游标尺下沿零线所对应铜管标尺上的刻度，读出气压计的整数部分。从游标尺上找出一条正好与标尺上某一刻度相重合的线，这条线在游标尺上的读数，就是气压的小数部分。同时记下气压计的温度，然后进行校正。

三、气压计读数的校正

气压计的刻度是以0℃、纬度45°的海平面高度为标准的，因此，从气压计上直接读出的数值必须经过温度、纬度、海拔高度和仪器误差的校正才能使用。

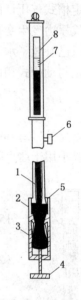

图2-1　气压计

1—玻璃管；2—汞槽；
3—羊皮袋；4—螺旋；
5—象牙针；6—旋钮；
7—游标；8—标尺

1. 仪器误差的校正

仪器误差是由于仪器本身不精确而造成读数上的误差。仪器在出厂时均附有校正表，从气压计上读出的数值，应先经此表校正。若表中是正值，应在读数上加上此值；若是负值应从读数中减去此值。

2. 温度的校正

温度会影响水银的密度及黄铜刻度标尺的长度，考虑这两个因素之后，得到下列校正公式：

$$P_0 = p\frac{H\beta t}{H\alpha t}$$

式中　p——气压计的读数；

H——海拔高度，m；

t——气压计的温度，℃；

α——水银在 0～35℃的平均体膨胀系数，$\alpha = 0.0001818$；

β——黄铜的线膨胀系数，$\beta = 0.0000184$；

P_0——将大气压读数校正到 0℃后的读数。

3. 重力校正

重力加速度随纬度 λ 和海拔高度 H 而变化，因此，气压计的读数受 λ 受 H 的影响可用下式校正：

$$p = p_0(1 - 2.65 \times 10^{-3}\cos 2\lambda - 1.96 \times 10^{-7}H)$$

四、定槽式气压计的构造

定槽式气压计的构造与动槽式气压计基本相同，只是前者的水银装在体积固定的槽内。当大气压力发生变化时，玻璃管内水银柱的液面的高度差也相应变化，由于在计算气压计的标尺时已补偿了水银槽内液面位置的变化量，因此，使用时直接利用游标尺读数即可。仪器的校正与动槽式相同。

仪器 2 贝克曼温度计

贝克曼（Beckmann）温度计（图 2-2）是一种能够精密测量温度差值的温度计。在物理化学实验中用于冰点降低、沸点升高、燃烧热等实验中以测量温度差值。

一、贝克曼温度计的特点

（1）贝克曼温度计见图 2-2 所示。全长只有 5～6℃，但可测量 -20～150℃ 范围内不超过 5～6℃ 的体系温差。

（2）刻度精细，每一度分 100 等份，可以估计到 0.002℃，精密度较高。

（3）它与普通温度计不同，在毛细管 2 的上端装了一个水银储管 3 用来调节水银球 1 中的水银量，所以，可在不同的温度范围内测量。

（4）由于水银球 1 中的水银量是可变的，因此，水银柱的刻度值就不是温度的绝对值，只能在量程范围内读出温度的差值。如在 0℃ 左右测量温度差时，水银球 1 中需要的水银量较多，可以从水银储管中移一部分水银到水球中来，以满足测量的需要；如在 100℃ 左右测量温差时，水银球中需要的水银量较少，则可将水银球中的水银移一部分到水银储管中去。因此，使用时要根据需要调节。

二、调节方法

贝克曼温度计的调节方法有两种。

1. 恒温水浴调节法

（1）水银连线。见图 2-2 所示，为了调节水银球中的水银量，首先要将上下两部分的水银连接起来。将贝克曼温度计倒立（水银球在上），此时水银由于重力沿毛细管向下流动，与水银储管中的水银在 5 处相连接，然后慢慢正立（使水银球在下），动作要缓慢，否则上下两部分水银又可能在 5 处断开。

图 2-2 贝克曼温度计

1、3—水银储管；

2—毛细管；

4—温度标尺；

5—上下水银连接处

（2）调节水银球中的水银量，根据使用要求，确定水银柱升高到5处时的温度。例如，测定水的冰点降低时，希望水的冰点在贝克曼温度计标尺3℃附近，由3℃到5℃处约升高4℃，这时水浴的温度等于水的冰点温度加上4℃。将连接好水银的贝克曼温度计放入4℃水浴中（水浴温度要用1/10℃水银温度计测量）。恒温5min以上，取出贝克曼温度计。用左手紧握其中部，使它垂直于地面，靠近胸部，用右手轻击左手背或左手小臂，水银柱即可在5处断开。当贝克曼温度计从恒温水浴中取出后，由于温度的差异，水银柱内的水银会迅速上升，因此，要求动作轻快迅速，但不必慌乱，以免造成失误。

（3）检验。调节好后将贝克曼温度计放入0℃冰水中检验。观察贝克曼温度计的读数是否在3℃左右，一般测水的冰点下降时，贝克曼温度计上的读数值调节到2~5℃是合适的，否则需要重调。

2. 标尺读数调节法

标尺读数调节法简便，是直接利用其上部水银储管处的小标尺来调节，不需要恒温水浴，但调节的误差较大。

（1）连接水银，方法同上。

（2）调节水银球中的水银量。在调节前最好先校正一下标尺的刻度，其方法是将上下水银连接好后，在室温下等5min左右，观察水银面在标尺上的位置和室温差值。调节时要考虑此差值，若调节的温度比室温高可将贝克曼温度计倒立，水银球1中的水银流入水银储管中，当水银储管中的水银下切面正好移动到小标尺上估计的温度位置时，倒转贝克曼温度计，立即将水银柱断开，断开的方法同前；若调节的温度比室温低时，可将贝克曼温度计放入冷水或冰水中，观察储管中水银下切面，当正好移动到小标尺上估计的温度位置时，将贝克曼温度计从冰水中取出，立即断开水银柱。

（3）检验，同前。

三、贝克曼温度计的校正

在不同温度下使用，贝克曼温度计水银球内的水银量是不同的。通常情况下，它的刻度是在调整温度为20℃（即在贝克曼温度计上水银柱高度指示在0℃时，相当于实际温度20℃）时定的。

四、使用注意事项

（1）贝克曼温度计尺寸较大，由玻璃制成，价格较贵，易损坏。所以，不要任意放置，一般只能放置在以下三处：①不用时放在盒内；②调节时拿在手中；③调节后安装在仪器上。

（2）调节时不能重击，以免将毛细管震断。

（3）安装时不可夹得过紧，拆卸时要注意保护温度计。

仪器3 电导率仪

目前国内广泛使用的DDS-11型电导率仪和DDS-11A型电导率仪，是测定液体电导率的仪器。这两种仪器是直读式的，测量范围广，操作简便，若配上自动平衡记录仪，可以自动记录电导值的变化状况。

一、仪器构造

仪器构造见图2-3所示。

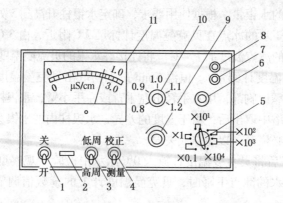

图 2 – 3   DDS – 11A 型电导率仪的面板图

1—电源开关；2—指示灯；3—高周、低周开关；4—校正、测量开关；

5—量程选择开关；6—电容补偿调节器；7—电极插口；8—10mV 输

出插口；9—校正调节器；10—电极常数调节器；11—表头

二、测量原理

在图 2 – 3 中，稳压电源输出稳定的直流电势，供给振荡器和放大器，使它们工作在稳定状态。振荡器输出电压不随电导池电阻 R_x 的变化而改变，从而为电阻分压回路提供一稳定的标准电势 E。电阻分压回路由电导池 R_x 和测量电阻箱 R_m 串联组成，E 加在该回路 AB 两端，产生测量电流 I_x。根据欧姆定律：

$$E_m = \frac{ER_m}{R_x + R_m} = \frac{ER_m}{R_m + 1/G}$$

式中，G 为电导池溶液电导率。

上式中 E 不变，R_m 经设定后也不变，所以电导 G 只是 E_m 的函数。E_m 经放大检波后在显示仪表(直流电表)上，用换算成的电导或电导率值显示出来。

三、使用方法

（1）未开电源开关前，观察表针是否指零。若不指零，可调整表头上的螺丝，使表针指零。

（2）将校正测量开关 4 扳在"校正"位置。

（3）插接电源线，打开电源开关，预热数分钟，调节校正调节器 9 使电表满刻度指示。

（4）当使用 1 ~ 8 档量程来测量电导率低于 $300\mu S \cdot cm^{-1}$ 的液体时，开关 3 扳到"低周"；当使用 9 ~ 12 量程测量电导率为 $300 ~ 10^5\mu S \cdot cm^{-1}$ 的液体时，将开关 3 扳向"高周"。

（5）将量程开关 5 扳到所需要的测量范围。如预先不知被测液体电导率的大小，应先扳在最大电导率测量档，然后逐档下降，以防表针打弯。

（6）电极的使用：用电极杆上的电极夹夹紧电极的胶木帽，将电极插头插入电极插口 7 内，旋紧插口上的紧固螺丝，再将电极浸入待测溶液中。把电极常数调节器 10 旋在该电极的电极常数位置处，电极常数的数值已贴在胶木帽上。

① 当被测液的电导率低于 $10\mu S \cdot cm^{-1}$ 时，使用 DJS – 1 型光亮电极。

② 当被测液的电导率为 $10 ~ 10^4\mu S \cdot cm^{-1}$ 时，使用 DJS – 1 型铂黑色电极。

③ 当被测液的电导率大于 $10^4\mu S \cdot cm^{-1}$，以至用 DJS – 1 型电极测不出时，选用 DJS –

10 型铂黑电极。此时应将调节器 10 旋在所用电极的 1/10 电极常数位置上。

（7）进行校正：将校正测量开关 4 扳在"校正"，调节校正调节器 9 使电表指针满刻度。注意，为了提高测量精度，当使用"×10³μS·cm⁻¹"和"×10⁴μS·cm⁻¹"这两档时，校正必须在电导池接好（电极插头插入插孔，电极浸入待测液中）的情况下进行。

（8）进行测量：将开关 4 扳到"测量"，这时指针指示数乘以量程开关 5 的倍率即为被测液的实际电导率。

（9）若要了解在测量过程中电导率的变化情况，把 10mV 输出插口 8 接至自动平衡记录仪即可。

仪器4 旋光仪的工作原理及使用方法

自然光是在垂直于传播方向上的一切方向上振动的电磁波。只在垂直于传播方向的某一方向上振动的光，称为偏振光。一束自然光以一定角度进入尼科尔棱镜（有两块直角棱镜组成）后，分解成两束振动面相互垂直的平面偏振光（见图 2-4）。由于折射率不同，两束光经过第一块棱镜而到达该棱镜与加拿大树胶层的界面时，折射率大的一束光被全反射，并有棱镜框子上的黑色涂层吸收；另一束光可以透过第二块直角棱镜，从而在尼科尔棱镜的出射方向上得到一束单一的平面偏振光。这里尼科尔棱镜称为起偏镜。

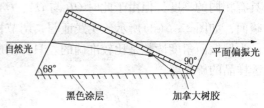

图 2-4 尼科乐棱镜起偏振原理图

当一束平面偏振光照射在尼科尔棱镜上时，若光的偏正面与棱镜的主截面一致，即可全透过。若二者成垂直，光波全反射；当二者的夹角在 0°~90°之间时，则透过棱镜的光强度发生衰减。所以，使用尼科尔棱镜又可以测出偏振光的偏振面方向，起此作用的尼可尔棱镜叫做检偏振镜。

旋光仪就是利用起偏振镜和检偏振镜来测定旋光度的，其光路如图 2-5 所示。

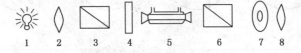

图 2-5 旋光仪光路示意图
1—钠光灯；2—透镜；3—起偏振镜；4—石英片；
5—样品管；6—检偏振镜；7—刻度盘；8—目镜

在不放入样品管的情况下，由钠光灯发出的钠黄光首先经透镜进入固定的起偏振镜，从而得到一束单色的偏振光，该偏振光可直接进入可转动的检偏振镜。若将检偏振镜转动到起主截面与起偏振镜主截面相垂直的位置，偏振光被全反射，在目镜中观察到的视野是最暗的。此时，若在起偏振镜与检偏振镜之间放入装有蔗糖溶液的样品管，则偏振光经过样品管时偏振面被旋转了一定角度，光的偏振面不再与检偏振镜的主截面垂直。这样就会有部分光透过检偏振镜，其光强度为原偏振光强度在检偏振镜主截面方向上的分量，此时目镜中观察到的视野不再是最暗的。欲使其恢复最暗，必须将间偏振镜旋转与光偏振面转过同样的角度。这个角度可以在与间偏振镜同轴转动的刻度盘上读出，这就是溶液的旋光度。

如果没有对比，判断视野最暗位置是困难的。为此旋光仪中设计了一种三分视野（见图2-6），以提高测量的准确度。其原理如下：在起偏振镜后的中部装一具有旋光性的狭长石英片，并使透过石英片的偏振光的偏振面旋转一小角度 φ（约为2°~3°）。这样在视野中看到的是三个部分，中间部分偏振光与两侧的偏振光的偏振面之间相差一个角度 φ。若以 OA 表示起偏振镜射出偏振光的偏振面方向，以 OA' 表示通过石英片后偏振光的偏振面方向，以 OB 表示间偏振镜的主截面方向，OA 与 OA' 的夹角 φ 称为"半暗角"。当 OB 与 OA 方向一致时，从起偏振镜射出的偏振光完全透过间偏振镜，而通过石英片的偏振光则不能完全透过间偏振镜，故在视野中两侧明亮，中间较暗，如图2-6(a)所示。当 OB 与 OA' 方向一致时，情况相反，视野中两侧较暗中间明亮，如图2-6(b)所示。如果 OB 与半暗角的角平分线 PP' 方向一致时，视野中三个部分亮度一致，而且由于 OB 与 OA、OA' 夹角较小，故成为较亮的均匀视野，称等亮面，如图2-6(c)所示。当 OB 与 PP' 方向垂直时视野的三个部分也具有相同的亮度，但由于此时 OB 与 OA、OA' 夹角接近90°，故成为较暗的均匀视野，成等暗面，如图2-6(d)所示。实践证明，调节检偏振镜的角度，在视野中找到等暗面为标准，做为偏振面角度读数是比较准确的。只要读出放与不放样品管时的角度读数，它们的差值等于样品的旋光度。

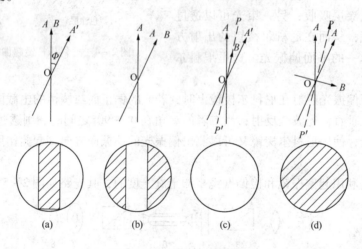

图2-6　旋光仪的典型视野

旋光度除了主要取决于被测物质分子的立体结构特征外，还受多种实验条件的影响，如浓度、温度、样品管长度、光的波长等。规定以钠光 D 线作为光源，温度为20℃时一根10cm 长的样品管中，1cm³ 溶液中含有 1g 旋光物质所产生的旋光度为该物质的比旋光度。旋光度受温度影响较大，这是由于旋光物质不同构型分子间的平衡及溶质与溶剂分子间的作用随温度改变而造成的。一般情况下，温度升高，旋光度降低，而且温度越高，其变化率的绝对值越大。因此，在精密测量时必须使用装有恒温水夹套的样品管，见图2-7所示。

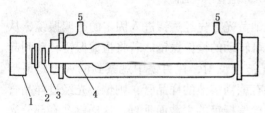

图2-7　旋光仪样品管

1—压紧螺帽；2—橡皮垫圈；3—玻璃片；

4—样品管；5—恒温水出入口

使用旋光仪时，先接通电源，开启开关，约经过 5min，钠光灯发光正常后才可开始测定。将样品管内充满蒸馏水，盖好玻璃片，旋好压紧螺帽，使样品管不泄露。螺帽不得旋得过紧，以免玻璃片受到过大应力，影响读数准确性。样品管中若有小气泡，应将其赶到样品管的扩大部分。将样品管外部擦干净，放入旋光仪。根据需要，接通恒温水，循环，恒温。先调目镜焦距，使视野清晰，再调刻度盘手轮，找到等暗面，读取刻度值，作为仪器零点。将样品管中更换为待测溶液，用上述同样方法，测出刻度值，将此值减去零点值，即得样品溶液在此实验条件下的旋光度。

WZX－1 光学度盘旋光仪的光学系统以倾斜 20°安装在基座上，光源采用 20W 钠光灯（波长为 589.3nm）。偏振器为聚乙烯醇人造偏振片，构成三分视野的材质采用劳伦特石英片（半玻片）。为了提高读数精度，仪器采用光学游标跳线对准的读数装置，左、右有两个读数窗口。读数是先找到游标 0 刻度线对应的刻度盘读数（刻度盘上每格为 0.5 度），再找出游标刻度线与刻度盘刻线对齐的位置，读游标读数。此位置为一连在一起的亮线，而其他不对齐的位置则是两段亮线。有时出现两条或三条连在一起的亮线，读其中最亮的或者读取其平均值，作为测量结果。

旋光仪连续使用不得超过 4h。

仪器 5　高压钢瓶使用知识

高压气体钢瓶是在受压状态下工作的，因此，了解高压气瓶的有关知识和使用注意事项是安全的必要保证。

一、高压气瓶简介

（1）按工作压力不同，气瓶的型号分类见表 2－1。

表 2－1　气瓶的型号分类

钢瓶型号	用　途	工作压力/MPa	试验压力/MPa	
			水压试验	气压试验
150	装 H_2、O_2、N_2 和惰性气体等	15.0	22.5	15.0
125	装 CO_2 等	12.5	19.0	12.5
30	装 NH_3、Cl_2 等	3.0	6.0	3.0
6	装 SO_2 等	0.6	1.2	0.6

（2）按所充气体不同，气瓶涂以不同颜色，以便识别，见表 2－2。

表 2－2　气瓶颜色与气体的关系表

气体类别	瓶身颜色	标字颜色	气体类别	瓶身颜色	标字颜色
氧	天蓝	黑	二氧化碳	黑	黄
氢	深绿	红	氨	黄	黑
氮	黑	黄	氯	草绿	白
氦	棕	白	乙炔	白	红
压缩空气	黑	白	氩	灰	绿

二、使用高压气体钢瓶注意事项

（1）搬运钢瓶时要戴上瓶帽，不可撞击。

（2）钢瓶应存放在阴凉处，并加以固定，夏季不得在日光下爆晒。

（3）高压气瓶必须安装好减压阀后方可使用。一般可燃性气体钢瓶上阀门的螺纹为反扣，非可燃性气体钢瓶上阀门的螺纹为正扣。各种减压阀不能混用。

（4）开闭气瓶阀门时，工作人员应避开瓶口方向，站在侧面，并缓慢操作。

（5）气瓶内气体不能全部用尽，应留有剩余压力，以防重新灌气时发生危险。

仪器6　阿贝折射仪

一、原理

单色光从一种介质进入另一种介质即发生折射现象。在一定温度下，入射角 β 的正弦和折射角 α 的正弦之比等于它在两种介质中传播速度之比，即：

$$\frac{\sin\beta}{\sin\alpha} = \frac{\nu_B}{\nu_A} = n_{BA} \qquad (1)$$

式中，n_{BA} 称为折射率，在一定的温度下介质折射率为常数。

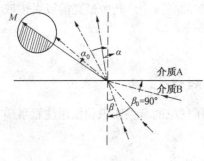

图2-8　光的折射

当 $n_{BA} > 1$ 时，从（1）式可知，β 角必须大于 α 角。这时光线由第一种介质 B 进入第二种介质 A 时折向法线，如图2-8所示。

在一定温度下，折射率 n_{BA} 对于给定的两种介质而言为一常数，故当入射角 β 增大时，折射角 α 也相应增大；当 β 达到极大值 $\beta_0 = \pi/2$ 时，所得到的折射角 α_0 称为临界折射角。显然，从图2-8中法线右边入射的光线射入第二种介质 A 时，折射线都应落在临界折射角 α_0 之内。此时若在 M 处放置一目镜，则目镜内会出现半明半暗的图象。从（1）式不难看出，当固定一种介质时，临界折射角 α_0 的大小和折射率（表征第二种介质的性质）有简单的函数关系。阿贝折射仪正是根据这个原理而设计的。

阿贝折射仪的外形如图2-9所示，仪器的主要部分为两个直角棱镜 P_λ 和 P_y（如图2-10）。两棱镜之间留有微小的缝隙，可以铺展一层待测的液体。

光线从反射镜射入棱镜 P_λ 后，在上、下毛玻璃面上发生漫射。漫射所产生的光线透过缝隙的液层后，从各个方向进入折射棱镜 P_y。根据前面的讨论：从各个方向进入棱镜 P_y 的光线均产生折射，其折射角都落在临界折射角之内。具有临界折射角 α_0 的光射出棱镜 P_y，经阿米西棱镜消除色散，再经聚焦后射于目镜上，此时，转动棱镜组的手柄，调整棱镜组的角度，使临界线正好落在目镜视野的"＋"字线的交叉点上。

由于刻度盘与棱镜组的转轴是同轴的，因此，与试样折射率相对应的临界角位置能通过刻度盘反映出来。刻度盘上的示值为两行：一行直接读出试样的折射率（从1.3000至1.7000），另一行为0%～95%。当测定糖溶液时，用此刻度可直接得到糖溶液的百分比浓度。

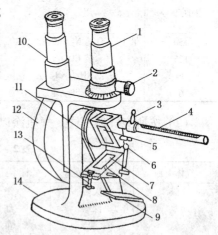

图2-9　阿贝折射计外形图

1—测量望远镜；2—消色散手柄；3—恒温水出口；4—温度计；5—测量棱镜；6—铰链；7—辅助棱镜；8—加液槽；9—反射镜；10—读数望远镜；11—转轴；12—刻度盘罩；13—锁钮；14—底座

为了方便，阿贝折射仪使用的光源是日光而不是单色光。日光通过棱镜时因其不同波长的光的折射率不同而产生色散，使临界线模糊，因而在目镜镜筒下面安装了一套消色棱镜，旋转消色手柄2就可使色散现象消除。

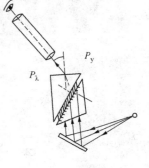

图2-10 光的行程

二、使用方法

如图2-9所示，其使用方法如下。

（1）将超级恒温槽中的恒温水通入两棱镜夹套中。

（2）打开锁钮13，把待测液体滴在洗净擦干的辅助棱镜7的毛玻璃面上。合上棱镜，旋紧锁钮。

（3）调节反射镜9，使光线从测量棱镜5的窗口射出。转动刻度盘罩12外的旋钮，使测量望远镜1的目镜中出现半明半暗现象，调节目镜使十字线清晰。

（4）调节消色散手柄2，使彩色消失。再次调节刻度盘外的旋钮，使明暗界线正好在十字线的交点上。从读数望远镜10中读取折射率。

（5）仪器的校正。校正时可用已知折射率的标准液体（如蒸馏水）或已知折射率的标准玻璃块。用标准玻璃块校正时，先用一滴溴代萘把玻璃块的光学面固定在测量棱镜5上。掀开棱镜5前面的金属盖，调节刻度盘的读数等于玻璃块上注明的折射率，用专用方孔调节扳手，转动测量望远镜1上的调节螺钉，使明暗分界线正好在十字线的交点上。

仪器7 标准电池和甘汞电极

一、标准电池

韦斯顿标准电池是最方便和最常用的一种标准电池。这种标准电池不仅容易再现（即用同样方法制造的电池电动势数值一致），而且电动势的温度系数很小，温度和电动势的关系为：

$$E = 1.01860 - 4.06 \times 10^{-5}(t - 20) \quad V$$

其结构见图2-11(a)。电池图式可写成：

Cd(Hg)｜CdSO$_4$ · 8/3H$_2$O(固)，CdSO$_4$(饱和溶液)，HgSO$_4$(糊体)｜Hg

使用标准电池时应注意：

（1）避免振动和倒置。

（2）通过电池的电流不能大于0.0001A，绝对避免短路和长期与外电路接通。

（3）使用温度不超过40℃和低于4℃。

（4）每隔1～2年检验一次电池电动势。

二、甘汞电极

甘汞电极是常用的参比电极之一，其结构见图2-11(b)所示。

电极图式为：

Hg｜Hg$_2$Cl$_2$(固)｜KCl(液)

电极反应为：

$$Hg_2Cl_2(固) + 2e \longleftrightarrow 2Hg(液) + 2Cl^-$$

电极电势随Cl$^-$浓度不同而改变，电极电势为：

$$\varphi_{甘} = \varphi^\circ_{甘} - RT/F\ln\alpha_{Cl^-}$$

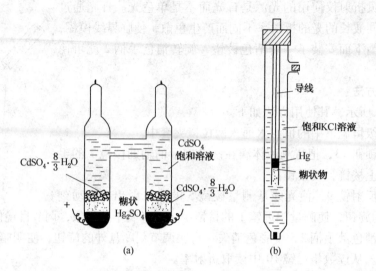

图 2 – 11　标准电池(a)及甘汞电极(b)

式中，$\varphi^\circ_{\text{甘}}$为甘汞电极的标准电极电势；α_{Cl^-}为溶液中 Cl^- 的活度。KCl 溶液的浓度通常为 $0.1\,\text{mol} \cdot \text{dm}^{-3}$、$1\,\text{mol} \cdot \text{dm}^{-3}$ 和饱和溶液。三种电极电势和温度的关系为：

（1）$0.1\,\text{mol} \cdot \text{dm}^{-3}\text{KCl}$ 甘汞电极：

$$\varphi = 0.3337 \sim 8.75 \times 10^{-5}(t-25)　\text{V}$$

（2）$0.1\,\text{mol} \cdot \text{dm}^{-3}\text{KCl}$ 甘汞电极：

$$\varphi = 0.2801 \sim 2.75 \times 10^{-4}(t-25)　\text{V}$$

（3）饱和 KCl 甘汞溶液：

$$\varphi = 0.2412 \sim 6.61 \times 10^{-4}(t-25)　\text{V}$$

式中 t 为摄氏温度。

仪器8　精密电位差计

电位差计是根据对消法测量原理设计的平衡式电压测量仪器，有关对消法测量原理已在"电动势的测量"实验中作了介绍。

一、精密电位差计的结构

精密电位差计由分流箱和补偿电位计两部分组成。它们的面版图见图 2 – 12 所示。

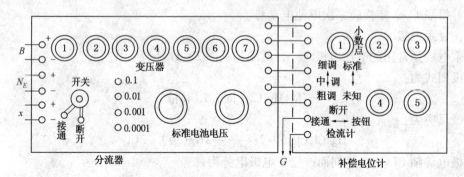

图 2 – 12　精密电位差计面板图

分流器和补偿电位计的电路示意图见图2-13和图2-14所示。对工作回路来说电位计的等效电阻是固定不变的。利用分流器上的不同档，可调节供给电位计不同的标准电流。当选用0.1档时$I_H = 0.1A$，选用0.01档、0.001档和0.0001档时，I_H分别为10mA、1mA和0.1mA。

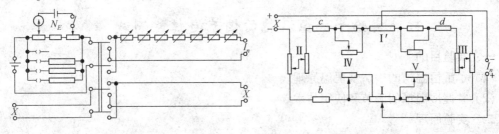

图2-13　分流器电路示意图　　　图2-14　电位计电路示意图

二、使用方法

按图2-13、图2-14接好线，并检查是否正确，尤其是电源、标准电池、待测电池的正负极不要接错。

1. 调节标准电流

(1) 将分流器的旋塞置于0.1档，此时待测电池电动势值等于电位计读数乘以0.1。

(2) 直流稳压电源，使输出电压达12V。

(3) 将电位计上的两个开关扳向"标准"和"粗调"，检流计旋钮置于"直接"档。

(4) 把标准电池电势旋钮调到实验温度下标准电池的电势值。

(5) 将变阻器2号钮旋至1，其他钮旋至零。

(6) 将分流器上的开关扳向"接通"。

(7) 将电位计上的检流计开关向"按钮"方向按一下，同时观察检流计光点的偏转方向。电流为正，增大电阻；电流为负，减小电阻。依次改变阻值，每调节一次，观察一次电流偏转方向。当光点偏移很小时，将"粗调"扳到"中调"，然后再扳向"细调"，直到光点不动为止。

注意：标准电池是精密仪器，通过的电流不得大于0.1mA，并且只能短时使用。因此，在测量中设置粗、中、细调档，一定要依次使用，否则会损坏标准电池和光点检流计。

2. 待测电池电动势的测定

(1) 将电位计开关扳向"未知"及"粗调"，并将电位计第一位数旋钮旋至电动势的粗略值。

(2) 观察检流计光点偏移方向，并根据偏移方向，依次调节电位计1~5旋钮，直到平衡，然后用"中调"、"细调"直到光点不动，记下所测电动势的数值。

(3) 测量过程中应经常检查标准电流，并使它保持不变。

(4) 实验结束后，检流计旋至"短路"档，关闭各仪器电源并拔下电源插头。

第三章　实验内容

实验一　恒温槽的调节与性能测试

一、实验目的

(1) 了解恒温槽的构造及恒温原理。

(2) 掌握恒温槽的调节和使用技术。

二、实验原理

温度对许多物理化学量有着显著的影响，要准确测量这些量的数值，必须在恒温条件下进行。实验室常用恒温槽来控制温度保持恒温，因此，恒温槽是物理化学实验室必不可少的一项设备。

1. 恒温槽的构造

(1) 槽体和恒温介质。槽体多用玻璃和金属材料制作，用来放置恒温介质和恒温对象及其他部件。恒温介质最常用的是水，恒温范围在 0 ~ 100℃之间，但多用于 0 ~ 50℃之间，50℃以上时需往水里加一层石蜡油，防止水分蒸发太快。恒温超过 100℃时，恒温介质可用液体石蜡或甘油等。

(2) 加热器。如果要求恒温的温度高于室温，需有一个补充能量的设备——加热器，通常采用电加热、间歇加热来补偿散失的热量，维持恒温。

(3) 温度调节器。加热器如一直通电，则恒温介质的温度将不断上升而超出所要求恒定的温度，故需有一设备能随时探测恒温介质的温度，并能随时把信息通知控制器，从而控制加热器开关的通断，我们把起这种作用的部件称为温度调节器。目前普遍使用的是水银温度调节器，又称水银定温计。

水银定温计的内部装有两根铂丝与外部相通，一根铂丝固定地封入定温计水银球内，另一根自定温计顶端的毛细管口伸入，一直伸到指定的恒温温度 T_0（其位置可由定温计顶端的调节帽调节）。当恒温介质温度低于 T_0 时，两根铂丝是断路的，当恒温介质温度升到 T_0 时，两根铂丝因水银柱上升正好接通，这种通断信号原则上可以用来直接控制加热器电路的通断，但是由于定温计内不允许有大电流通过，所以，在定温计与电热器之间又加了一个中间媒介——温度控制器。

(4) 温度控制器。温度控制器常由继电器和控制电路组成，故又称电子继电器。从定温计发来的信号经控制电路放大后，推动断电器去开关电热器，当定温计内电路接通，继电器就断开，停止加热，当定温计内为断路时，继电器再接通电热器线路，又重新加热。

(5) 搅拌器用作搅拌恒温介质，使介质各部分温度均匀，通常是由一微型电机和一根搅拌棒组成。

(6) 常用 1/10 精密温度计观察温度。

2. 恒温槽恒温原理

如果恒温温度比室温高，则恒温槽工作过程中自然散热，使恒温介质温度逐渐下降，当温度降到某一数值(T_1)时，定温计中水银柱与铂丝断开，控制器与加热器加热，搅拌器把热量均匀地分布于介质中，此时温度计读数上升。当温度升高到某一数值（T_2）时，定温计中水银柱与铂丝接通，于是控制器又使加热器停止加热，随后，恒温介质又因自然散热而温度下降。如此往复，就使恒温槽温度保持恒定。在理想情况下，以温度计的读数 T 对时间 t 作图，得到的曲线是对称的，如图 3－1 所示，故恒温温度 T_0 可取温度是最低值 T_1 和最高值 T_2 的算术平均值。

图 3－1　恒温槽的温度时间曲线

$$T_0 = \frac{T_1 + T_2}{2}$$

3. 恒温槽的灵敏度

恒温槽的性能是否优良，主要由灵敏度来衡量，恒温槽在某温度下的灵敏度为：

$$\Delta T = \pm \frac{T_2 - T_1}{2}$$

恒温槽的灵敏度与各部件的性能有关，也与各部件在恒温槽中的布置和环境温度有关。

三、仪器

玻璃缸 1 支、电动搅拌器 1 台、电加热器 1 台、水银定温计 1 支、1/10 精密温度计 1 支、电子继电器 1 台。

四、实验步骤

（1）槽体内放入水，小心地将定温计、电动搅拌器、电加热器、温度计、电子继电器等安装好。

（2）经检查后接通总电源。

（3）轻轻转动定温计上部的调节帽，使毛细管内的铂丝处在 25℃，此时电热器加热，同时打开电动搅拌器，以适当速度进行搅拌。

（4）加热时应密切注意精密温度计的读数，当还低于指定温度 0.5℃ 时，轻轻调节定温计上端的调节帽，使其恰好处在停止加热位置上，当温度恒定后，如与指定温度略有偏差，再适当地轻微调节。

（5）待恒温槽调节到 25℃ 恒温后，观察温度计读数，每隔 2min 记录温度一次，共测约 60min。

（6）调节恒温槽到 30℃，重复以上步骤。

五、数据记录与结果处理

数据记录与结果处理见表 3－1。

表 3－1　数据记录与结果处理

室温＿＿＿＿＿　气压＿＿＿＿＿

实验温度 T/℃	时间 t/min	2	4	6	8	10	12	……
25	温度计读数/℃							……
30	温度计读数/℃							……

以 t 为横坐标，T 为纵坐标绘制温度随时间变化曲线，并计算 25℃ 和 30℃ 时恒温槽的灵敏度。

六、思考题

1. 水银定温计可否当温度计使用?

2. 优良的恒温槽应具备哪些条件?

实验二　溶解热的测定

一、实验目的

用简单量热计测定硝酸钾的溶解热。

二、实验原理

盐类的溶解往往同时进行着两个过程：一个是晶格破坏，一个是离子的溶剂化，前者为吸热过程，后者为放热过程，溶解热是这两种热效应的总和，因此，最终是吸热或是放热，则由这两个效应的相对大小来决定。

我们把杜瓦瓶做成的量热计看成绝热体系，当把某种盐溶于瓶内的一定量的水中时，可列出如下的热平衡方程式：

$$\Delta H_{溶解} = -\left[(GC_1 + gC_2 + C)\right]\frac{\Delta tM}{g}$$

式中　$\Delta H_{溶解}$——盐在溶液温度及浓度下的积分溶解热，$J \cdot kg^{-1}$；

　　G——水的质量，kg；

　　C_1——水的比热容，$J \cdot (kg \cdot K)^{-1}$；

　　C_2——溶质的比热容，$J \cdot (kg \cdot K)^{-1}$；

　　g——溶质的质量，kg；

　　M——溶质的相对分子质量；

　　Δt——溶解过程的真实温差，K；

　　C——量热计热容，$J \cdot (kg \cdot K)^{-1}$。

实验测得 G、g、Δt 及量热计热容 C 后，即可按上式算出溶解热。

三、仪器和试剂

仪器：杜瓦瓶量热计 1 个、贝克曼温度计 1 支、500mL 容量瓶 1 个、秒表 1 块、漏斗 1 个。

试剂：KCl(A. R.)、KNO_3(A. R.)。

四、实验步骤

1. 量热计热容的测量

本实验采用已知 KCl 在水中的溶解热来标定量热计热容。在干净的量热计中装入 500mL 蒸馏水，将调好的贝克曼温度计插入量热计中，保持一定的搅拌速度，至温度变化基本稳定后每分钟读数一次，连续 10 次后拔出盖上的橡皮塞，换上漏斗，立即将称好的氯化钾溶液经漏斗迅速倒入量热计中，取下漏斗，重新塞上橡皮塞，继续搅拌，并仍按每分钟读数一次至温度不再下降，再读数 10 次，然后用普通水银温度计测出量热计中溶液的温度，把量热计中的溶液倒掉，清洗干净。

2. 硝酸钾溶解热的测定

在量热计中再加入 500mL 蒸馏水，以 KNO_3 溶液代替 KCl 溶液，重复上述实验。

五、数据记录与结果处理

实验记录与结果处理见表 3 – 2。

表 3 – 2　实验记录与结果处理

量热计热容的测定		硝酸钾溶解热的测定	
量热计中水的体积/mL		量热计中水的体积/mL	
氯化钾重/g		硝酸钾重/g	
真实温差 Δt/K		真实温差 Δt/K	
溶液温度/℃		溶液温度/℃	
水的密度		水的密度	
氯化钾的比热容		硝酸钾的比热容	
水的比热容		水的比热容	
量热计热容 C		硝酸钾的溶解热	

（1）Δt 的求法。由于杜瓦瓶并不是严格的绝热体系，因此，在溶解过程中体系与环境仍有微小的热交换，为了消除热交换影响，求得没有热交换时的真实温差 Δt，可采用作图外推法。

（2）计算量热计热容 C。

（3）计算硝酸钾的溶解热。

六、思考题

1. 为什么要测定量热计的热容 C?

2. 温度和浓度对溶解热有无影响?

实验三　中和热的测定

一、实验目的

（1）掌握中和热、弱酸电离热的概念和测定方法。

（2）掌握精密数字温差仪或贝克曼温度计的使用方法。

二、实验原理

在一定的温度、压力和浓度下，$1mol H^+$ 和 $1mol OH^-$ 中和时放出的热量叫做中和热，强酸、强碱在水溶液中几乎全部电离，其中和反应的实质：

$$H^+ + OH^- \longrightarrow H_2O$$

因此，在浓度足够稀的条件下，不同的强酸强碱的中和热基本上是相同的，在25℃时，其 $\Delta H_{中和} = -57.1 kJ \cdot mol^{-1}$；对于弱酸或弱碱，它们在水溶液中是部分电离的，当弱酸与强碱（或强酸与弱碱）发生中和反应时，弱酸（或弱碱）要不断进行电离，电离所吸收的热称为电离热，由于有电离热的存在，当它们中和时其热效应是中和热和电离热的代数和，例如弱酸为乙酸时：

弱酸电离　　　　　　$HAc \longrightarrow H^+ + Ac^-$　　　　　　　$\Delta H_{电离}$

弱酸与强碱　　　$HAc + OH^- \longrightarrow H_2O + Ac^-$

强酸与强碱　　　$H^+ + OH^- \longrightarrow H_2O$　　　　　　　$\Delta H_{中和}$

根据盖斯定律：

$$\Delta H'_{中和} = \Delta H_{中和} + \Delta H_{电离}$$

所以

$$\Delta H_{电离} = \Delta H'_{中和} - \Delta H_{中和}$$

本实验采用化学反应标定法标定量热计的热容 C，即先使 HCl 和 NaOH 溶液在量热计中反应，利用其已知的中和热和测得的反应前后量热计的温差 ΔT 计算量热计的热容 C，然后在相同的实验条件下，将待测反应在量热计中进行，根据它的热容 C 和反应中测得的温差 ΔT，求出反应热。

中和反应的热平衡式如下：

$$C_H^+ \cdot V_H^+ \cdot \Delta H_{中和} + C\Delta T = 0$$

式中　C_H^+——酸溶液中 H^+ 浓度，$mol \cdot L^{-1}$；

　　　V_H^+——酸体积，L；

　$\Delta H_{中和}$——反应温度时的中和热，$J \cdot mol^{-1}$；

　　　C——量热计热容，$J \cdot K^{-1}$；

　　　ΔT——量热计反应前后的温差 K。

三、仪器和试剂

仪器：杜瓦瓶量热计 1 个、数字温度温差仪 1 台、25mL 移液管 1 支、500mL 容量瓶 1 个、温度计 1 支。

试剂：$0.1000 mol \cdot L^{-1}$ HCl 标准溶液、$0.1000 mol \cdot L^{-1}$ HAc 标准溶液、$2 mol \cdot L^{-1}$ 氢氧化钠溶液。

四、实验步骤

1. 量热计热容 C 的测定

在杜瓦瓶中加入 500mL $0.1000 mol \cdot L^{-1}$ HCl 溶液，用普通温度计测量杜瓦瓶中溶液温度，将测温热电偶插入量热计中，调节好温度温差仪的读数。

开启搅拌器至温度变化率基本稳定后，每隔 1min 读取温度一次，共读 10 次，拿 25mL 干燥的吸液管取 $2 mol \cdot L^{-1}$ 的 NaOH 溶液加入杜瓦瓶中，与 HCl 溶液进行中和反应，当加入碱液后，每隔 30s 读温度一次，直至温度上升到最高点后，改 1min 读数一次，读取 10 次即可停止。

实验完毕后，用普通温度计测量溶液的温度，并检验盐酸是否已被完全中和。

2. 弱酸强碱中和热的测定

倒掉上述杜瓦瓶中的溶液，吹干杜瓦瓶和吸液管，然后以 $0.1000 mol \cdot L^{-1}$ HAc 标准溶液 500mL 代替盐酸，重复上述实验。

五、数据记录与结果处理

1. 数据记录

数据记录与结果处理见表 3 - 3、表 3 - 4。

表 3 - 3　量热计热容 C 的测定数据

室温 _____，大气压 _____

序　号	1	2	3	4	5	6	7	……
温度/℃								

表 3 – 4　HAc 和 NaOH 中和热的测定数据

序　号	1	2	3	4	5	6	7	……
温度/℃								

2. 计算真实温差 ΔT

由于杜瓦瓶量热计不是严格的绝热系统，在实验过程中，难免与环境间发生微小的热传递。为了消除热传递的影响，求得真实温差，可采用图 3 – 2 所示的图解法求得 ΔT。根据实验数据先作出温度 – 时间曲线，取图中迅速升温阶段时间的中点作垂线 AB，此垂线与迅速升温前后温度缓慢变化阶段直线的延长线交于 A、B 两点，A、B 两点相应纵坐标读数之差即为绝热条件下的准确温差 ΔT。

3. 计算量热计热容

根据强酸强碱在反应温度下的中和热：

$$\Delta H_{中和}(J \cdot mol^{-1}) = -57110 + 209.2(t - 25)$$

计算出量热计热容：

$$C(J \cdot K^{-1}) = C_{HCl} \cdot V_{HCl} \cdot \frac{-\Delta H_{中和}}{\Delta T}$$

4. 计算 HAC 电离热

（1）根据量热计热容 C 和 HAc 与 NaOH 中和反应测得的 ΔT，可计算出该反应的中和热 $\Delta H'_{中和}$。

$$\Delta H'_{中和} = -\frac{C\Delta T}{C_{HAc} \cdot V_{HAc}}$$

（2）$\Delta H_{电离} = \Delta H'_{中和} - \Delta H_{中和}$。

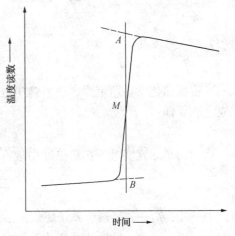

图 3 – 2　图解法求温差

六、思考题

1. 1 mol 盐酸与 1mol 硫酸被强碱（碱过量）完全中和时，放出的热量是否相同？

2. 弱酸的电离是吸热还是放热？

实验四　燃烧热的测定

一、实验目的

（1）用氧弹式量热计，测定萘的燃烧热。

（2）了解氧弹式量热计的构造、原理和使用方法。

二、实验原理

1mol 物质完全燃烧时的热效应称为燃烧热。

由热力学第一定律可知，在不做非体积功的条件下，恒容燃烧热 $Q_v = \Delta U = C_v\Delta T$，恒压燃烧热 $Q_p = \Delta H = C_p\Delta T$，对于体系为理想气体的反应过程：

$$Q_p = Q_v + \Delta nRT$$

式中　Δn——生成物和反应物中气体物质的量之差；

　　　T——反应温度，K。

热效应测定的原理是在绝热条件下，将被测某物质置于某量热体系中进行反应，所产生的热效应使量热体系的温度发生变化，测量反应前后体系温度的变化值 ΔT 及体系的热容

C，根据热力学第一定律可计算反应的热效应。

$$Q = C\Delta T$$

本实验采用氧弹量热计来测定物质的燃烧热，即在绝热的盛水容器中，放入密闭的氧弹，氧弹中放置一定量的样品，借助氧弹内金属细丝通电点火，使样品在过量的氧气中完全燃烧。燃烧结果使整个系统温度增高，若整个系统的热容 C 为已知，并且测出燃烧始末的 T_0 和 T_n，则可求出每克样品燃烧的恒容燃烧热 Q_v。

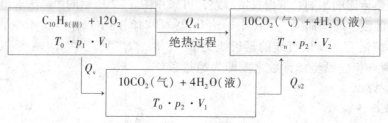

根据热化学盖斯定律，在氧弹中进行的恒容过程 Q_{v1} 可看作上述所示的两个过程的热效应之和，即：

$$Q_{v1} = Q_v + Q_{v2}$$

因为实际燃烧过程在量热计中进行，视为绝热过程，所以 $Q_{v1} = 0$

$$Q_v = -Q_{v2} = -\frac{C(T_n - T_0)}{m}$$

式中　T_0，T_n——量热计系统燃烧前后的温度，℃；

　　　　C——量热计系统的总热容，即使量热计系统温度升高 1℃ 所需的热量，其值用已知燃烧热的物质来标定，$J \cdot kg^{-1} \cdot K^{-1}$；

　　　　m——燃烧样品的质量，kg。

三、仪器和试剂

仪器：氧弹式量热计一套、氧气钢瓶、压片机、金属丝、碱式滴定管 2 支、250mL 锥形瓶 2 个。

试剂：苯甲酸(A. R.)、萘(A. R.)、0. 1000mol $\cdot L^{-1}$NaOH 标准溶液。

四、实验步骤

实验装置如图 3 - 3 所示。

1. 量热计热容 C 的标定

(1) 截取 8 ~ 10cm 燃烧丝，在分析天平上准确称量。

(2) 将氧弹内的坩埚洁净并准确称量。

(3) 在托盘天平上称取苯甲酸 1.0 ~ 1.2g，用压片机压片，将压成片的苯甲酸放于坩埚中，再在分析天平上准确称量。

(4) 将盛有苯甲酸样品的坩埚放在氧弹金属杆的环上，使燃烧丝触及样品表面，切不可触及坩埚。

(5) 用吸液管吸取 10mL 蒸馏水，放入氧弹圆筒内，将氧弹装好，拧紧弹盖。然后由进气管缓缓向氧弹中充入 20×10^5Pa 的氧气。充气完毕后将其置于水中检查氧弹是否漏气。

(6) 用万用表检查氧弹的两极是否仍为通路，若为通路，将氧弹放入干燥的量热容器(内筒)中，若线路不通，要放掉氧气，重新装好燃烧丝，再充氧。

（7）将3000g蒸馏水倒入筒中，调节外筒水温比内筒水温高0.5～1℃，调节贝克曼温度计，使其在水中温度在1～2℃之间。

（8）将点火插头插在氧弹电极上，装好搅拌器，将已调好的贝克曼温度计插入内筒，注意不要与内筒或弹壁相碰，盖上盖子。

（9）检查控制箱开关，将"振动、点火"开关置于"振动"档上（否则在打开"总电源"开关时即点火）。打开"总电源"开关和"搅拌开关"将"记时"开关置于"0.5分"档上（每隔0.5min报时一次）。经3～5min贝克曼温度计温度上升均匀时开始读数。

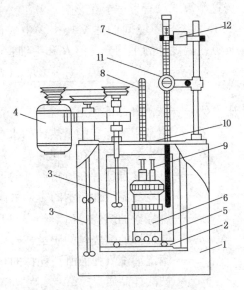

图3-3 氧弹式量热计
1—外壳（夹层内装水）；2—量热容器（即内筒）；
3—搅拌器；4—搅拌马达；5—支柱；6—氧弹（见
图8-3）；7—贝克曼温度计；8—普通温度计；
9—电极；10—胶木盖；11—放大镜；
12—定时电动振动器

每套量热计附有一只定时电动振动器，振动器每隔0.5min（"记时"开关在"0.5"档）振动贝克曼温度计一次，以消除温度计毛细管壁对水银柱升降的粘滞作用。每次振动后读取温度。

整个测定过程分为三个阶段：

初期：即样品燃烧前，每隔0.5min读取温度一次，共读11次，其目的是用来求温度变化率 r。

中期：样品燃烧阶段，在初期末一次读数的同时，振动点火开关，置于"点火"档。主期自点火时开始，仍每隔0.5min读取温度一次，至温度不再上升为止。

末期：在初期读取最后一次温度后，仍每隔0.5min读取温度一次，共读10次后停止实验。

（10）关掉"总电源"开关，小心取出贝克曼温度计，取出氧弹，打开氧弹出气口放气，旋出氧弹盖，检查样品燃烧结果，如发现氧弹内有烟黑或未燃尽的样品微粒，则该次实验作废。

（11）为了求算实验中燃烧掉的燃烧丝的放热量，应该接着将烧剩下的燃烧丝准确称量，求得实际烧掉的燃烧丝质量，同时在总热效应中扣除原氧弹中的 H_2O、O_2 与空气中的 N_2 作用生成硝酸水溶液的热效应，必须用少量蒸馏水（每次10mL）洗涤弹筒及内件3～4次，洗涤液均收集在250mL锥形瓶中，在电炉上微沸片刻，加酚酞指示剂2滴，以 $0.1000mol \cdot L^{-1}$ 的NaOH标准溶液滴定至粉红色，得出消耗的NaOH溶液体积 V_{OH^-}。

（12）倒去内筒的水，用水冲洗坩埚及氧弹，再把这些物件一一擦干待用。

2. 测定萘的燃烧热

用萘代替苯甲酸，萘的称取量在0.8～1.0g左右，重复上述步骤。

五、数据记录与结果处理

由于

$$Q_v = -Q_{v2} = -\frac{C(T_n - T_0)}{m}$$

这个算式没有考虑下述影响：

①系统与环境间的热交换；②生成硝酸水溶液的热效应；③燃烧丝燃烧的放热量；④贝克曼温度计的平均分度值 H 和毛细管的修正 h，因此，精确的计算公式如下：

$$Q_v = \frac{CH[(T_n + h) - (T_0 + h_0) + \Delta T] + gb - 5.98V_{OH^-}}{m}$$

式中　Q_v——被测样品的恒溶燃烧热，$J \cdot g^{-1}$；

　　　C——用苯甲酸标定的量热计的水当量，即整个系统的热容，$J \cdot ℃^{-1}$；

　　　H——贝克曼温度计在不同的温度范围的平均分度值；

　　　h_0——贝克曼温度计在所指温度的毛细管修正值（从贝克曼温度计使用说明书查及）；

　　　T_n——贝克曼温度计指示的主期最高温度，℃；

　　　g——燃烧丝的燃烧热（镍丝 $-3240\ J \cdot g^{-1}$），$J \cdot g^{-1}$；

　　　b——燃烧掉的燃烧丝的质量，g；

　V_{OH^-}——滴定清洗氧弹液所消耗掉的 $0.1\ mol \cdot^{-1} NaOH$ 溶液体积数，mL；

　　　m——被测样品质量，g；

　　ΔT——由于量热计与环境热交换引起的温差，计算公式如下：

$$\Delta T = \frac{r + r_1}{2}n + r_1 n_1$$

式中　r_1——末期温度变化率，（其值为末期开始温度减去末期结果温度差除以末期时间间隔数）；

　　　r——初期温度变化率（其值为初期开始温度减去初期结果温度差除以初期时间间隔数）；

　　　n_1——主期内每隔 $0.5min$ 温度上升小于 $0.3℃$ 的时间间隔数；

　　　n——主期内每隔 $0.5min$ 温度上升不小于 $0.3℃$ 的时间间隔数（点火后的第一个时间间隔不管温度升高多少，都计入 n 中）。

ΔT 校正示意如图 3 – 4 所示。

由图 3 – 4 可知，主期时间间隔为 20min，$n = 3$，则 $n_1 = 20 - 3 = 17$。

因为实验过程中，系统和环境间不可避免地要热交换，故贝克曼温度计所指示的主期最初温度和最高温度的差值，并不是样品绝热燃烧而使系统发生的温度变化，必须校正到绝热的温度变化，校正时可将整个主期 $n = 3$ 的点分界为两个区域，即高温区和温度跃升区。在高温区，温升平稳，此时系统温度高于环境温度，系统散热是主要的，其温度变化率由 CD 线的斜率 r_1 决定，由散热引起的温度变化为 $r_1 n_1$，在温度跃升区，即 n 部分，由开始低于环境温度到后来高于环境温度。因此，这个区域包括了开始吸热到后来散热的综合影响，其相应引起的温度变化可以看成由两部分构成，即：$\frac{n}{2} \cdot r + \frac{n}{2} \cdot r_1$

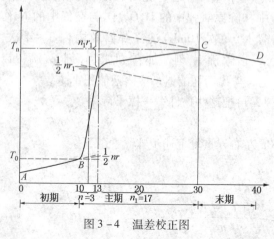

图 3 – 4　温差校正图

（其中 r 为初期由吸热引起的温度变化率，即 AB 线的斜率），所以，整个主期由于热交换引起的温度变化为以上两区域的总合。

$$\Delta T = \frac{r + r_1}{2}n + r_1 n_1$$

（1）将实验数据记录入表 3 - 5：

表 3 - 5　实验记录

室温＿＿＿大气压＿＿＿苯甲酸(萘)量＿＿＿燃烧丝量＿＿＿次数＿＿＿

内筒水温＿＿＿外筒水温＿＿＿内筒水量＿＿＿V_{OH^-}量＿＿＿

温度/℃　　次数 阶段	1	2	3	4	……
初 期					
主 期					
末 期					

（2）计算量热计的热容 C。
（3）求萘的恒容燃烧热 Q_v 及恒压燃烧热 Q_p。
（4）文献值 298.2K 萘的 $\Delta H = 5153.8 \mathrm{kJ \cdot g^{-1}}$。

六、思考题

1. 本实验中，环境与体系有无热交换？这些热交换对实验结果有何影响？
2. 氧弹中间高压氧气作氧化剂要注意哪些问题？

实验五　液体饱和蒸气压的测定

一、实验目的
（1）采用动态法测定液体在不同外压下的饱和蒸气压，并求其平均摩尔汽化热。
（2）学会使用真空泵及 U 形压差计。

二、实验原理

在一定的温度下，气液平衡时的蒸气压称做饱和蒸气压，蒸发 1mol 液体所需要的热量称为该温度下的摩尔汽化热。

液体的蒸气压与温度的关系可用克拉普朗方程式表示：

$$\frac{\mathrm{d}p}{\mathrm{d}T} = \frac{\Delta H}{T(V_g - V_l)}$$

若蒸气看作理想气体，并略去液体的体积，在实验温度范围内的摩尔汽化热又视为常数，将上式积分得克 - 克方程式。

$$\lg \frac{p_2}{p_1} = \frac{\Delta H}{2.303R}\left(\frac{1}{T_1} - \frac{1}{T_2}\right)$$

$$\lg p = -\frac{\Delta H}{2.303RT} + C$$

式中　p——液体在温度 TK 时的蒸气压；
　　　C——积分常数。

实验测得各温度下的饱和蒸气压后，以 $\lg p$ 对 $\frac{1}{T}$ 作图可得到一条直线，直线斜率为：

$$m = -\frac{\Delta H}{2.303R}$$

由此求得摩尔汽化热 ΔH。

测定饱和蒸气压的方法有三种：动态法、静态法、饱和气流法，本实验采用动态法。即在所选择的压力下，利用测定沸点的方法，测定一定压力范围内液体的饱和蒸气压。

三、仪器

三口蒸馏瓶1个、缓冲瓶1个、U形压力计1个、冷凝管1支、真空泵1台、酒精灯1个、三通旋塞1个、玻璃三通1个。

四、实验步骤

（1）安装装置，测定时将待测物质（蒸馏水）倒入蒸馏瓶内，然后旋好温度计的塞子和关闭蒸馏瓶上的阀门（A）。

（2）打开冷凝水阀门（B），并关闭缓冲瓶上的放空阀门，开启真空泵，使体系减压大约400mmHg（1mmHg = 133.3224Pa），关闭真空泵，检查体系是否漏气，方法是观察U形压力计两臂液面差是否恒定。

（3）确定不漏气后，用酒精灯将蒸馏瓶中的水加热至沸腾，直至温度恒定，记下温度压力计两臂液面读数。

（4）慢慢打开阀门A，缓缓放入空气，使体系增加压力30mmHg，关闭阀门A再次加热，使蒸馏瓶中水至沸腾，温度稳定后，再次记录温度、压力计的汞高差，以后按此方法依次增加30mmHg直至增至与大气压力相等为止。

五、数据记录与结果处理

（1）将原始数据及处理结果填入表3-6中。

表3-6　原始数据及处理结果

	温度/℃	左臂汞柱高/mmHg	右臂汞柱高差/mmHg	汞柱高差/mmHg	蒸气压	$\lg p$	$\frac{1}{T}$/K
1							
2							
3							
4							
5							
6							
7							
8							
9							
10							
11							

注：1mmHg = 133.3224Pa。

（2）根据实验数据做出 $\lg p - \frac{1}{T} \times 10^3$ 图。

（3）据 $\lg p - \frac{1}{T} \times 10^3$ 图的斜率，计算出实验室温度范围内的平均摩尔汽化热。

六、思考题

1. 克 - 克方程在什么条件下才能应用？
2. 所填汞柱高差是否就是待测液体的饱和蒸气压？

实验六 凝点降低测摩尔质量

一、实验目的

了解凝点降低法测定溶质相对分子质量的原理，掌握其测定方法。

二、实验原理

凝点是物质的固相与液相在一定压力下（通常指 101.325kPa 下）建立平衡时的温度，固体溶剂与溶液呈平衡的温度叫溶液的凝点，溶液的凝点比纯溶剂的凝点低，这是稀溶液的依数性质之一，稀溶液的凝点降低值与溶液组成的关系遵守下列方程。

$$\Delta T_f = \frac{K_f \cdot W_2 \cdot 1000}{M_2 \cdot W_1}$$

式中　K_f——凝点降低常数；

　　　W_1——溶剂质量，g；

　　　W_2——溶质质量，g；

　　　M_2——溶质相对分子质量。

纯溶液的凝点是其液–固共存的平衡温度，将纯溶剂逐步冷却时，在未凝固之前温度将随时间均匀下降，开始凝固后由于放出凝固热而补偿了热损失，温度将保持不变，直到全部凝

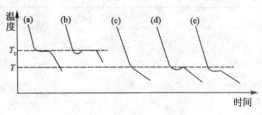

图 3 – 5　冷却曲线图

固，再继续均匀下降[图 3 – 5(a)]，但在实际过程中经常发生过冷现象，其冷却曲线如图 3 – 5(b)所示。

溶液的凝点是溶液与溶剂的固相平衡的温度，其冷却曲线与纯溶剂不同，当有溶剂凝固析出时，剩下溶液的浓度逐渐增大，故而溶液的凝点也逐渐下降[图 3 – 5(c)]，如果溶液过冷程度不高，析出固体溶剂的量对溶液影响不大，则以过冷回升的温度作凝点，对测定结果影响不大[图 3 – 5(d)]，但如达到图 3 – 5(e)的情况，就会使凝点的测量结果偏低。

三、仪器和试剂

仪器：凝点测定仪（包括冷冻管和空气套管）1 套、烧杯（2000mL，作冷槽）1 个、1/10 精密温度计（0~50℃）1 支、贝克曼温度计 1 支、25mL 移液管 1 支、搅拌棒 1 支。

试剂：苯（A. R.）、萘（A. R.）。

四、实验步骤

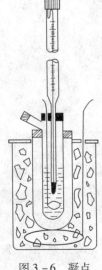

图 3 – 6　凝点
降低装置图

实验装置图如图 3 – 6 所示。

（1）准备工作，将冰块敲成碎块，冬天可于冰槽中装冰及水各一半，夏天则装 2/3 的冰、1/3 的水，调节要用贝克曼温度计。

（2）用移液管取 25mL 苯于冷冻管中，插入搅拌棒及已调好的贝克曼温度计，使水银球全部浸在苯中。

（3）将装好苯的冷冻管直接浸入冰浴中搅拌，但需控制冷却速度，不要使苯在管壁结成块状晶体，较简单的方法是将冷冻管从冰浴中交替地取出和浸入，搅拌时尽可能使搅拌器不触及温度计和管壁，至开始结晶，即将冷冻管插入空气夹套中搅拌，使温度回升至最高而停止时，读出温度标

度作出凝点的参考温度。用手温热冷冻管，使苯晶全部熔化，重新置冷冻管于冰浴中，如上法操作，待温度降至上述参考温度附近时即将冷冻管置夹套中，继续搅拌，至过冷到较参考温度低 0.5~1℃时，稍加速搅拌，如仍继续过冷而不结晶，可取出冷冻管温热后重复操作，结晶时温度迅速回升，至稳定不再上升时，准确读数，如此重复测量 3 次，至相互差异不到 0.005℃为止。

（4）用分析天平准确称量萘约 0.2g，从支管投入冷冻管中塞好管口，搅拌溶解，用上述方法测其凝点。

五、数据记录与结果处理
（1）数据记录见表 3-7。

表 3-7　数据记录

室温 _____　大气压 _____

物质	质量	凝点/℃	凝点平均值/℃	凝点降低/℃
苯		1 2 3		
萘		1 2 3		

（2）由计算式（6-1）式计算出萘的相对分子质量并与按分子式计算的相对分子质量比较。

六、思考题
1. 为什么会产生过冷现象？
2. 为什么要使用空气夹套？过冷太甚有何弊病？

实验七　汽化法测相对分子质量

一、实验目的
（1）用汽化法测定易挥发液态物质的相对分子质量。
（2）对理想状态方程式的应用。

二、实验原理
有些易挥发液态物质受热汽化时并不分解，取一定量的这种物质，放入相对分子质量测定仪内加热汽化。在温度不太低、压力不太高的条件下，可近似地把该物质的蒸气看作是理想气体，因此，它符合理想气体状态方程式：

$$PV = nRT = \frac{m}{M}RT \qquad (7-1)$$

式中，n、P、V 和 T 分别为气体物质的量、压力、体积和热力学温度，R 为通用气体常数。

由于一定量液态物质在温度（通常较该物质沸点高 20℃左右）和压强（大气压强）恒定的

汽化管底部汽化，把汽化管中等体积的空气排出到量气管中，记录量气管的 P_1V 应用理想状态方程式，即可算出摩尔相对分子质量 M。

本实验在测量时一定要防止蒸气扩散到汽化管顶部或在顶部汽化。因顶部的温度较低，其蒸气易冷凝，影响体积的测量结果，测量以前，汽化管应事先干燥，不能含有湿气及其他易凝结的蒸气，否则也会引起实验误差。

三、仪器和试剂

仪器：测量装置（包括外夹套管、击碎装置、量气管、水准瓶等）1 套、三通旋塞 1 个、酒精灯 1 个、小安瓿球若干。

试剂：CCl_4（A. R.）或其他易挥发液态化合物。

四、实验步骤

（1）安装实验装置（如图 3-7 所示），外夹套管内注入蒸馏水，使水面略高于汽化管的扩大部分即可。

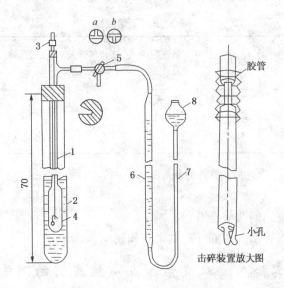

图 3-7 梅言氏法测定相对分子质量装置
1—汽化管；2—外夹套管（约 70cm×5cm）；3—击碎装置；4—样品小玻璃泡；5—三通旋塞；6—量气管；7—橡皮管；8—水准瓶

（2）检查仪器和量气管是否漏气，方法是塞紧各连接部分，将旋塞位于 位置，提起水准瓶，使量气管内一部分空气排出，再将旋塞位于 ，放低水准瓶，若量气管水面恒定不变，则说明整个体系密闭良好；否则说明体系漏气，须重新检查装置各连接处，务必做到不漏气为止。

（3）称量。取一小安瓿球在分析天平上准确称量，然后将小玻璃泡的球形部分在酒精灯上微热，迅速将其开口的一端插入待测液体中，冷却后液体即吸入泡中，吸入液体量应在 0.1~0.2g 之间，过多或过少都不适宜，调节质量合适后，在酒精灯上熔封开口的一端，冷却后再准确称量，两次之差即为该物质的量。

（4）将称量后的安瓿球放在击碎装置上，塞紧塞子，再次试漏，确定不漏气后开始加热至沸腾，再继续加热汽化管约 20min，检查系统是否达到热平衡，方法是旋动旋塞至通"系统"处，观察量气管内液面是否恒定，如液面上下波动，则表示尚未达到平衡，需继续加热。

（5）热平衡后，旋动旋塞到适当的位置，当水准瓶与量气管内的液面平齐时，记录体积的初值（不大于 10mL）。然后按击碎装置，击碎安瓿球，该物质迅速汽化，将同体积、同温度的空气排到量气管内，量气管内水面向下移动，将水准瓶随量气管内液面徐徐向下移动，记录平齐时体积的终值。

（6）记录量气管附近温度计温度及气压计上的大气压力。

（7）取出汽化管内的击碎装置，将全部样品蒸气赶出。根据上述操作方法进行第二次实验。

五、数据记录与结果处理

（1）查出当天室温下水的饱和蒸气压，则量气管内空气的分压为 $P = P_大 - P_{H_2O}$。

（2）将所测定的数据列于表 3-8，用理想气体状态方程式计算 M。

表 3-8　测定数据

	安培球质量/g	安培球 + CCl₄质量/g	CCl₄质量/g	量气管初体积/mL	量气管未体积/mL	大气压强/Pa	温度/T	摩尔分子量 M
1								
2								
3								

（3）计算相对误差，并进行误差分析。

六、思考题

1. 汽化管内有易凝结的蒸气会有何影响？
2. 如何检查体系是否漏气？漏气对结果有何影响？

实验八　双液系沸点-组成图的测绘

一、实验目的

（1）采用回流冷凝法测定不同浓度的环己烷-无水乙醇体系的沸点和气液两相的平衡组成，绘制沸点-组成图，并确定恒沸点和恒沸组成。

（2）掌握阿贝折光仪的使用方法。

二、实验原理

两种液体若能按任意比例互相溶解，则称为完全互溶的双液系。

某液体的饱和蒸气压等于外压时的温度，称为该液体的沸点。双液系的沸点，不仅与外压有关，而且还与其组成有关，并且在沸点时，平衡的气、液两相组成往往不相同，表示溶液的沸点与平衡时气、液两相组成关系的相图，称为沸点-组成图，完全互溶双液系的沸点-组成图可分为三种，如图 3-8 所示。

（1）溶液沸点介于二纯组分沸点之间；

（2）溶液具有最低恒沸点；

（3）溶液具有最高沸点。

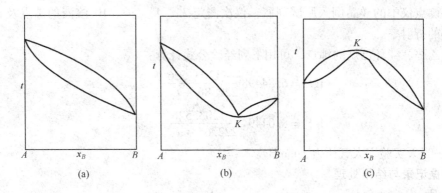

图 3 - 8　双液系沸点 - 组成图

图中 K 点称为恒沸点，此点处 $x_B = y_B$，其组成称为恒沸组成，具有该组成的溶液称为恒沸混合物。

本实验所要测绘的是环己烷 - 乙醇体系的沸点 - 组成图，采用的是回流冷凝法。测定溶液在不同组成的沸点，以沸点仪馏出液的组成作为平衡时气相组成，以沸点仪中留余液的组成作为平衡时液相组成。分析组成所用仪器为阿贝折光仪。

折光率是物质的一个特性常数，在一定温度下，纯物质具有折射率，对于溶液而言，其折射率与其组成有关。我们预先测定一系列已知组成溶液的折射率，绘出在一定温度下溶液的折射率 - 组成的标准曲线，然后用内插法，根据所测定的馏出液及馏余液的折射率，确定平衡时气、液两相的组成，最后绘制体系的沸点 - 组成图。

三、药品和试剂

仪器：沸点仪 1 套、1/10 精密温度计（50 ~ 100℃）1 支、调压器 250VA 1 台、阿贝折光仪 1 台、超级恒温槽 1 台、具塞锥形瓶（100mL）11 个、长短取样管若干支、镜头纸若干张。

试剂：无水乙醇 A. R. 、环己烷 A. R. 。

四、实验步骤

（1）准备工作，记录实验室温度、大气压强，调节超级恒温槽温度为（25 ± 0.1）℃，学会阿贝折光仪的使用方法。

（2）绘制标准曲线，测定已知组成的环己烷 - 乙醇溶液的折射率（25℃时），绘制出折射率 - 组成的标准曲线。

（3）测定沸点及平衡时气 - 液两相折射率：将干燥洁净的沸点仪如图 3 - 9 安装好，检查各处塞子是否严密，取编号为 2# 的环己烷 - 乙醇溶液，从沸点仪的加样口加入，使电热丝完全浸没，温度计水银球的一半浸入溶液中，打开冷凝水，接通电源，调节电压在 6V 左右，将液体缓缓加热至沸腾，沸腾一段时间后，直至收集冷凝液的小槽内液体有回流，且温度计上的读数不再变化，此时气 - 液两相达到平衡，记下沸点并停止加热。

（4）用长取样管从馏出液取样口取样少许，迅速测其折射率，再用短取样管从加液口取少许样，测其折射率。每个样品重复测读二次折射率，取平均值。

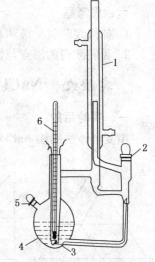

图 3 - 9　沸点仪结构示意图
1—冷凝管；2—冷凝液储槽；
3—盛液溶器；4—电热丝；
5—液相取样；6—测量温度计

（5）将沸点仪中的样品倒入原试剂瓶，仪次测定 3#、4#、…、10#溶液的沸点及相应的气、液两相的折射率。

（6）纯乙醇、纯环己烷的沸点，可用下列经验公式计算：

$$lgP = 6.84498 \frac{1203.526}{222.86 + t_{环己烷}}$$

$$lgP = 8.04494 \frac{1203.526}{222.65 + t_{乙醇}}$$

式中　P——当天实验室大气压力，mmHg。

五、数据记录与结果处理

（1）室温_____大气压_____。

（2）数据列表，见表 3 - 9。

表 3 - 9　数据列表

编　　号	沸点/℃	液　　相		气　　相	
	T	折光率	x 环	折光率	y 环
1					
2					
3					
4					
5					
6					
7					
8					
9					
10					
11					

（3）绘制沸点 - 组成图，从图中确定恒沸温度及恒沸组成。

六、思考题

1. 如何判断气 - 液两相达到平衡？

2. 我们测得的沸点与标准大气压下的沸点是否一致？

实验九　NaCl - NH₄Cl - H₂O 三组分体系等温相图的绘制

一、实验目的

用复合体法测绘 NaCl - NH₄Cl - H₂O 三组分相图，熟练掌握相图知识。

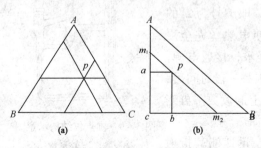

图 3 - 10　三组分体系等温相图

二、实验原理

对于三组分体系，在恒温恒压条件下，可用平面图表示其状态，通常，我们采用等边三角形表示三组分体系的状态。如图 3 - 10(a) 所示，等边三角形的三个顶点分别表示三个纯组分；每条边分别表示 $A - B$、$B - C$、$C - A$ 各二组分体系的组成；而三角形内任意一点，则表示三组分体系的组成，如图中 P 点，该点所含各组分的量，可由过该点作各边平行线，由平行线截其他边线段的长度来确定，如 P 点所示的三组分，含 A 40%，含 B 20%，含 C 40%。

等边三角形的优点是可直接从图上读出三个组分的百分含量，但必须用等边三角形坐标纸。在缺乏等边三角形坐标纸的情况下，也可用直角等腰三角形表示法。

直角等腰三角形表示法如图 3-10(b) 所示，纵轴表示组分 A 的含量，横轴表示组分 B 的含量，C 组分可从 100 减去 A、B 的含量得出，或通过 P 点作斜边的平行线交 AC、BC 边于 m_1、m_2，从 Am_1、Bm_2 线段的长度得出。此法优点是可用普通直角坐标纸作图。

实验体系的状态图都是通过实验测定绘制的，本实验所测绘的是一种溶剂和两种盐的体系。在一定温度下，按一定比例混合两种盐和水，恒温搅拌，达到平衡后，分别测定饱和溶液和固相的组成，依次改变体系的组成，可相应测得若干个液、固相点，由此绘制出等温相图。

为了分析平衡体系各相的组成，需把晶体过滤分离，但不可能除净粘附在晶体上的母液，湿渣法和复合法是允许晶体带有少量液体的测定方法。

本实验采用复合体法：准确称量盐和水，配制成已知成分的复合体。在密闭容器中恒温搅拌，然后取澄清饱和液进行分析。由杠杆规则知道，纯固相点应位于液相点和复合体点连线的延长线上，配制一系列复合体，使之在规定温度下达到平衡，分析它们的澄清饱和液。连结各对液相点和复合体点，可得一组直线，其交点就是固相化合物点。连结各液相点，即完成相图的绘制。

此方法优点是操作简单，适于低温操作，但准确度稍差，而且复合体需经过长时间的搅拌(为使溶液饱和)，难免因水分蒸发而引起成分的改变。

三、仪器和试剂

仪器：超级恒温槽 1 台、烧杯(50mL)5 只、有塞锥形瓶(100mL)5 只、容量瓶(250mL)5 只、移液管(5mL)1 支、移液管(10mL)1 支、移液管(25mL)1 支、锥形瓶(250mL)4 只、酸式滴定管(50mL)1 支、碱式滴定管(50mL)1 支。

试剂：$0.100\text{mol}\cdot\text{L}^{-1}$ 的 $AgNO_3$ 标准溶液、$0.200\text{mol}\cdot\text{L}^{-1}$ 的 $NaOH$ 标准溶液、20% 的中性甲醛溶液、酚酞指示剂、$NaCl$(A.R.)、NH_4Cl(A.R.)、5% $K_2Cr_2O_7$ 指示剂。

四、实验步骤

1. 复合体的准确配制

每一复合体试样按下列 $NaCl + NH_4Cl + H_2O = 50\text{g}$ 的数量准确配制：

试样号	NaCl/g	NH₄Cl/g	H₂O/g	总量/g
1 号	15	2.5	32.5	50
2 号	12.5	5	32.5	50
3 号	5	13.5	31.5	50
4 号	2.5	17.5	30	50
5 号	14	16	20	50

称量时 10g 以上称至 ±0.1g，10g 以下称至 ±0.01g，分别置于有塞锥形瓶(100mL)中(标上号码)。

注：纯 $NaCl$、NH_4Cl 在 25℃时的溶解度分别为 26.46% 和 28.28%。

2. 恒温溶解平衡

将超级恒温槽温度调至 (25 ± 0.1)℃，将装好试样的有塞锥形瓶(盖好瓶盖)底部置于恒温水中，不断摇动有塞锥形瓶，在 25℃时保持 1h(不可少于 1h)，使固液相达到平衡。

3. 取样

停止摇动后仍在 25℃ 下静置 10min，使固体全部沉到瓶底，用 5mL 移液管吸取 5mL 清液（防止吸入晶体），放入已称重的 50mL 小烧杯中，冷却到室温后称重，计算出 5mL 清液的质量，将烧杯中溶液移入 250mL 容量瓶内，稀释至刻度，以备分析。

4. 分析

每份样品分析两次。

（1）Cl⁻ 含量的测定。取 2.5mL 稀释液，置于 250mL 锥形瓶中，加 4 ~ 5 滴 $K_2Cr_2O_7$ 指示剂，用 $0.100mol \cdot L^{-1}$ 的 $AgNO_3$ 标准溶液滴定，直到肉红色 Ag_2CrO_4 沉淀出现而不消失为止。由所用滴定液体积计算出 Cl⁻ 含量。

（2）NH_4^+ 含量的测定（甲醛法）。甲醛在中性水溶液中与铵盐反应，生成相应的酸和六亚甲基四胺：

$$4NH_4^+ + 6HCHO \Longrightarrow (CH_2)_6N_4 + 6H_2O$$

$$4H^+ + 4NaOH \Longrightarrow 4Na^+ + 4H_2O$$

生成的六亚甲基四胺是弱碱（$K = 8 \times 10^{-12}$），析出的 H^+ 与 NH_4^+ 是等量的，滴入酚酞指示剂，用 $0.200mol \cdot L^{-1}$ 的 NaOH 标准溶液滴定 H^+。

取 25mL 稀释液放入 250mL 锥形瓶中，加入 20% 甲醛溶液 30mL，滴加 1 ~ 2 滴酚酞指示剂，加 50mL 蒸馏水并充分摇荡，使甲醛和铵盐充分反应。用 $0.200mol \cdot L^{-1}$ 的 NaOH 标准溶液滴定至浅红色，0.5min 不褪色即为终点。由所消耗的 NaOH 标准溶液的体积计算出 NH_4^+ 含量，从 Cl⁻ 含量中扣除 NH_4^+ 含量即为 Na^+ 含量。

五、数据记录与结果处理

（1）记录：室温_____℃；恒温槽温度_____℃。

$AgNO_3$ 标准溶液浓度_____ $mol \cdot L^{-1}$；

NaOH 标准溶液浓度_____ $mol \cdot L^{-1}$。

（2）将各号样品的总组成及对平衡液分析结果填入表 3 - 10 中。

表 3 - 10　分析结果表

样品编号	样品的总组成			5mL 清液重/g	滴定用 $AgNO_3$ 体积/mL	滴定用 NaOH 体积/mL	平衡液组成	
	NaCl/%	NH_4Cl/%	H_2O/%				NaCl/%	NH_4Cl/%
1								
2								
3								
4								
5								

（3）在直角坐标纸上画出直角等腰三角形，标出各号样品的总组成点，并标出相应饱和溶液（平衡液）的组成点，将二者连成直线，再将各液相点连成平滑曲线，制得相图。

六、思考题

1. 如何判断固、液两相已达平衡？

2. 为什么复合体总组成点在晶相组成点与其饱和溶液组成点的连线上？

实验十 化学反应平衡常数与分配系数的测定

一、实验目的

在恒温下测定反应 $KI + I_2 \rightleftharpoons KI_3$ 的平衡常数及碘在四氯化碳和水中的分配系数。了解化学分析法测定反应平衡常数的原理，熟悉分析化学中碘量法测 I_2 浓度的具体操作。

二、实验原理

I_2 溶于 KI 的水溶液中，大部分生成 KI_3，形成下列平衡：

$$KI + I_2 \rightleftharpoons KI_3$$
$$即： I_2 + I^- \rightleftharpoons I_3^-$$

其平衡常数：

$$K_a = \frac{a_{I_3}/C^{\ominus}}{a_{I_2}/C^{\ominus} \cdot a_I/C^{\ominus}} = \frac{c_{I_3}/C^{\ominus}}{c_{I_2}/c^{\ominus} \cdot C_I/C^{\ominus}} \cdot \frac{r_{I_3}}{r_{I_2^-} \cdot r_{I^-}}$$

式中，a、c、r、$C^{\ominus}$ 分别为活度、浓度、活度系数和标准浓度（$C^{\ominus} = 1 \text{mol} \cdot \text{L}^{-1}$）。

若为稀溶液，则：$\dfrac{r_{I_3}}{r_{I_2^-} \cdot r_{I^-}} \approx 1$

故得：$K_d = \dfrac{C_{I_3^-}/C^{\ominus}}{C_{I_2}/C^{\ominus} \cdot C_{I^-}/C^{\ominus}} = K_c$

本实验采用化学分析法测定出平衡浓度，然后计算出平衡常数 K_c，但若用 $Na_2S_2O_3$ 标准溶液来直接滴定溶液中 I_2 的浓度时，随着 I_2 的消耗，反应平衡向左移，直至 KI_3 分解完毕，因此最终测得溶液中 I_2 和 I_3^- 的总量。为了测得其中的 I_2 量，可在上述溶液中加入四氯化碳，然后充分摇荡，静置分层，在四氯化碳层中只有 I_2 能溶，而 I^- 及 I_3^- 不溶，所以当温度、压力一定时，I_2 同时建立两种平衡，即化学平衡及 I_2 在两种溶液中的分配平衡，分配系数：

$$K_d = \frac{C_{I_2}(CCl_4 \text{ 层})}{C_{I_2}(KI \text{ 溶液层})}$$

在一定温度、压力下，K_d 为常数，而 K_d 可事先从 I_2 在 CCl_4 和纯水中的分配来测定：

$$K_d = \frac{C_{I_2}(CCl_4 \text{ 层})}{C_{I_2}(\text{纯水})}$$

因此，在本实验中，先求 I_2 在 CCl_4 和纯水中的分配系数 K_d，然后将定量的已知浓度的 KI 水溶液与含有 I_2 的 CCl_4 溶液在定温下摇荡，待平衡后静置分层，分析 CCl_4 层中 I_2 的浓度 $C_{I_2}(CCl_4$ 层$)$，根据分配系数，可计算出水层中 I_2 的浓度 $C_{I_2}(KI$ 溶液层$)$。

再吸取上层液，用标准 $Na_2S_2O_3$ 溶液滴定其中碘（实际是溶液中 I_2 和 I_3^- 的总量）的总浓度：

$C_{I_2}(KI$ 溶液层$) + C_{I_3^-}$。

$C_{I_2}(KI$ 溶液层 $+ C_{I_3^-}) - C_{I_2}(KI$ 溶液层$) = C_{I_3^-}$

$C_{I^-} = C_{I^-}^0 (KI$ 的初始浓度$) - C_{I_3^-}$

将 C_{I_2}（KI 溶液层）、C_{I_3}、C_I 代入：$K_c = \dfrac{C_{I_3}/C^{\ominus}}{C_{I_2}/C^{\ominus} \cdot C_I/C^{\ominus}}$ 求得平衡常数 K_c

三、仪器和试剂

仪器：仪器槽 1 台、碘量瓶（250mL）3 个、锥形瓶（250mL）4 个、碱式滴定管 1 支、量筒（100mL、25mL、10mL）各 1 个、移液管（25mL、10mL、5mL）各 1 支、洗耳球 1 个。

试剂：0.1mol·L^{-1}KI 标准溶液、0.01mol·L^{-1}Na$_2$S$_2$O$_3$ 标准溶液、I$_2$ 在 CCl$_4$ 中的饱和溶液、1% 淀粉溶液。

四、实验步骤

1. 混合液的配制

按表 3-11 所列各物质用量，依次加入到三个干燥洁净的碘量瓶中（所用试剂需用移液管取），标上号码。

表 3-11　混合物用量

瓶　号	混合液组成		
	H$_2$O 体积/mL	0.1mol·L^{-1}KI 溶液体积/mL	I$_2$ 在 CCl$_4$ 中的饱和溶液体积/mL
1	100	0	25
2	50	50	25
3	0	100	25

2. 混合液处理和取样

将配制好的溶液振摇 1min，然后置于 25℃ 恒温槽内，每隔 10min 振荡一次，以加快平衡的到达，约经 1h 后再静置 10min，待液层完全分清后，按表 3-12 所列数据，用移液管准确取样，置于锥形瓶中，准备滴定分析。

在用移液管取 CCl$_4$ 层样品时，边轻轻向移液管吹气边通过水层而插入 CCl$_4$ 层，以免水层进入移液管，取出的 CCl$_4$ 层样品，应放入盛有 10mL 蒸馏水的锥形瓶中。

表 3-12　取样数据表

瓶　号	H$_2$O 层取样/mL	CCl$_4$ 层取样/mL	瓶　号	H$_2$O 层取样/mL	CCl$_4$ 层取样/mL
1	10	2	3	5	2
2	5	2			

3. 平衡组成的测定

分析水层时，先用 0.01mol·L^{-1}Na$_2$S$_2$O$_3$ 标准溶液滴定至淡黄色，再加 2mL 淀粉溶液做指示剂，然后仔细滴至蓝色刚好消失。

分析 CCl$_4$ 层时，先往滴定瓶中加入少许固体碘化钾或少量浓碘化钾溶液，以保证 CCl$_4$ 层中碘完全提取到水层中，这样有利于滴定的顺利进行。然后用 0.01mol·L^{-1}Na$_2$S$_2$O$_3$ 标准溶液滴定，加 2mL 淀粉溶液作指示剂，滴定时要充分摇荡，仔细滴至水层蓝色刚好消失、CCl$_4$ 层不再呈现红色为止。

所有溶液滴定均须重复做一次，滴定后和未用完的 CCl$_4$ 都应回收。

五、数据记录与结果处理

（1）恒温槽水温＿＿＿＿、Na$_2$S$_2$O$_3$ 浓度＿＿＿＿、$C_{I^-}^0$（KI 的初始浓度）见表 3-13。

表 3 – 13　数据记录与结果处理表

样 品 编 号		1	2	3
样品体积/mL	CCl₄ 层			
	H₂O 层			
滴定时消耗的 Na₂S₂O₃ 溶液体积/mL	CCl₄ 层	1	1	1
		2	2	2
		平均	平均	平均
	H₂O 层	1	1	1
		2	2	2
		平均	平均	平均
分配系数和平衡常数		$K_d =$	$K_{c_1} =$　$K_c =$	$K_{c_2} =$

（2）数据处理：

① 由 1 号样品晶数据，按 $K_d = \dfrac{C_{I_2}(\text{CCl}_4\ \text{层})}{C_{I_2}(\text{纯水})}$ 计算分配系数 K_d；

② 由 2 号样品的数据计算出平衡组成及平衡常数 K_{c_1}；

③ 由 3 号样品的数据计算出平衡组成及平衡常数 K_{c_2}；

④ 取 K_{c_1} 和 K_{c_2} 平均值为 K_c，把所有处理结果填入表 3 – 13。

六、思考题

1. 测定平衡常数及分配系数为什么要求恒温？

2. 在滴定 CCl₄ 层样品时，为什么要先加 KI 水溶液？

3. 配制样品时，哪种试剂需要准确计量体积？为什么？

实验十一　电动势的测定

一、实验目的

（1）测定 Cu – Zn 电池的电动势和铜 – 锌电极的电极电势。

（2）了解对消法测电动势的原理。

（3）掌握电位差计的使用方法。

二、实验原理

原电池是由两个"半电池"组成，每个半电池构成一个电极，由不同的半电池可以组成各式各样的原电池，电池在放电过程中，正极进行还原反应，负极进行氧化反应，而电池反应就是电池中两个电极反应的总和，电池的电动势为组成该电池的两个半电池的电极电位的差值。

$$E = \phi^+ - \phi^- = \phi_右 - \phi_左 \qquad (11-1)$$

以 Cu – Zn 电池为例：

电池结构：$Zn \mid ZnSO_4(a_{Zn^{2+}}) \parallel CuSO_4(a_{Cu^{2+}}) \mid Cu$

负极反应：$Zn \longrightarrow Zn^{2+} + 2e$

正极反应：$Cu^{2+} + 2e \longrightarrow Cu$

电池反应：$Zn + Cu^{2+} \longrightarrow Zn^{2+} + Cu$

电池电动势
$$E = E^{\ominus} + \frac{RT}{nF} \ln \frac{a_{Cu^{2+}}}{a_{Zn^{2+}}}$$
（11 − 2）

式中　　$E^{\ominus}$——标准电池电动势（$\phi_{Cu^{2+}/Cu}^{\ominus} - \phi_{Zn^{2+}/Zn}^{\ominus}$）即当溶液中锌离子的活度 $a_{Zn^{2+}}$ 和铜离子的活度 $a_{Cu^{2+}}$ 均等于 1 时的电池的电动势；

　　　　R——通用气体常数，8.314J · mol^{-1} · K^{-1}；

　　　　F——法拉第常数，96485J · mol^{-1} · V^{-1}；

　　　　n——反应的电荷数，如式（11 − 2）中，$n = 2$；

$a_{Zn^{2+}}$、$a_{Cu^{2+}}$——锌与铜离子的活度。

活度是反映真实溶液和理想溶液偏差的一个概念，可以当作其真实溶液对理想溶液的校正浓度，若实际溶液中离子的浓度为 m_+（或 m_-），则其相应的活度为 $a_+ = \gamma \cdot m_+$，或（$a_- = \gamma \cdot m_-$）。γ_+、γ_- 为离子活度系数，真实溶液的一切非理想性都概括在 γ 之中。

由于溶液中正、负离子总是同时存在，难以求得单独离子的活度，因此，常用离子平均活度 $a_{\pm} = \gamma \cdot m_{\pm}$。

$\gamma_{\pm}$ 为离子平均活度系数，$m_{\pm}$ 为离子平均浓度。对 $CuSO_4$、$ZnSO_4$ 而言 $m_{\pm} = m$，据此式（11 − 2）可写为：

$$E = E^{\ominus} + \frac{RT}{2F} \ln \frac{(r_{\pm} \cdot m)_{CuSO_4}}{(r_{\pm} \cdot m)_{ZnSO_4}}$$
（11 − 3）

在进行电池电动势测量时，除电池反应必须在接近热力学可逆条件下进行外，电池还必须在可逆条件下工作，放电和充电过程都必须在准平衡状态下进行，此时只有无限小的电流通过电池，且不存在任何不可逆的液接界。所以，要用电位差计测量，并用盐桥将液接电位降到最小。

在电化学中，电极电位的绝对值无法测定，而是以标氢电极为零，与被测电极进行比较而得到。一般常采用甘汞电极作为参比电极来替代氢电极，而甘汞电极与标氢电极比较而得到的电位已精确测出。

三、仪器和试剂

仪器：UJ − 25 型电位差计、直流辐射式检流、标准电池、甲电池铜和锌的汞齐电极、电极营、导线、小烧杯等。

试剂：0.100mol · L^{-1} 硫酸锌溶液、0.100mol · L^{-1} 硫酸铜溶液、饱和氯化钾溶液。

四、实验步骤

1. 准备下列几种电极（半电池）

Zn | 0.1mol · L^{-1}ZnSO$_4$

Cu | 0.1mol · L^{-1}CuSO$_4$

Hg | Hg$_2$Cl$_2$ | KCl（饱和）饱和甘汞电极

在制作时，电极金属要加以处理，对锌电极先进行汞齐化，以稀硫酸浸洗锌电极后用水洗涤，再用蒸馏水淋洗，然后将其浸 Hg$_2$(NO$_3$)$_2$ 溶液中 3 ~ 5s，取出后用滤纸擦亮其表面，然后再用蒸馏水洗净。汞齐化的目的是清除金属表面机械应力不同的影响，使它获得重复性好的电极电势，但必须注意汞有剧毒，所用滤纸应丢在带水的盒中，不可随便乱丢。

铜电极以细砂纸擦亮或以稀硫酸浸洗后，再回蒸锅水淋洗干净后擦干。

取一个洁净的电极管，插入已处理好的电极金属，并塞紧封口使之不漏气，然后由支管吸入所需的溶液即可。

吸入溶液的方法：将电极管的口浸入所需溶液的 50mL 小烧杯中，用吸球自支管抽气，将溶液吸入电极管到浸没金属高一点即可，进行抽气，用夹子夹紧支管口的橡皮管。

2. 组成电池

将饱和 KCl 溶液注入 50mL 的小烧杯中作为盐桥，再将上面制备的锌电极和铜电极以盐桥连起来，即得 Cu – Zn 电池装置，如图 3 – 11 所示。

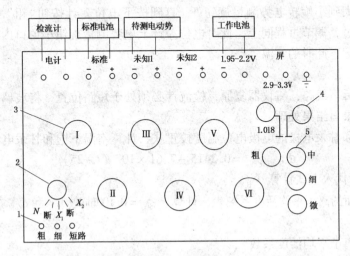

图 3 – 11 铜锌电池

1—电位差计按钮；2—转换开关；3—电势测量旋钮(共6只)；
4—标准电池温度补偿旋钮；5—工作电流调节旋钮

（1）$Zn \mid ZnSO_4(a_{Zn^{2+}}) \parallel CuSO_4(a_{CuSO_4}) \mid Cu$

同法组成下列电池：

（2）$Zn \mid ZnSO_4(Cl_{Zn^{2+}}) \parallel KCl(饱和) \mid Hg_2Cl_2 \mid Hg$

（3）$Hg \mid Hg_2Cl_2 \mid KCl(饱和) \parallel CuSO_4(a_{Cu^{2+}}) \mid Cu$

3. 连接线路

用导线将标准电池、工作电池、待测电池和检流计分别按照电位差计接线上所标明的极性接入电位差计，如图 3 – 12 所示。

4. 校正电位差计

（1）根据标准电池上所附温度计读得温度，计算标准电池在该温度时的电动势。

$$E_{s \cdot t} = E_{s \cdot 20} - 4.06 \times 10^{-5}(t - 20) - 9.5 \times 10^{-7}(t - 20)$$

将电位差计上的标准电池温度补偿旋钮 4 调节在该电动势处。

（2）将电位差计转换开关 2 扳向"N"处。

（3）依次转动工作电流调节旋钮"粗"、

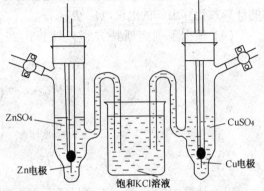

图 3 – 12 UJ – 25 型直流电位差计面板示意图

"中"、"细"、"微"，直至按下电位差计按钮"粗"、"细"时，检流计中都无电流流过，调节过程如下：

先按下电位差计按钮"粗"（时间不要超过1s，按下即松开）观察检流计中光点摆动方向，然后调节工作电流调节旋钮5，使检流计光点在按下电位差计按钮"粗"时指零，然后再按下电位差计按钮"细"，调节工作电流调节旋钮使检流计指零。

5. 测量待测电池的电动势

（1）将转换开关扳向 x_1（或 x_2）。

（2）依次从大到小旋转电势测量旋钮3，直到按下电位差计按钮"粗"、"细"时，检流计中都无电流流过，调节过程同上，此时电位差计上电势测量旋钮小窗口内的读数即为待测电池的电动势，记下此时的室温。

6. 仪器复原

实验完毕，拆下线路，将仪器复原，检流计必须处于短路位置，将玻璃仪器洗涤干净。

五、数据记录与结果处理

（1）根据饱和甘汞电极的电极电位温度校正式，计算室温下饱和甘汞电极的电极电位。

$$\Phi_{甘汞(饱和)} = 0.2415 - 7.61 \times 10^{-4}(t - 25)$$

查出室温 t，代入上式计算 $\Phi_{甘汞}$。

（2）根据下面的离子平均活度系数表，计算 $c_{CuSO_4} = 0.100 \text{mol} \cdot \text{L}^{-1}$ 和 $c_{ZnSO_4} = 0.100 \text{mol} \cdot \text{L}^{-1}$ 溶液的活度。

表 3-14 为离子平均活度系数 $r_\pm$。

表 3-14　离子平均活度系数

电介质 　　　　　　　浓度	$0.100 \text{mol} \cdot \text{L}^{-1}$	$0.0100 \text{mol} \cdot \text{L}^{-1}$
$\gamma_\pm (CuSO_4)$	0.16	0.40
$\gamma_\pm (ZnSO_4)$	0.15	0.39

离子平均活度：$a_\pm = r_\pm \cdot m_\pm$

$$a_{Zn^{2+}} = (r_\pm \cdot m)ZnSO_4 = 0.15 \times 0.1$$

$$a_{Cu^{2+}} = (r_\pm \cdot m)CuSO_4 = 0.16 \times 0.1$$

（3）根据电池（2）、（3）的实测电动势和室温时饱和甘汞电极的电极电位，用本试验中的计算式计算出锌的电极电位 $\Phi_{Zn^{2+}(0.1\text{mol} \cdot \text{L}^{-1})/Zn}$ 和铜的电极电位 $\Phi_{Cu^{2+}(0.1\text{mol} \cdot \text{L}^{-1})/Cu}$。

（4）根据下列能斯特方程，计算出在实验温度时电池（1）、（2）、（3）的电动势理论值。

$$E(1) = \Phi_{Cu^{2+}/Cu}^{\ominus} - \left(\Phi_{Zn^{2+}/Zn}^{\ominus} - \frac{RT}{2F} \ln \frac{a_{Zn^{2+}}}{a_{Zn^{2+}}} \right)$$

$$E(2) = \Phi_{饱和甘汞} - \left(\Phi_{Zn^{2+}/Zn}^{\ominus} - \frac{RT}{2F} \ln a_{Zn^{2+}} \right)$$

$$E(3) = \left(\Phi_{Cu^{2+}/Cu}^{\ominus} + \frac{RT}{2F} \ln a_{Cu^{2+}} \right) - \Phi_{饱和甘汞}$$

以上计算中的 Φ 值，查表只能查25℃的值，按下式进行温度校正：

$$\Phi_{Cu^{2+}/Cu}^{\ominus} = 0.337 + 0.01/10^{-3}(t - 25)$$

$$\Phi^{\ominus}_{Zn^{2+}/Zn} = -0.763 + 0.1 \times 10^{-3}(t - 25)$$

t 为实验时的室温,℃。

(5) 根据上面计算所得的电池电动势的理论值 $E(1)$、$E(2)$、$E(3)$、填入表 3–15 中,并用(1)式计算出锌极电位 $\Phi_{Zn^{2+}(0.1mol \cdot L^{-1})/Zn}$ 和铜的电极电位 $\Phi_{Cu^{2+}(0.1mol \cdot L^{-1})/Cu}$ 的理论值填入表 3–15 中。

(6) 列表记录实验温度下,三个电池电势的实验测定值和理论计算值及铜和锌的电极电位的测定值和理论值,并计算相对误差。

表 3–15 计算电池电动势 E

电　池	$E(\Phi)$ 实验测定	$E(\Phi)$ 计算理论值	相对误差
Zn – Cu 电池 $E_{(1)}$			
Zn – 甘汞 电池 $E_{(2)}$			
甘汞 – Cu 电池 $E_{(3)}$			
$Cu^{2+}(0.1mol \cdot L^{-1})/Cu$,$\Phi_{Cu^{2+}/Cu}$			
$Zn^{2+}(0.1mol \cdot L^{-1})/Zn$,$\Phi_{Zn^{2+}/Zn}$			

六、讨论产生误差的原因

1. 为什么要用电位差计不能用电压表来测定电池电动势?

2. 电位差计、标准电池、工作电池和检流计各起什么作用?

3. 如果被测电池的正、负极接错,会有什么现象产生?工作电池和标准电池中任何一个没有接通,会有什么现象?

实验十二　电导率法测定乙酸(HAc)的电离常数

一、实验目的

(1) 测定 HAc 溶液的电导率,并计算其电离度和电离平衡常数。

(2) 熟练掌握电导率仪的使用方法。

二、实验原理

AB 型弱电解质(如乙酸)在溶液中电离达到平衡时,其电离平衡常数 K_c 与浓度 c、电离度 a 有以下关系:

$$HAc \rightleftharpoons H^+ + Ac^-$$

$$c(1-\alpha) \qquad c\alpha \qquad c\alpha \tag{A}$$

$$K_c = \frac{c\alpha^2}{1-\alpha}$$

式中　c——HAc 溶液物质的量浓度,$mol \cdot L^{-1}$。

对弱电解质而言,它的电离度 x 近似等于溶液在浓度为 c 时的摩尔电导率 $\wedge_m$ 和溶液在无限稀释时的摩尔电导率 $\wedge_m^{\infty}$ 之比。

$$a = \frac{\wedge_m}{\wedge_m^{\infty}} \tag{B}$$

所以

$$K_c = \frac{c\wedge_m^2}{\wedge_m^{\infty}(\wedge_m^{\infty} - \wedge_m)} \tag{C}$$

摩尔电导率 $\wedge_m$ 是指在相距为 1m 的两个平行电极板之间装有 1mol 电解质的溶液时所表现出来的电导 G。电导 G 为电阻尺的倒数，当把溶液置于相距为 1m、面积 1m² 的两个电极之间，则溶液所表现出来的电导 G 称为溶液的电导率 π。溶液的摩尔电导率 $\wedge_m$ 和电导率的关系为：

$$\wedge_m = K/c \tag{D}$$

式中　K——溶液的电导率 $S \cdot m^{-1}$；

　　　c——溶液的物质的量浓度，$mol \cdot m^{-3}$。

对于弱电解质，在无限稀释时可看作完全电离，此时溶液的摩尔电导率称为极限摩尔电导率，$\wedge_m^{\infty}$ 在一定温度下，弱电解质的极限摩尔电导率是一定的，附表中列出了无限稀释时乙酸溶液的极限摩尔电导率 $\wedge_m^{\infty}$ 的值。

本实验采用电导率仪测定浓度为 c 的乙酸的电导率 $K_{测}$，由于乙酸电导率较小，所以真实电导率 K 应等于实验直接测得的溶液电导率 $K_{测}$ 减去纯水在同温度下的电导率 $K_水$，然后再代入式 D 求 $\wedge_m$，再代入式 B 求出 α，再利用式 C 求得 K_c。

三、仪器和试剂

仪器：DDS-11A 型电导率仪 1 台，恒温水浴 1 套，钼黑电极 1 只，电导池 1 个，100mL 容量瓶 3 个，50mL、25mL、10mL 移液管各 1 支。

试剂：二次蒸馏水、0.1mol·L⁻¹ 乙酸标准溶液。

四、实验步骤

(1) 调节恒温水浴温度在 (25±0.1)℃。

(2) 配制不同浓度的乙酸溶液：

① 用 50mL 移液管量取实验室配制好的乙酸标准溶液 50mL，注入 100mL 容量瓶中，用蒸馏水稀释至刻度，振荡均匀，根据 $c_1V_1 = c_2V_2$ 即可计算出该乙酸溶液的浓度。

② 用 50mL 移液管量取上述容量瓶中配制好的乙酸溶液 50mL，注入 100mL 容量瓶中，用蒸馏水稀释至刻度，摇匀。

③ 用 50mL 移液管量取上边即 2 号容量瓶之溶液 50mL，注入 100mL 容量瓶中，用蒸馏水稀释至刻度，摇匀。

(3) 用蒸馏水洗涤电导池和电极，然后把蒸馏水注入电导池中，电导池的电极应完全浸在液面下，再将电导池浸入恒温水浴中，电导池液面应低于恒温水浴的水面，恒温 10~15min，用电导率仪测定水的电导率，测至 3 次读数接近为此，记下 3 次的平均埴。

(4) 倾去电导池中的蒸馏水，用少量被测乙酸溶液洗涤 3 次，然后注入被测乙酸溶液（最好是从稀到浓依次测定），把电导池置于恒温水浴中，恒温 10~15min，用电导率仪测定其电导率，测至 3 次读数接近为止，记下这 3 次的平均值，从所测得数值减去 25℃时蒸馏水的电导率，其差值即为该浓度下乙酸溶液的电导率。

(5) 同法测定另外三种乙酸溶液的电导率。

(6) 实验结束后，关闭电源，拆下电极，浸入蒸馏水中，将容量瓶中溶液倒掉洗净。

五、数据记录与结果处理

$$K(HAc) = K(实测电导率) - K(水的电导率)$$

$$摩尔电导率 \wedge_m = K(HAc)/c$$

式中　c——溶液的物质的量浓度，$mol \cdot m^{-3}$。

$$电离度\ a = \frac{\Lambda_m}{\Lambda_m^\infty}$$

式中 Λ_m^∞——极限摩尔姆率，列于表 3-16 中。

电离常数 $K_c = \dfrac{c\Lambda_m^2}{\Lambda_m^\infty(\Lambda_m^\infty - \Lambda_m)}$

将测得的实验数据和计算结果列入表 3-16 中。

恒温槽水温_____℃，恒温槽温度下 HAc 极限摩尔电导率 Λ_m^∞ _____ $S \cdot m^2 \cdot mol^{-1}$，蒸馏水的电导率_____ $S \cdot m^{-1}$。

表 3-16 实验数据及计算结果

HAc 浓度 c	次数	实测电导率	HAc 电导率	摩尔电导率 $\Lambda_m/$ $(S \cdot m^2 \cdot mol^{-1})$	电离度 x	电离常数 K_c
	1					
	2					
	1					
	2					
	1					
	2					

六、注意事项

(1) 由 DDS-11A 型电导率仪测得电导率的单位是 $\mu S \cdot cm^{-1}$，在处理实验数据时必须将其换算到 SI 制 $S \cdot m^{-1}$。

$1\mu = 10^{-6}$ $1cm = 10^{-2}m$ $1\mu S \cdot cm^{-1} = 10^{-4}S \cdot m^{-1}$

(2) 铂黑电极在浸入乙酸待测溶液之前，必须将电极表面蒸馏水擦干，但切勿碰及电极的铂黑镀层。

(3) 测量溶液电导率时，每次测量之前都须进行仪表的满刻度校正，仪器的"高周"、"低周"开关在测量过程中变换过后，还须重新进行一次满刻度校正。

(4) 在测量时，如果预先不知道被测溶液电导率的大小，应先把量程开关置于最大电导率测量档（$\times 10^4$），然后逐档下降至某档，过满刻度再增大一档，以防仪表针被打弯。

七、思考题

1. 为什么测定溶液的电导率时要在恒温槽中进行？

2. HAc 的极限摩尔电导率可用哪几种方法来求得？

表 3-17 为 HAc 在不同温度下的极限摩尔电导率。

表 3-17 HAc 在不同温度下的极限摩尔电导率

$t/℃$	0	18	25	50
$\Lambda_m/\times 10^4 S \cdot m^2 \cdot mol^{-1}$	260.3	348.6	390.8	532

实验十三 氯离子选择性电极的测试和应用

一、实验目的

(1) 了解氯离子选择电极的基本性能及其测试方法。

（2）掌握用氯离子选择性电极测定氯离子浓度的基本原理。

（3）学会氯离子选择性电极的基本使用方法。

二、实验原理

氯离子选择性电极是一种测定水溶液中氯离子浓度的分析工具，被广泛应用于水质、土壤、地质、生物、医药等部门，结构简单，使用方便（参见物理化学实验（上册），复旦大学编）。

本实验所用电极是把 AgCl 和 Ag_2S 的沉淀混合物压成膜片，用塑料管作为电极管，以全固态工艺制成的。

（1）电极电位与离子浓度的关系。氯离子选择性电极是以 AgCl 作为电化学活性物质，当它与被测溶液接触时，发生离子交换反应，结果在电极膜片表面形成一定梯度的双电层，电极和溶液之间就存在着电位差，在一定条件下，其电极电位 ϕ 与被测溶液中的银离子活度 a_{Ag^+} 之间有以下关系：

$$\phi = \phi_{Ag^+/Ag}^{\ominus} + \frac{RT}{nF}\ln a_{Ag^+} \tag{13-1}$$

AgCl 的活度积为：$K_{sp} = a_{Ag^+} \cdot a_{Cl^-}$

$a_{Ag^+} = K_{ap}/a_{Cl^-}$ 代入式（13-1）

$$\phi = \phi_{Ag^+/Ag}^{\ominus} + \frac{RT}{nF}\ln K_{ap} - \frac{RT}{nF}\ln \alpha_{Cl^-} \tag{13-2}$$

在测量时，选取饱和甘汞电极作为参比电极，两者在被测溶液中组成可逆电池，以 $\Phi_{饱和甘汞}$ 表示饱和甘汞电极电位，则上述可逆电池的电动势表示为：

$$E = \phi_{Ag^+/Ag} - \phi_{饱和甘汞} = \phi_{Ag^+/Ag} - \phi_{饱和甘汞} + \frac{RT}{nF}\ln K_{ap} - \frac{RT}{nF}\ln \alpha_{Cl^-} \tag{13-3}$$

$$E^o = \phi_{Ag^+/Ag} - \phi_{饱和甘汞} + \frac{RT}{nF}\ln K_{ap}$$

则

$$E = E^o - \frac{RT}{nF}\ln a_{Cl^-} \tag{13-4}$$

由于 $a_{Cl^-} = c_{Cl^-}\gamma_{Cl^-}$

c_{Cl^-} 和 γ_{Cl^-} 分别为离子的浓度和活度系数。

$$E = E^o - \frac{RT}{nF}\ln c_{Cl^-} \cdot \gamma_{Cl^-} = E^o - \frac{RT}{nF}\ln c_{Cl^2} \cdot \frac{RT}{nF}\ln \gamma_{Cl^-}$$

令

$$E^{o\prime} = E^o - \frac{RT}{nF}\ln \gamma_{Cl^-}$$

则

$$E = E^{o\prime} - \frac{RT}{nF}\ln c_{Cl^-} \tag{13-5}$$

在实际工作中，分别测得不同 c_{Cl^-} 值时的电位值 E，并作 $E - \ln c_{Cl^-}$ 图，在一定浓度范围内可得一直线，本实验所用的氯电极的线性范围一般为：$1 \times 10^{-1} \sim 5 \times 10^{-5}$ m。

（2）电极的选择性和选择性系数。离子选择电极对待测离子具有特定的选择性，但其他离子仍可对其发生一定的干扰，现以 A 及 B 分别代表待测离子及干扰离子，则：

$$E = E^o \pm \frac{RT}{n_A F}\ln(a_A + K_{A/B} \cdot a_B^{n_A/n_B}) \tag{13-6}$$

式中，n_A 及 n_B 分别代表 A 及 B 的电荷数；$K_{A/B}$ 即为该电极对 B 离子的选择系数。

式中的"－"及"＋"分别适用于阴、阳离子选择性电极，如果用于表示 Br^- 对氯离子选择性电极的干扰，则式(13 − 6)可具体表示为：

$$E = E^o - \frac{RT}{F}\ln(a_{Cl^-} + K_{Cl^-/Br^-} \cdot a_{Br^-})$$

由上式可见，$K_{A/B}$ 越小，表示 Br^- 对被测离子 Cl^- 的干扰越小，也就表示电极的选择性越好。表 3 − 18 为一些干扰离子对某 $AgCl − Ag_2S$ 膜片电极的选择性系数。

通常把 $K_{A/B}$ 选择性系数值小于 10^{-3} 者认为无明显干扰。

表 3 − 18 一些干扰离子对某 $AgCl − Ag_2S$ 膜片电极的选择性系数

阴离子 B	NO_3^-	CN^-	Br^-	$C_2O_4^{2-}$	SO_4^{2-}	SO_3^{2-}
$K_{Cl^-/B}$	5.5×10^{-4}	1	4	4.5×10^{-5}	1×10^{-4}	0.2

三、仪器和试剂

仪器：磁力搅拌器 1 台，217 型饱和甘汞电极 1 支，PHS − 2 型酸度计 1 台，容量瓶：1000mL 1 只、500mL 2 只、250mL 5 只，EDCL 型氯离子电极 1 支，移液管（50mL）1 支。

试剂：NaCl(分析纯)、0.1% Ca(Ac)$_2$ 溶液、KNO$_3$(分析纯)、风干土壤样品。

四、实验步骤

（1）仪器装置，按图 3 − 13 装好仪器。

（2）溶液配制：

① 准确配制一套 NaCl 标准溶液，浓度分别为：$10.00g \cdot L^{-1}$、$1.00g \cdot L^{-1}$、$0.100g \cdot L^{-1}$、$0.0100g \cdot L^{-1}$；必要时可增配 $3.00g \cdot L^{-1}$、$0.300g \cdot L^{-1}$ 和 $0.0300g \cdot L^{-1}$。

② 配制 0.100M 的 KNO$_3$ 溶液和 0.100M 的 NaCl 溶液各 500mL。

（3）土壤样品的处理：

① 在干燥洁净的烧杯中用台秤称取风干土壤样品 Wg（约 10g），加入 0.1% Ca(Ac)$_2$ 约 100mL，搅动几分钟，静止澄清或过滤。

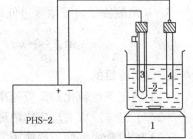

图 3 − 13 仪器装置示意图
1—电磁搅拌器；2—被测溶液；
3—饱和甘汞电极；
4—氯离子选择性电极

② 用吸管吸取澄清液 30 ~ 40mL，放入干燥洁净的 50mL 烧杯中，待测 E。

（4）从稀到浓测量各种浓度标准溶液的 E 值，并将各浓度换算成 $\lg c$，整理好数据。

（5）测量 $0.100 mol \cdot L^{-1}$ NaCl 溶液和 $0.100 mol \cdot L^{-1}$ KNO$_3$ 溶液以及土壤样品溶液的 E 值。

（6）洗净电极。

五、数据记录与结果处理

（1）以 E 对 $\lg c$ 作图，所测数据填入表 3 − 19。

表 3 – 19　测定数据

NaCl 溶液/$(g \cdot L^{-1})$	10.00	1.00	0.100	0.0100	
lg$c$					
E					

以 $E \sim$ lg$c$ 作图，绘出氯离子选择电极的标准曲线（必须用坐标纸、铅笔作图）。

（2）计算 $K_{(Cl^-/NO_3^-)}$，所测数据填表 3 – 20。

表 3 – 20　计算数据

0.100mol/L NaCl	0.100mol/L KNO$_3$	土壤样品	$K_{A/B}$（A 为 Cl$^-$、B 为 NO$_3^-$）
$E_1 =$	$E_2 =$	$E =$	

利用下式计算 $K_{A/B}$：

$$\ln K_{A/B} = \frac{(E_1 - E_2)nF}{RT}$$

（3）计算风干土壤样品中 NaCl 含量。根据表 3 – 20 中已测知的土壤样品的 E 值，从标准曲线中查得样品溶液中 NaCl 含量 c_x，并将土壤样品 W 和样品体积 V 代入下式计算 NaCl 的含量：

$$NaCl\% = \frac{c_x \times V}{1000 \times W} \times 100\%$$

六、思考题

1. 如何确定氯离子选择性电极的测量范围？
2. 被测溶液氯离子浓度过低或过高对测量结果有何影响？

实验十四　蔗糖水解反应速度常数测定

一、实验目的

（1）测定蔗糖转化的反应速率常数和半衰期。
（2）了解该反应的反应物浓度与旋光度之间的关系。
（3）掌握旋光仪的正确使用方法。

二、实验原理

蔗糖转化反应如下：

$$C_{12}H_{22}O_{11} + H_2O \xrightarrow{H^+} C_6H_{12}O_6 + C_6H_{12}O_6$$
$$（蔗糖）\qquad\qquad（葡萄糖）\quad（果糖）$$

在纯水中的反应速率极慢，需在氢离子催化作用下加速水解。由于蔗糖在水中的浓度较稀，尽管有少量水分子参加了反应，其整个反应过程的水浓度变化很小，可近似认为是常数，氢离子是催化剂，其浓度也保持不变，因此蔗糖转化反应可看作为一级反应。其反应速率方程可由下式表示：

$$-\frac{dc_B}{dt} = c_B \cdot k \qquad\qquad (14-1)$$

式中，k 为反应速率常数；c_B 为时间 t 时的反应物浓度。

当反应开始时，反应物浓度为 c_o（即 $t = 0$），式（14 – 1）积分得：

$$\ln c_B = -kt + \ln c_0 \tag{14-2}$$

或
$$\lg c_B = -kt/2.303 + \lg c_0 \tag{14-3}$$

当反应物浓度为开始浓度一半时，即 $c_B = \frac{1}{2}c_0$ 时所需之时间称为半衰期，可用 $t_{\frac{1}{2}}$ 表示，显然：

$$t_{\frac{1}{2}} = \frac{\ln 2}{k} = 0.693/k \tag{14-4}$$

上式说明一级反应的 $t_{\frac{1}{2}}$ 只取决于反应速率常数 k，而与 c_0 无关。

蔗糖及其转化产物都具有旋光性，但它们的旋光能力是不相同的，所以可用反应过程中旋光度的变化来度量反应的进程，度量反应物旋光度所用的仪器称为旋光仪。在一定温度时，测得的旋光度与反应物质中所含旋光物质的旋光能力、溶液浓度、溶剂的性质、光源波长及样品管长度等均有关系。在其他条件均固定时，旋光度 a 与反应物浓度 c_B 呈正比例关系，即：

$$a = Kc_B \tag{14-5}$$

式中，k 为比例常数，其与物质的旋光能力、溶剂性质、样品管长度、温度等均有关。

物质的旋光能力用比旋光度来度量，原糖是右旋性物质，比旋光度 $[a]_D^{20} = 66.60°$，生成物中葡萄糖也是右旋性物质，$[a]_D^{20} = 52.50°$，但果糖是左旋性物质，$[a]_D^{20} = -91.90°$。因此当蔗糖转化为葡萄糖和果糖时，右旋角不断减小，反应至某一时刻，物系的旋光度恰好为零，而后变成左旋，反应终了时，物系左旋角达到最大值 $[a_\infty]$。设：

开始物系的旋光度为：　$a_0 = K_{反}c_0$（$t = 0$，蔗糖尚未转化）   (14-6)

最终物系的旋光度为：　$a_\infty = K_{生}c_0$（$t = \infty$，蔗糖全部转化）   (14-7)

式（14-6）、式（14-7）中 $K_{生}$ 和 $K_{反}$ 分别为生成物和反应物之比例常数，当时间为 t 时，蔗糖浓度为 c_B，旋光度为 a_t。

$$a_t = K_{反}c_B + K_{生}(c_0 - c_B) \tag{14-8}$$

由式（14-6）、式（14-7）、式（14-8）联立解得：

$$c_0 = \frac{a_0 - a_\infty}{k_{反} - k_{生}} = K(a_0 - a_\infty) \tag{14-9}$$

$$c_0 = \frac{\alpha_0 - a_\infty}{k_{反} - k_{生}} = K(a_0 - a_\infty) \tag{14-10}$$

将此两关系式代入式（14-2）或式（14-3）即得：

$$\ln(a_t - a_\infty) = -kt + \ln(a_0 - a_\infty) \tag{14-11}$$

或

$$\lg(a_t - a_\infty) = -\frac{k}{2.303}t + \lg(a_0 - a_\infty) \tag{14-12}$$

若以 $\ln(a_t - a_\infty)$ 或 $\lg(a_t - a_\infty)$ 对 t 作图得一直线，从其斜率可求反应速率常数 k。

三、仪器和试剂

仪器：旋光仪 1 台、25mL 移液管 1 支、恒温槽 1 套、25mL 容量瓶 1 只、100mL 磨口锥形瓶 1 只、100mL 烧杯 1 只。

试剂：蔗糖（分析纯）、HCl 溶液（3~4mol·L^{-1}）。

四、实验步骤

1. 旋光仪零点的校正

蒸馏水为非旋光性物质，可以用它校正仪器的零点(即 $a=0$ 时仪器对应的刻度)。接通旋光仪电源，校正时先洗净样品管，从带有凸肚的一端充满蒸馏水，使液体形成一凸出液面，然后从旁切入玻璃片，盖住旋光管的孔，管中不应有空气泡存在(若有微小气泡，应排至管的凸肚部分)，再旋紧套盖，勿使漏水，用滤纸将样品管擦干后放入旋光仪内。调整目镜焦距，使视野清楚。然后旋转检偏镜至观察到明暗相等的三分视野为止(即使三分视野的视界消失)。记下检偏镜之旋角 a，重复 3 次，取其平均值，此值即为仪器的零点，用来校正仪器的系统误差。

2. 蔗糖水溶液的配制

用粗天平称取 5g 蔗糖于 100mL 烧杯中，重复多次用少量蒸馏水溶解，依次倾入 25mL 容量瓶内，加水稀释至刻度。

3. 反应过程旋光度的测定

先倒出样品管内的蒸馏水备用，将配制的 25mL 蔗糖溶液置入干燥锥形瓶内，用 25mL 移液管吸取盐酸溶液加到蔗糖溶液内，并使之均匀混合。当盐酸溶液由移液管流出一半时，作为起始反应的时间。迅速用少量反应液荡洗样品管，然后装满样品管，旋紧套盖并擦干，立刻放入旋光仪内，测量不同时间 t 时反应液的旋光度。第一个数据要求离反应起始时间 1~3min 为佳，测量时除三分视野调节相等后，先记时间再读取旋光度。由于 a_t 随时间不断地改变，因此，寻找三分视野和读数均要熟练迅速。从第一个数据之后每隔 5min 测一次，共测 3 次。此后每隔 10min 测 1 次，共测 5 次。

4. a_∞ 的测定

可将锥形瓶内剩余的反应液放置 48h 后，在相同的温度下测量其旋光度，即为 a_∞ 值。为了缩短时间，可将反应液置于 50~60℃ 水浴中恒温 30min，然后冷却至原来温度，测其旋光度即为 a_∞ 值。但要注意水温不宜过高，否则产生副反应，颜色变黄，造成 a_∞ 值的偏差。

实验结束，必须用水洗净样品管内外，擦干后放入旋光仪内，以防酸腐蚀旋光仪的金属套及橡胶垫片。

五、数据记录与结果处理

1. 实验数据的记录。

(1) 将实验数据填入表 3-21。

表 3-21　实验数据

次　　数	1	2	3	4	5	6	7	8	9
时间 t/min									
a_t'									

(2) 实验温度_____℃，(3) a_{H_2O}_____°，(4) a_∞_____°，(5) c_{HCl}_____ mol·L^{-1}，(6) $c_{蔗糖溶液}$_____ mol·L^{-1}，(7) 大气压_____ kPa。

2. 实验数据的处理

(1) 以 $t_1 =$_____ min，$a_t' =$_____° 为例：

当 $t_1 =$_____ min 时，$\lg(a_1 - a_\infty) = \lg(a_1' - a_\infty - a_{H_2O})$。

依次方法同上，所砖趣数据填入表 3-22。

表 3-22 实验数据的处理

次　　数	1	2	3	4	5	6	7	8	9
时间 t/min									
$\lg(a_t - a_\infty)$									

(2) 以 $\lg(a_t - a_\infty)$ 为纵坐标，t 为横坐标作图，由所得的直线斜率求出反应速率常数 k，

$$k = -2.303 \times 斜率$$

(3) 一级反应的半衰期 $t_{\frac{1}{2}} = 0.693/k$。

六、思考题

1. 实验中用蒸馏水来校正旋光仪的零点，问蔗糖转化反应过程所测的旋光 a_t 是否需要零点校正？为什么？

2. 测定 a_t 和 a_∞ 是否要用同一根旋光管？为什么？

3. 蔗糖的转化速率与哪些条件有关？

4. 为什么配制蔗糖溶液可用粗天平称量？

5. 一级反应的特征是什么？

6. 你对旋光仪的原理和构造是否清楚？

实验十五　过氧化氢的催化分解反应速率常数测定

一、实验目的

(1) 测定 H_2O_2 分解反应的速率常数。

(2) 掌握一级反应的特点，了解反应浓度、温度和催化剂等因素对反应速率的影响。

(3) 学会用图解法计算 H_2O_2 分解反应的速率常数。

二、实验原理

实验证明过氧化氢的分解反应：

$$H_2O_2 \longrightarrow H_2O + 1/2 O_2 \tag{15-1}$$

此反应为一级反应。在没有催化剂存在时，该分解反应进行得很慢，加入催化剂后则能加速其分解。

H_2O_2 在 KI(或 MnO_2、Ag、Pt 等)作用下的催化分解按下列步骤进行：

$$H_2O + KI \longrightarrow KIO + H_2O(慢) \tag{15-2}$$

$$KIO \longrightarrow KI + 1/2 O_2(快) \tag{15-3}$$

由于式(15-2)的反应速率较式(15-3)慢得多，所以，整个分解反应的速率取决反应式(15-2)，故反应速率方程式可写成：

$$-\frac{dc_B}{dt} = kc_B c_{KI} \tag{15-4}$$

在反应过程中，KI 不断还原，故其浓度不变，即 $c_{KI} = $ 常数，上式可简化为：

$$-\frac{dc_B}{dt} = kc_B \tag{15-5}$$

将式(15-5)积分得：

$$\ln c_B = -kt + \ln c_0 \qquad (15-6)$$

或

$$\lg c_B = -\frac{k}{2.303}t + \lg c_0 \qquad (15-7)$$

式中　c_B——t 时刻 H_2O_2 的浓度；

　　　c_0——H_2O_2 的初始浓度($t=0$ 时)；

　　　k——反应速率常数。

在 H_2O_2 催化分解过程中，t 时刻 H_2O_2 的浓度可由在相应时间内分解放出的 O_2 体积的测量而得出。因分解反应中，H_2O_2 的浓度与放出 O_2 的体积成正比。

令 V_∞ 表示 H_2O_2 全部分解放出的 O_2 体积，V_B 表示 H_2O_2 在 t 时刻分解放出的 O_2 体积，则：

$$c_0 \propto V_\infty$$
$$c_B \propto (V_\infty - V_B)$$

将以上关系式代入式(15-6)或式(15-7)中，得：

$$\ln(V_\infty - V_B) = -kt + \ln V_\infty \qquad (15-8)$$

或

$$\ln(V_\infty - V_B) = -\frac{k}{2.303}t + \lg V_\infty \qquad (15-9)$$

若以 $\ln(V_\infty - V_B)$ 或 $\lg(V_\infty - V_B)$ 对时间 t 作图得一直线，再由直线的斜率可求出该反应速率常数 k。

三、仪器和试剂

仪器：50mL 量气管 1 支、电磁搅拌器 1 台、250mL 锥形瓶 1 个、三通旋塞 1 个、10mL 量筒 1 个、水准瓶 1 个。

试剂：30% H_2O_2 溶液、0.1mol·L^{-1} KI 溶液。

四、实验步骤

（1）先将 20mL 蒸馏水和 10mL 0.1mol·L^{-1} KI 溶液置入锥形瓶中，再将半乒乓球小心放在其液面上，并在半乒乓球内小心加入 10mL 12% H_2O_2 溶液，且不能与瓶内溶液混合，然后塞紧橡胶塞。

（2）试漏。如图 3-14 安装好仪器旋转三通活塞，使系统与外界相通，举高水准瓶，使液体充满量气管。然后旋转三通活塞，使系统与外界隔绝，并把水准瓶放到最低位置。如果量气管中液面在 2min 内不下降，表示系统不漏气，否则找出漏气原因，设法排除。

（3）测试。举起水准瓶，调节三通活塞使量气管液面位于零刻度附近，再使三通活塞旋至与系统相通，低速启动电磁搅拌器，然后摇动锥形瓶，使乒乓球内的 H_2O_2 溶液与瓶内的 KI 溶液混合，同时记下反应起始时间。水准瓶放于桌上，反应开始每隔 3min 读取量气管体积一次，读取时水准

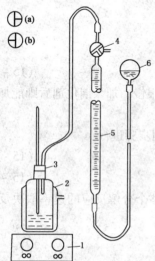

图 3-14　过氧化氢分解实验装置

1—电磁搅拌器；2—恒温反应瓶；

3—橡胶塞；4、5—量气管；

6—水准瓶

瓶的液面必须与量气管内液面平齐。18min 后，每隔 6min 读取一次，直到量气管读数约为 50mI 为止。

五、数据记录与结果处理

1. 实验数据的记录

（1）将实验数据填入表 3 - 23。

表 3 - 23　实验数据记录

次	1	2	3	4	5	6	7	8	9	10
t/min										
V_B/mL										

（2）实验温度 _____ ℃。

（3）c_{KI} _____ mol/L。

（4）H_2O_2 _____ mol/L。

2. 实验数据的处理

（1）V_∞ 值的求取：

外推法，以 V_B 对 $1/t$ 对作图。将直线外推于 $1/t = 0$，其截距即为 V_∞。

（2）当 $t_1 =$ _____ min 时，$\lg(V_\infty - V_{B1}) =$ _____

依次方法同上，所处理数据填入表 3 - 24。

表 3 - 24　数据处理

次	1	2	3	4	5	6	7	8	9	10
t/min										
$\lg(V_\infty - V_B)$										

（3）以 $\lg(V_\infty - V_B)$ 对 t 作图，由直线的斜率求出反应速率常数 k：

$$k = -2.303 \times 斜率$$

（4）一级反应的半衰期 $t_{\frac{1}{2}} = 0.693/k$。

六、思考题

1. 为什么可用 $\lg(V_\infty - V_B) - t$ 代替 $\lg c_B - t$ 作图？

2. 如何检验系统是否漏气？

3. 除用外推法之外，还可用什么方法测定 V_∞？

4. 一级反应的特点是什么？反应速率常数 k 与哪些因素有关？

5. 反应过程中为什么要均匀搅拌？搅拌的快慢对结果有无影响？

6. 你对本实验所用测定放出气体体积的方法有何见解？

实验十六　乙酸乙酯皂化反应

一、实验目的

（1）了解二级反应的特点。

（2）通过实验掌握测量原理和电导率仪的使用方法。

（3）测定乙酸乙酯皂化反应的速率常数，了解活化能的测定方法。

二、实验原理

乙酸乙酯的皂化反应是二级反应，其反应式为：

$$CH_3COOC_2H_5 + OH^- \longrightarrow CH_3COO^- + C_2H_5OH$$

在反应过程中，各物质的浓度随时间而发生变化，可以用间接测量溶液的电导率而得出。为简化之，设反应物 $CH_3COOC_2H_5$ 和 NaOH 的起始浓度均同为 c_0，设反应 t 时间时，反应所生成的 CH_3COO^- 和 C_2H_5OH 的浓度均为 x，则：

$$CH_3COOC_2H_5 + NaOH \longrightarrow CH_3COONa + C_2H_5OH$$

$t=0$ 时：　　　　　　　c_0　　　　c_0　　　　　0　　　　　0

$t=t$ 时：　　　　　　c_0-x　　c_0-x　　　　x　　　　　x

$t\to\infty$ 时：　　　　　　0　　　　　0　　　$x\to c_0$　　$x\to c_0$

其反应速率可用单位时间内 CH_3COONa 浓度的变化来表示：

$$\frac{dx}{dt} = k(c_0-x)(c_0-x)$$

或

$$\frac{dx}{dt} = k(c_0-x)^2 \tag{16-1}$$

式中：k 为反应速率常数，将上式积分可得：

$$k = \frac{1}{t}\frac{x}{c_0(c_0-x)} \tag{16-2}$$

从式（16-2）中可知，只要测出 t 时间的 x 值（c_0 是已知），就可求出反应速率常数。在皂化反应溶液中，能发生电离的物质为 CH_3OONa 和 NaOH，其中 Na^+ 在反应前后浓度不变，而 OH^- 的导电能力比 CH_3COO^- 的导电能力强得多，随着反应时间的增加，OH^- 不断减少，CH_3COO^- 不断增加，因而溶液的导电能力逐渐减弱，也反映了生成物 CH_3COONa，浓度的增加。所以，在本实验中采用电导率仪来测定溶液的电导率而间接求算 x 值的变化。

显然，皂化反应系统电导率值的下降量和 CH_3COONa 浓度 x 值的增加成正比，即：

$t=t$ 时　　　　　　　　　$x = h(L_0-L_t)$ 　　　　　　　　　　(16-3)

当 $t\to\infty$ 时　　　　　　$c_0 = h(L_0-L_\infty)$ 　　　　　　　　(16-4)

式中　L_0——起始时的电导率；

　　　L_t——t 时间的电导率；

　　　L_∞——反应终了时的电导率；

　　　h——比例常数。

将式（16-3）、式（16-4）代入式（16-2）中得：

$$kt = \frac{h(L_0-L_t)}{c_0 h[(L_0-L_\infty)-(L_0-L_t)]} = \frac{L_0-L_t}{c_0-(L_t-L_\infty)}$$

或

$$\frac{L_0-L_t}{(L_t-L_\infty)} = c_0 kt \tag{16-5}$$

从式（16-5）可知，该为直线方程，只要测定了 L_0、L_∞ 和一组 L_t 值后，以 $\dfrac{L_0-L_t}{L_t-L_\infty}$ 对 t 作

图，应得一直线，直线的斜率就是 c_0k，其中 c_0 为已知的原始浓度。

同理，由式(16-5)可得：

$$\frac{1}{L_t - L_\infty} = \frac{c_0k}{L_0 - L_\infty}t + \frac{1}{L_0 - L_\infty} \qquad (16-6)$$

以 $\dfrac{1}{L_0 - L_\infty}$ 对 t 作图，也得一直线，其斜率为 $\dfrac{c_0k}{L_0 - L_\infty}$

$$k = \frac{L_0 - L_\infty}{c_0} \times 斜率$$

三、仪器和试剂

仪器：DDS-11A 型电导率仪 1 台、100mL 注射器 1 支、DJS-1 型铂黑电极 1 支、50mL 容量瓶 1 个、电导池 1 个。

试剂：0.1MNaOH 溶液、乙酸乙酯。

四、实验步骤

(1) 调节恒温槽温度在 (25 ± 0.1)℃。

(2) 配液。已知 NaOH 溶液的浓度为 $0.1mol \cdot L^{-1}$。先算出配 $0.1mol \cdot L^{-1}$ 乙酸乙酯溶液 50mL 所需乙酸乙酯的质量，在 50mL 容量瓶中先加入 1/2 容积的蒸馏水，准确称量，然后用滴瓶滴入二滴乙酸乙酯，摇匀再准确称量，两次称量的差来估算每一滴乙酸乙酯的质量。与理论计算量比较，确定所需乙酸乙酯的滴数。应特别注意的是滴入最后几滴乙酸乙酯要非常小心，避免多滴一滴而超过所需的质量。滴入量与理论计算值其误差不超过 1mg。

(3) DDS-11A 电导率仪的量程选择，因皂化反应起始时较高的电导率与相对应 NaOH 溶液的浓度比较近，为此将 $0.1mol \cdot L^{-1}$ NaOH 溶液稀释一倍，即吸取 10mL 蒸馏水和 10mL $0.1mol \cdot L^{-1}$ NaOH 溶液于小烧杯中均匀混合，然后将铂黑电极插入其中，调节电导率仪量程选择开关，使电导率仪的指针位于刻度盘中偏左近满刻度一端。不测量时，随时校正，使指针位于满刻度。

(4) 装液与恒温。取一干燥的电导池，将其置于恒温槽中固定好，用移液管移取 25mL $0.1mol \cdot L^{-1}$ 的 NaOH 溶液于 a 池，用另一移液管移取 25mL $0.1mol \cdot L^{-1}$ 的乙酸乙酯溶液于 b 池，再将铂黑电极插入 a 池，分别用橡胶塞塞住池口，恒温约 10~20min。见图 3-15 所示。

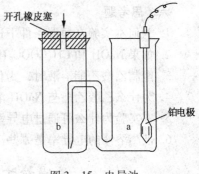

图 3-15　电导池

(5) 测量。准备工作完毕，开启电导率仪，推动注射器，使乙酸乙酯压入 a 池与氢氧化钠混合，反复推动注射器，使乙酸乙酯溶液全部压入 a 池。当乙酸乙酯溶液被压入一半时，为开始反应时间（即 $t=0$），然后每隔 2min 测量一次，10min 后每隔 5min 测量一次，共需测定 30min。

(6) L_∞ 和 L_0 的测量。用 $0.05mol \cdot L^{-1}$ CH_3COONa 溶液置入干净的电导池，插入铂黑电极恒温 10min，测定的电导率即为 L_∞，同理，测定 $0.05mol \cdot L^{-1}$ NaOH 溶液的电导率为 L_0。

五、数据记录与结果处理

1. 实验数据的记录

(1) 将实验数据填入表 3-25。

表 3－25　数据记录

次　数	1	2	3	4	5	6	7	……
$t/\min$								
$L_t/(S \cdot cm^{-1})$								

(2) c_{NaOH} _____ M；

(3) $c_{乙酸乙酯}$ _____ M；

(4) L_∞ _____ $S \cdot cm^{-1}$；

(5) L_0 _____ $S \cdot cm^{-1}$；

(6) 实验温度 _____ ℃；

(7) c_0 _____ M。

2. 实验数据的处理

(1) 当 $t_2 =$ _____ min 时，$\dfrac{L_0 - L_2}{L_2 - L_\infty} =$

依次方法同上，处理的实验数据填入表 3－26。

表 3－26　结果处理

次　数	1	2	3	4	5	6	7	……
$t/\min$								
$\dfrac{L_0 - L_t}{L_t - L_\infty}$								

(2) 以 $(L_0 - L_t)/(L_t - L_\infty)$ 对 t 作图，得一直线，由直线求出斜率，则：

$$k = 斜率/c_0$$

(3) 活化能的测定（选做）。若实验时间允许，可依上述操作步骤和处理方法，测定另一温度下的反应速率常数龙值，再由阿累尼乌斯公式，计算反应的活化能 E。

六、思考题

1. 为何本实验在恒温条件下进行？

2. 如果 NaOH 和 $CH_3COOC_2H_5$ 起始浓度不同，试问应怎样计算 k 值？

3. 配制乙酸乙酯溶液时，为什么在容量瓶中要事先加适量的蒸馏水？

4. 为什么乙酸乙酯与 NaOH 溶液浓度要比较稀？

5. 本实验为什么可通过电导率的测定来反映皂化过程中物质浓度的变化？

6. 被测溶液的电导率是哪些离子的贡献？

实验十七　液体表面张力的测定

一、实验目的

(1) 掌握鼓泡法测定液体表面张力的原理和技术。

(2) 加深对表面张力和比表面吉氏函数的理解。

二、实验原理

液体表面层内的分子和液体内部分子处境不一样。液体内部任何分子周围的吸引力是平衡的，而表面层分子处在不平衡的力场中。表面层中每个分子都受到垂直于液面并指向液体内部的力的作用，所以液体表面要自动收缩。反之，如要增大液体表面，即把液体内部分子移到表面去，就必须要反抗这个力作功，增加分子的位能。因而在表面层中的分子比液体内部分子具有较大的位能，这位能就是表面吉氏函数。

在恒温、恒压和组成一定的情况下，可逆地使表面积增加 ΔA，所消耗的功 W'_M 叫表面功，它与 ΔA 成天比。

即

$$W'_M = \gamma \Delta A \qquad (17-1)$$

式中，γ 是比例常数。

恒温恒压时：

$$\Delta G = W'_M = \gamma \Delta A \qquad (17-2)$$

式(17-2)表明在恒温恒压下，以可逆方式增大表面积时，环境对体系所作的表面功，转变为表面分子所增加的吉氏函数(ΔG)，通常称为表面吉氏函数。γ 则为每增大单位表面积所增加的表面吉氏函数，故称 γ 为比表面吉氏函数。也可将 γ' 看作为作用在界面上，每单位长度边缘上的力，通常称为表面张力。

液体表面张力与温度有关，温度愈高，表面张力愈小，到临界温度下，气液不分，表面张力趋于零。不同液体表面张力亦不同，所以在纯净液体中掺入杂质，则表面张力就要发生变化。

本实验用鼓泡法测定无水乙醇的表面张力，仪器装置如图 3-16。将欲测表面张力的液体装于表面张力测定仪的样品管中，样品管内有一个玻璃管，其下端接有一段直径为 $0.2\sim0.5mm$ 的毛细管。使毛细管的端面与液面相切，液面立即沿着毛细管上升。打开滴液漏斗的活塞，让水缓慢下滴，进行缓慢抽气。此时，毛细管内液面受到的压强大于样品管中液面上的压强，所以毛细管液面逐渐下降。当此压差在毛细管端面上产生的作用稍大于毛细管口液体的表面张力时，气泡就从毛细管口被压出，这个最大压差值 $P_{最大}$ 可由

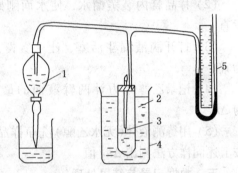

图 3-16　表面张力测定装置
1—液漏斗；2—样品管；3—毛细管；
4—恒温槽；5—U 形压力计

U 形压力计上读出。U 形压力计中将乙醇作为工作介质，可用来测定微压差。

$$P_{最大} = P_{大气} - P_{体系} = \Delta h p g \qquad (17-3)$$

式中　Δh——U 形压力计两边读数的差值；

　　　　g——重力加速度；

　　　　p——U 形压力计内工作介质密度。

若毛细管半径为 y，气泡从毛细管口压出时受到向下作用力为：

$$F = \pi r^2 \cdot P_{最大} = \pi r^2 \Delta h p g \qquad (17-4)$$

而气泡在毛细管口受到表面张力引起的作用力为：

$$F' = 2\pi r \cdot \gamma \qquad (17-5)$$

气泡刚离开管口时，上述两力相等：

$$F = F'$$

即

$$\pi r^2 \Delta h \rho g = 2\pi r \gamma$$

$$\gamma = \frac{1}{2}r\Delta h\rho g$$

实验中，使用同一支毛细管和同一个压力计，所以 $\frac{1}{2}r\rho g$ 是一个常数，称为仪器常数，用 K 表示：

$$\gamma = K \cdot \Delta h \qquad\qquad (17-6)$$

如果将已知表面张力的液体(如蒸馏水)作为标准，由实验得其 Δh_1，值后，就可求出仪器常数 K 值。然后，用同一仪器测定待测液体的 Δh_2 值，通过式(17-6)便可求得待测液体的表面张力 γ。

三、仪器和试剂

仪器：表面张力测定仪 1 套、放大镜 1 只。

试剂：无水乙醇(A.R.)。

四、实验步骤

(1) 仔细洗净表面张力仪的各个部分，按照图 3-16 安装妥当。在滴液漏斗中装满水，压力计内装乙醇。

(2) 样品管内装蒸馏水，使水面刚好与毛细管端面相切，注意毛细管务必与液面相垂直。

(3) 打开滴液漏斗活塞，让水缓慢滴下，使毛细管口逸出的气泡速度以 5~10s/个为宜。

(4) 记录乙醇压力计两臂液面的最高和最低读数，重复读取 3 次，取其平均值作为 Δh_1。

(5) 用待测液体(无水乙醇)洗净样品管和毛细管，加入适量的待测液体于样品管中，按上述同样方法测出 Δh_2 值。

五、数据记录与结果处理

(1) 记录实验温度。

(2) 由实验温度下水的表面张力算出仪器常数 K。

(3) 计算实验温度下无水乙醇的表面张力。

六、思考题

1. 为何表面张力仪必须仔细清洗？

2. 温度变化对表面张力有何影响？

3. 毛细管端面为何必须调节到恰好与液面相切？否则对实验有何影响？

实验十八　葡萄糖旋光性和变旋光现象

一、实验目的

(1) 了解葡萄糖旋光性和变旋光现象。

(2) 初步掌握旋光仪的使用方法。

二、实验原理

葡萄糖是一种旋光性化合物，它的结晶体可能有两种结构形式，一种是 $\alpha-D-$葡萄糖(熔点 146℃，$[\alpha]_D^{20} = +112°$，在 50℃ 以下的溶液中结晶得到)；另一种是 $\beta-D-$葡萄糖

（熔点150℃，$[\alpha]_D^{20}=+18.7°$，在98℃以上的水溶液中结晶得到）。它们在固态时都是稳定的，但是在水溶液中它们都与开链式结构互相转化，平衡共存。这种结构上的互变异构就是产生葡萄糖变旋光现象的根本原因。

在平衡混合物中$\alpha-D-$葡萄约占36%，$\beta-D-$葡萄糖约占64%，而开链式含量极少。通常得到的葡萄糖结晶是α型的，用其新配制的水溶液比旋光度为$+112°$，但溶液放置一段时间后再测，比旋光度下降，直到$+52.7°$为止。同样，若用卢型葡萄糖来配制水溶液，则最初的比旋光度为$+18.7°$，以后逐渐升高，直到$+52.7°$，即不再改变。

三、仪器和试剂

仪器：旋光仪1台、秒表1块、烧杯（100mL）1个、精密天平1台、容量瓶（100mL）1个。

试剂：葡萄糖（AR）2g。

四、实验步骤

1. 准备工作

将旋光仪接通电源，打开电源开关，稳定5min以上。检查天平及其他仪器药品。

2. 旋光仪校正

取一支旋光管，用蒸馏水冲洗干净，然后在其中装满蒸馏水，旋紧螺帽（不能有气泡），并将旋光管两端擦干，放入旋光仪中测定。

转动刻度盘，使目镜中三分视场消失（全暗），记录此时的刻度盘读数，作为蒸馏水（溶剂）的校正值（一般此值仅为$0°\sim1°$，若数值太大，说明仪器需要校准，不宜使用）。

3. 配制溶液

取一个洁净的小烧杯，准确称取2g左右的葡萄糖，用20mL左右蒸馏水溶解，此时按动秒表计时。再将其倒入100mL容量瓶中，用蒸馏水稀释至刻度，混合均匀。

4. 样品测试

取出旋光管，用少量葡萄糖溶液洗涤$2\sim3$次，然后在旋光管中装满此待测溶液，旋紧螺帽，不使管中有气泡，用吸水纸擦干旋光管两端后放入仪器中，然后按第2步同样的方法测定并记录第一次读数，以后每隔10min记录一次，直到旋光度不再改变。每次测定的读数需减去蒸馏水的校正值才是真正的旋光度。

5. 结束工作

全部测定工作完成后，将所用仪器清洗干净并放入指定位置，最后关闭旋光仪电源。

五、数据记录与结果处理

将实验所得的旋光度数据代入下式计算比旋光度：

$$[\alpha]_D^{20}=\frac{a\times100}{L\times c}$$

然后列表（表3-27）或作图表示实验结果。

测定温度_____溶液浓度/$(g\cdot100mL^{-1})$_____。

表3-27　实验结果数据

时间/s							
比旋光度[α]							

六、思考题

1. 在本实验中，取用葡萄糖的量多少是否会影响实验结果？

2. 旋光管中若有气泡存在是否影响测定结果？

实验十九　丙酮和1,2-二氯乙烷混合物折光曲线的测定

一、实验目的

（1）了解测定折射率的意义。

（2）初步掌握阿贝折光仪的使用和操作方法。

（3）学会正确绘制折光曲线。

二、实验原理

当结构相似、完全互溶的两个组分形成溶液时，其组成和折射率之间呈线性关系。据此，测定若干个已知组成的溶液所对应的折射率，即可绘制折光曲线。

三、仪器和试剂

仪器：超级恒温水浴1台，乳胶管3根，阿贝折光仪1台，量筒（50mL或100mL）1只、滴瓶（60mL）7只。

试剂：丙酮（A.R.）150mL，1,2-二氯乙烷（A.R.）150mL，重蒸馏水50mL。

四、实验步骤

1. 仪器安装

开启超级恒温水浴，调节水温到（20.0±0.1）℃，然后用三根乳胶管将超级恒温水浴与阿贝折光仪的进出水口连接。

2. 配制样品

取7只滴瓶，贴上编号及浓度，以每瓶总量50mL计，分别配制组成为0%、20%、40%、60%、80%和100%的丙酮和1,2-二氯乙烷溶液（以丙酮的体积分数计），在第七只瓶中装入重蒸馏水。

3. 仪器清洗及校正

将折光仪与恒温槽连接，通入恒温水，使仪器恒温在（20.0±0.1）℃。松开锁钮，开启下面棱镜，滴2~4滴丙酮于镜面上。合上棱镜，过1~2min后打开棱镜，用丝巾或擦镜纸轻轻擦洗镜面（注意：不能用滤纸擦），再用重蒸馏水依此方法清洗镜面2次。

滴1~2滴重蒸馏水（二级水）于铡面上，关紧棱镜，转动左手刻度盘，使读数镜内标尺读数等于重蒸馏水的折光率（$n_D^{20}=1.3330$），调节反射镜，使测量望远镜中的视场最亮，调节测量镜，使视场最清晰。转动消色调节器，消除色散，再用一特制的小螺丝刀旋动右面镜筒下方的方形螺丝，使明暗交界线和"×"字中心对齐，至此校正完毕。

4. 样品测试

打开棱镜，用待测样清洗镜面2次，擦干后用滴管向棱镜表面滴加2~3滴样品，待整个镜面湿润后，立即闭合棱镜并扣紧，待棱镜温度计读数恢复到（20.0±0.1）℃，调整反射镜使视场最亮。轻轻转动左手刻度盘，在右镜筒内找到明暗分界线。若看到彩色光带，则转动消色调节器，直至出现明暗分界线。再转动左手刻度盘，使分界线对准"×"字中心，读数并记录。

以同样的程序测定其他5个样品。注意：每个样品至少测定2次，最后取2次测定数据

的平均值记入表格中。

5. 结束工作

全部样品测定完成后，再用丙酮将镜面清洗干净，并用擦镜纸将镜面擦干。最后将金属套中的水放尽，拆下温度计放在纸套中，放入盒中。

五、数据记录与结果处理

1. 数据记录

将实验测定的折射率数据记入表 3-28 中。

测定温度_____℃。

表 3-28　实验数据记录表

溶液组成	0%	20%	40%	60%	80%	100%
折射率						

2. 作图

以丙酮和 1,2-二氯乙烷溶液组成为横坐标，以折射率为纵坐标，在作图纸上绘制折光曲线。

六、思考题

1. 什么是绝对折光率？

2. 通过本实验，请总结一下折射率的测定可以有哪些应用？

实验二十　黏度法测定高聚物相对分子质量

一、实验目的

（1）测定聚苯乙烯的平均相对分子质量。

（2）掌握测量原理和乌氏黏度计测定黏度的方法。

二、实验原理

高聚物的物理性能直接与其相对分子质量有关，并且可通过对相对分子质量的测定来了解聚合反应进行程度和反应机理，因此，相对分子质量是高聚物的重要数据之一。但高聚物多是相对分子质量不等的混合物，通常所说的高聚物相对分子质量是指统计平均的相对分子质量。测定高聚物相对分子质量的方法很多，比较起来，黏度法具有设备简单，操作容易，且准确度高等优点，是目前常用的方法之一。

高聚物溶液在流动时，由于分子间的相互作用，产生了阻碍运动的内摩擦，黏度就是这种内摩擦的反映，它包括：溶剂分子之间的内摩擦、高聚物分子与溶剂之间的内摩擦。三者总和表现为高聚物溶液的黏度，以 η 表示。其中溶剂分子间的内摩擦表现出来的黏度以 η_0 表示。η/η_0 称为相对黏度，以 η_r 表示，它仍是整个溶液的黏度行为。高聚物溶液的黏度一般都比纯溶剂的黏度大得多，即 $\eta > \eta_0$，黏度增加的分数称为增比黏度，以 η_{sp} 表示，即：

$$\eta_{sp} = \frac{\eta - \eta_0}{\eta_0} = \frac{\eta}{\eta_0} - 1 = \eta_r - 1 \qquad (20-1)$$

η_{sp} 反映出扣除溶剂分子间的内摩擦后所剩下的溶剂分子与高聚物分子间及高聚物分子之间的内摩擦。显然，η_{sp} 随着高聚物浓度的增大而增大。为便于比较，引入比浓黏度的概念，以 $\frac{\eta_{sp}}{c}$ 表示，其中 c 为浓度（常以 $g \cdot mL^{-1}$ 表示）。当溶液无限稀释时，高聚物分子彼此之间相距甚远，相互干扰可忽略，这时溶液所呈现的黏度主要反映出高聚物分子与溶剂分子间的内摩擦，这一比浓度的极限值，称为高聚物溶液的特性黏度，以$[\eta]$表示，即：

$$\lim_{c \to 0}(\eta_{sp}/c) = [\eta] \qquad (20-2)$$

当$c \to 0$时，$\eta_{sp} \ll 1$，又根据式(20-1)，可得：

$$\ln \eta_r = \ln(1 + \eta_{sp}) \approx \eta_{sp}$$

所以：

$$\lim_{c \to 0}(\ln \eta_r/c) = \lim_{c \to 0}(\eta_{sp}/c) = [\eta] \qquad (20-3)$$

根据实验，η_{sp}/c 或 $\ln \eta_r/c$ 和$[\eta]$的关系可用下列经验式表达：

$$\frac{\eta_{sp}}{c} = [\eta] + K'[\eta]^2 c \qquad (20-4)$$

$$\frac{\ln \eta_r}{c} = [\eta] - \beta[\eta]^2 c \qquad (20-5)$$

这样，以η_{sp}/c 及$\ln \eta_r/c$ 对c作图，得两直线，在纵轴上交于一点，即可求得$[\eta]$。

$$[\eta] = \frac{\sqrt{2(\eta_{sp} - \ln \eta_r)}}{c} \qquad (20-6)$$

$[\eta]$和高聚物平均相对分子质量M之间的关系符合下面的经验式：

$$[\eta] = KM^{\alpha}$$

式中：M为高聚物平均相对分子质量；K、α为常数，与温度、高聚物、溶剂等因素有关，可通过其他方法求得。现将常用的几个数值列表，见表3-29。

表3-29　本实验中常用的几个数值

高聚物	溶　剂	温　度	K	α
聚苯乙烯	苯	20℃	1.23×10^{-4}	0.72
	苯	30℃	1.06×10^{-4}	0.74
	甲苯	25℃	3.70×10^{-2}	0.62
聚乙烯醇	水	25℃	2.0×10^{-4}	0.76
聚乙二醇	水	25℃	1.56×10^{-4}	0.50

由上述可见，高聚物相对分子质量的测定可归结为溶液特性黏度$[\eta]$的测定。而黏度的测定，通常是采用把一定体积的液体流经一定长度的垂直毛细管所需的时间来获得的。根据泊塞勒公式：

$$\eta = \frac{\pi r^4 thg\rho}{8lV} \qquad (20-7)$$

式中　η——液体的黏度；；

　　　V——流经毛细管的液体体积；

　　　r——毛细管的半径；

　　　ρ——液体密度；

　　　l——毛细管的长度；

　　　t——体积为V的液体的流经时间；

　　　g——重力加速度；

　　　h——作用于毛细管液体的平均液柱高度。

用同一黏度计在相同条件下测定两个液体的黏度时，它们的黏度之比等于密度与流经时间的乘积之比：

$$\frac{\eta}{\eta_0} = \frac{\rho t}{\rho_0 t_0}$$

η_0、ρ_0、t_0 分别为溶剂的黏度、密度和流经时间，若溶液很稀，可看作 $\rho \approx \rho_0$，故：

$$\eta_r = \frac{\eta}{\eta_0} = \frac{t}{t_0} \qquad (20-8)$$

所以，可通过测定在毛细管中溶剂和溶液的流经时间，就可求得 η_r。

三、仪器和试剂

仪器：恒温槽 1 套、乌式黏度计 1 支、注射器 1 支、移液管(15mL)2 支、停表 1 块。

试剂：聚苯乙烯甲苯溶液 $0.6g \cdot mL^{-1}$、甲苯(A. R.)。

四、实验步骤

(1) 将恒温槽调节到 (25 ± 0.1)℃。

(2) 用甲苯溶液洗涤黏度计两次，每次都要注意反复洗毛细管部分。

(3) 测定溶剂流经时间 t_0(图 3 – 17)：将黏度计垂直放入恒温槽中，使 1 球完全浸没水中。用移液管往 A 管准确注入 15mL 甲苯溶液，恒温 20min，夹紧 C 管上的橡皮管，同时在连接 B 管上的橡皮管上用注射器慢慢抽气，至溶液升到 1 球的一半，打开 C 管及 B 管，使之通大气，此时 1 球液面开始下降，当液面通过刻度 a 时，按下表开始计时，当液面降至刻度 b 时，再按停表，由 a 至 b 所需的时间为 t_0。重复 3 次，每次相差不超过 0.2s，取 3 次的平均值即为 t_0。

图 3 – 17 测定
溶剂流经时间

(4) 测定溶液流经时间 t：测定纯溶剂的 t_0 后，再用移液管注入预先配制好的溶液 15mL，方法同上。

(5) 实验完毕，黏度计应用甲苯溶液洗涤数次。

五、数据记录与结果处理

(1) 室温_____℃；恒温槽_____℃。

(2) 数据记录。

(3) 由 $[\eta] = KM^\alpha$、$[\eta] = \dfrac{\sqrt{2(\eta_{sp} - \ln\eta_r)}}{c}$ 计算聚苯乙烯甲苯溶液的平均相对分子质量。

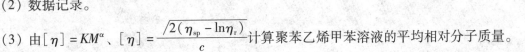

六、思考题

1. 乌氏黏度计毛细管的粗细有何影响？

2. 测量时黏度计为什么要垂直放置？